Harold J. Morowitz
Die Schöpfung ist kein Zufall

Harold J. Morowitz

Die Schöpfung ist kein Zufall

Eine neue Naturgeschichte
unseres Planeten

ECON Verlag
Düsseldorf · Wien · New York

Titel der amerikanischen Originalausgabe:
COSMIC JOY & LOCAL PAIN
Original Verlag: Charles Scribner's Sons, New York
Übersetzt von Karl Klewer
Copyright © 1987 by Harold Morowitz

CIP-Titelaufnahme der Deutschen Bibliothek

Morowitz, Harold J.:
Die Schöpfung ist kein Zufall: e. neue Naturgeschichte unseres Planeten/
Harold J. Morowitz. [Übers. von Karl A. Klewer]. –
Düsseldorf; Wien; New York: ECON Verl., 1988
Einheitssacht.: Cosmic joy and local pain ‹dt.›
ISBN 3-430-16813-9

Copyright © 1988 der deutschen Ausgabe by ECON Verlag GmbH,
Düsseldorf, Wien und New York
Alle Rechte der Verbreitung, auch durch Film, Funk und Fernsehen,
fotomechanische Wiedergabe, Tonträger jeder Art, auszugsweisen Nach-
druck oder Einspeicherung und Rückgewinnung in Datenverarbeitungs-
anlagen aller Art, sind vorbehalten.
Gesetzt aus der Trump Mediäval der Berthold AG
Satz: Dörlemann-Satz Lemförde
Papier: Papierfabrik Schleipen GmbH, Bad Dürkheim
Druck und Bindearbeiten: Ebner Ulm
Printed in Germany
ISBN 3-430-16813-9

Inhalt

Dank und Anerkennung

Im Zusammenhang mit einem solchen Buch schulde ich jedem Dank, mit dem ich je ein ernsthaftes Gespräch geführt habe, und diesen statte ich hiermit allen aufrichtig ab. Besondere Hervorhebung verdient die John-Simon-Guggenheim-Gedächtnisstiftung, da sie so vielen Menschen die Freude schöpferischen Denkens erleichtert. Anerkennung zollen möchte ich Melody Lane, die mit bemerkenswerter Tüchtigkeit aus meinem Gekritzel mit weichem Bleistift auf gelb liniertem Papier ein klares und zusammenhängendes Typoskript herzustellen vermocht hat. Noah und Zach, die das ganze Werk wie auch Teile davon mehrfach gelesen haben, sind zu loben, weil sie zu keinem Zeitpunkt unter dem Eindruck väterlicher Prosa ihre kritische Urteilskraft eingebüßt haben. Michael MacClure, meinem Mentor bei der Kunst, Wörtern Leben einzuhauchen, widme ich einen Haiku:

Nachdenklicher Frühlingsautor
Segnet blaue Bleistiftzeichen,
Blütenblätter öffnen sich.

1
Philosoph gesucht

Als Junge las ich regelmäßig die Sonntagsausgabe der *New York Times* und verschlang allwöchentlich bestimmte Teile davon geradezu. Mit dreizehn Jahren nahm ich jeweils den Anzeigenteil heraus, um die Stellenangebote durchzugehen – ich wollte sehen, ob niemand einen Philosophen suchte. Nachdem mir bei diesem Tun drei Jahre lang kein Erfolg beschieden war, hatte ich meine Lektion gelernt und verlegte mich eilends auf das Studium der Physik. Auf dem Weg zum Ziel geriet ich aus dem Tritt und in gefährliche Nähe der Arbeitslosigkeit, schaffte aber schließlich den jeweils untersten Abschluß in Physik und Chemie.

Bereichert wurde mein Studium durch außergewöhnliche Lehrer auf den Gebieten Philosophie, Physik und Wissenschaftsphilosophie. Damals verschwendete ich nur wenige Gedanken daran, welch ungewöhnliche Gelehrte das waren und welches Glück es für mich bedeutete, bei ihnen lernen zu dürfen.

Im Anschluß an mein Examen stellte ich den Antrag auf Zulassung zu einem weiterführenden Studium in Philosophie und verdiente während der Sommermonate mein Geld, indem ich mit einem Lastwagen die bewußte *New York Times* ausfuhr. Die Nähe all dieser großen Papierbündel mit Stellenanzeigen muß wohl eine Wirkung auf mich ausgeübt haben, jedenfalls fuhr ich irgendwann im Juli mit dem Bus nach New Haven zurück, um zu versuchen, meine Einschreibung in Philosophie in eine solche für den Fachbereich Physik mit dem Schwerpunkt Biophysik umzuwandeln. Zitternd und zagend betrat ich das Büro des dafür Zuständigen, Professor Ernest C. Pollard, und trug ihm schüchtern meinen Wunsch vor, lieber Biophysik zu studieren.

»Damit werden Sie nie Ihren Lebensunterhalt verdienen können«, schleuderte er mir entgegen.

»Das Risiko muß ich in Kauf nehmen«, war das einzige, was mir darauf einfiel.

Also habe ich meinen Lebensunterhalt mit Biophysik verdient und mich in den folgenden Jahrzehnten mit der Arbeit im Weinberg der Naturwissenschaft abgemüht, wobei gute Jahre mit solchen abwechselten, die saure Trauben hervorbrachten. Dann gab mir ein Sabbatjahr Gelegenheit, mich erneut mit philosophischen Fragestellungen zu beschäftigen und zu erkunden, auf welche Weise uns die naturwissenschaftlichen Entwicklungen dieses Jahrhunderts dazu veranlassen, uns erneut und gründlicher mit dem Menschen und seinem Universum zu beschäftigen. Ziel meiner Pilgerschaft war Lahaina auf der Hawaii-Insel Maui. Dort wollte ich in einem Buch auf allgemeinverständliche Weise zusammenfassen, wie ich verstehe, was sich auf unserem Planeten abspielt.

Mein Weg nach Hawaii führte mich über Kalifornien, wo ich mich einer Arbeitsgruppe über Ökologie im Weltmaßstab anschloß. Sie kam in der ersten Woche im Mount Calvary zusammen, einem in den Bergen oberhalb von Santa Barbara gelegenen Kloster der anglikanischen Kirche. Da es am dritten Abend der Konferenz eine vollständige Mondfinsternis gab, beobachtete eine Gruppe Naturwissenschaftler den Nachthimmel vom Rasen aus, gemeinsam mit Prior Adam, dem Leiter der Arbeitsgruppe.

»Vor dreitausend Jahren hätten Menschen Ihres Metiers an einem solchen Abend viel zu tun gehabt«, sagte er.

Ich konterte: »Vor dreitausend Jahren hätten Menschen

Ihres Metiers an einem solchen Abend viel zu tun gehabt.«

In einem dieser Augenblicke der Wahrheit sahen wir einander an und begriffen, daß wir dreitausend Jahre früher dasselbe Metier betrieben hätten.

Das Zusammenwirken von Mönchen und Ökologen erwies sich als fruchtbar, und am Sonntag besuchten einige der Naturwissenschaftler vor der Abreise den Gottesdienst. Der Mönch, der die Predigt hielt, teilte den Kirchgängern aus der näheren Umgebung mit, worum es in der Arbeitsgruppe der Ökologen gegangen war, und schloß: »Nun, in der Seele eines jeden von uns wächst dies oder jenes Unkraut.« Die Erbsünde war mit der Umweltsünde zur Deckung gebracht worden.

Während der Arbeitssitzungen fiel mir eine frühere Tagung über Fragen der Ökologie ein, bei der Gedanken über die Gesamtaspekte aller Erdwissenschaften entwickelt worden waren. Der Geologe James Walker, Verfasser von *The Evolution of the Atmosphere* (Die Entwicklung der Atmosphäre), hatte auf die Notwendigkeit der tektonischen Aktivität, d. h. des Auseinandertreibens der Kontinente, für den Fortbestand des Lebens auf der Erde hingewiesen. Durch den Kreislauf des Wassers zwischen Verdunstung und Regenfällen werden wichtige mineralische Nährstoffe aus dem Boden in die Flüsse geleitet, von wo sie schließlich in Gestalt chemischer Sedimente auf den Meeresboden gelangen. Würde dieser nicht immer weiter unter die Kontinente geschoben und stiege er nicht durch die Vulkantätigkeit und Gebirgshebung bedingt erneut nach oben, würde der Verlust für das Leben unerläßlicher Stoffe das Ende des Lebens auf der Erde bedeuten. Beim Nachdenken über Walkers Worte begriff ich, wie sehr das Leben ein Planeten und nicht Organismen zugeordnetes Merkmal ist. Vermutlich hätte ich zu dem Ergebnis kommen sollen, daß es ein Merkmal von Universen ist. Hier hatte ich den erforderlichen übergeordneten Gedanken für mein Projekt, mit dem ich darzulegen beabsichtigte, wie ein Naturwissenschaftler die Welt insgesamt sieht. Die der ideologisch neutralen Untersuchung der Natur entstammenden Vorstellungen besitzen eine Stoßkraft, die weit über das jeweilige enge Fachgebiet hinaus bis hin zur Philosophie und Religion reicht.

Auseinandersetzungen auf weltanschaulichem Gebiet sind mir nicht fremd, denn ich war in Little Rock im Staat Arkansas als sachkundiger Zeuge im sogenannten zweiten ›Affenprozeß‹ geladen, bei dem es um den Widerstreit zwischen Anhängern des Schöpfungsglaubens und solchen der Evolution ging (Kreationisten und Evolutionisten). Meine Sachkunde stützte sich auf Lebenserfahrung und den zweiten Hauptsatz der Thermodynamik. Nachdem ich mich drei Jahrzehnte lang mit den thermodynamischen Grundlagen der Biologie beschäftigt hatte (eine Arbeit, bei der es nicht viele Weggefährten gab), konnte ich endlich einer Zuhörerschaft etwas darüber sagen: Bundesrichter John Overton, einem Gerichtssaal voller sich dicht drängender Zuhörer und Vertretern der Presse. Es war ein ernüchterndes Erlebnis, naturwissenschaftliche Vorstellungen darzulegen, während mich ein Eid dazu verpflichtete, die Wahrheit, die ganze Wahrheit und nichts als die Wahrheit zu sagen, so wahr mir Gott helfe.

Dieser Prozeß gehört zu den aufregendsten Erlebnissen, an denen ich je beteiligt war. Nicht einmal ein zweistündiges Kreuzverhör durch einen Anklagevertreter des Staates Arkansas brachte meine Position ins Wanken. Ich hatte sogar den Eindruck, daß meine Aussage durch ein gewisses Tändeln mit meinem Inquisitor dem Ganzen ein wenig von seiner bitteren Strenge nahm. Ganz offensichtlich befanden wir uns an einem Ort, wo ›etwas los‹ war. Mir gefiel es, daß das Leben und der zweite Hauptsatz der Thermodynamik die Aufmerksamkeit des für den ersten Bezirk im Staat Arkansas zuständigen Bundesgerichts fanden.

Das Verfahren, das im übrigen in einem deutlichen Sieg jener endete, die sich für die im ersten Zusatzartikel zur amerikanischen Verfassung verankerte Trennung von Kirche und Staat einsetzten, rief der Öffentlichkeit erneut die Frage ins Bewußtsein, warum sich die fundamentalistische Richtung der westlichen Religion und die Naturwissenschaft so schwer damit tun, zu einer gemeinsamen Verständigungsgrundlage zu gelangen.

Bei einer anderen Gelegenheit mußte ich in einer New Yorker Anwaltskanzlei eine Aussage im Zusammenhang mit einem bevorstehenden Prozeß im Staat Louisiana machen, bei dem es um die Frage ging, ob die neue Gesetzgebung jenes Staates verfassungsgemäß sei, die forderte, im Unterricht der öffentlichen Schulen müsse die Schöpfungslehre behandelt werden. Es war wie eine Neuauflage von Little Rock. Mich befragte ein äußerst scharfsinniger Anwalt aus New Orleans, der seinen forschenden Intellekt mit einem überaus freundlich wirkenden Südstaatenakzent tarnte. Unvermittelt feuerte er – es ging gerade um die Wärmelehre in der Physik – die Gretchenfrage ab: »Wie verhält es sich mit Ihrem religiösen Glauben?«

Ich warf einen Blick zum neben mir sitzenden Anwalt, doch dessen Stillschweigen und Gesichtsausdruck gaben zu verstehen, daß eine solche Frage unter diesen Umständen zulässig sei. Offen gestanden fiel es mir ziemlich schwer, etwas so Persönliches und Nebulöses wie meine religiösen Überzeugungen unter Eid darzulegen. Da mir aber keine Wahl blieb, begann ich: »Ich entstamme einer Familie mit einem gewissen religiösen Hintergrund.«

Der Mann unterbrach mich: »Das meine ich nicht. Was glauben Sie persönlich?«

Hier war es mit dem Hinweis auf einer der üblichen Hauptkategorien »Protestant, Katholik, Jude« nicht getan – dieser Mann wollte wissen, woran ich glaubte, und ich nahm meinen Eid, der mich verpflichtete, die Wahrheit zu sagen, sehr ernst.

»Ich bin Pantheist in der Überlieferung Spinozas.«

Ein sehr langes Schweigen entstand. Der Mann setzte in äußerst gedehnter Sprechweise an, wohl um möglichst viel Zeit zu gewinnen, während sein wacher Geist auf Hochtouren lief.

»Nuuuun, heißt das, daß Sie Atheist sind?«

Meine Antwort kam wie aus der Pistole geschossen. »Nein, Sir, ich bin Pantheist!«

Er änderte seine Taktik, und wir gaben uns den lieben langen Tag einem ermüdenden Geplänkel hin. Die Sache kam nie zur Verhandlung, da über sie aufgrund eines Präzedenzfalls entschieden wurde, doch als ich an jenem Abend nach Hause ging, mußte ich noch einmal über meine Aussage nachdenken.

Da für den Pantheisten Gott und das All identisch sind, besitzt Gott keine Persönlichkeit, wie der Mensch sie versteht. Ich hatte hinzugefügt »in der Überlieferung Spinozas«, weil mich die Sache an Einsteins Antwort auf die Frage »Glauben Sie an Gott?« erinnerte. Er hatte damals gesagt: »Ich glaube an den Gott Spinozas.« Hätte ich weniger unter Druck gestanden und Zeit zum reiflichen Überlegen gehabt, wäre meine Antwort wohl genauer gewesen: »Ich bin Pantheist in der Überlieferung Giordano Brunos«, denn dieser Märtyrer des forschenden Geistes lebte vor Spinoza. Da aber Bruno auf dem Scheiterhaufen endete und Spinoza aus seiner Gemeinde ausgestoßen wurde, sind wohl beide Antworten mit einem gewissen Risiko verknüpft. Auf jeden Fall steht Spinoza meinem eigenen ›Hintergrund‹ näher, und er hat die Fragen, um die es bei der Kontroverse zwischen Kreationisten und Evolutionisten in erster Linie geht, systematischer gestellt.

Zum erstenmal gehört habe ich den Namen Spinoza als Kind zu einer Zeit noch vor den Stellenanzeigen in der *New York Times*. Meine Mutter erzählte vom Inhaber eines Ladens mit Kinderkleidung, der einst in der Schnittwarenhandlung ihres Vaters beschäftigt gewesen war. »Er hat sich ziemlich viel mit geistigen Dingen beschäftigt und als junger Mann Spinoza gelesen.« Einige Jahre später berichtete mein Vater etwas aus seiner Jugend in Kapulja, einer rückständigen Kleinstadt in Westrußland, daß sich dort die verwegeneren unter den Heranwachsenden in die Wälder geschlichen hatten, um Spinoza zu lesen. Es fiel mir schwer, zu verstehen, was an den Schriften eines jüdischen Ketzers, der im siebzehnten Jahrhundert in Holland gelebt hatte, so gefährlich sein konnte. Der jüdischen Gemeinde von Amsterdam allerdings muß die von diesem Manne ausgehende Bedrohung deutlich vor Augen gestanden haben, denn sie verstieß ihn im Jahre 1665 und belegte ihn in dem Dokument, das diesen Vorgang bekräftigte, mit den übelsten Ausdrücken. Auch den älteren Bürgern, die um die Jahrhundertwende im Städtchen Kapulja lebten, war offenbar diese Gefährdung nicht verborgen geblieben, denn warum sonst hätten sich die jungen Männer genötigt gesehen, ihre Lektüre im Dickicht versteckt zu betreiben, umgeben von den Tieren des Waldes?

Zu meiner nächsten Berührung mit Spinoza kam es, als ich während meines Studiums eine preiswerte Ausgabe mit dem Titel *Die Philosophie Spinozas* erwarb. Diese Auswahl aus den Hauptwerken des Denkers mit einem wunderbaren einleitenden Aufsatz von Joseph Ratner machte mir schließlich klar, warum die Anhänger herkömmlicher religiöser Vorstellungen des Westens den freundlichen, »von Gott trunkenen Philosophen« aus Amsterdam mit solcher Angst und solchem Haß betrachteten. Seine Schriften enthielten das Fundament für den Bau, der eines Tages die Kluft zwischen Naturwissenschaft und Religion würde überbrücken können. Die von ihm angebotene Lösung galt als Ketzerei, denn sein Gott in der Natur bildete einen lebhaften und scharfen Gegensatz zum Gott in der Geschichte, der während der vergangenen dreitausend Jahre oder länger im Mittelpunkt der jüdisch-christlichen religiösen Überlieferung des Westens gestanden hatte.

Die von Spinoza behandelten Fragen gärten zweihundert Jahre lang, bis es schließlich, nachdem Darwin seine Evolutionstheorie formuliert hatte, zu einer wilden Auseinandersetzung kam. Sie tobt seither mit unterschiedlicher Intensität immer wieder hin und her und galt irrtümlich als ausschließlicher Zusammenprall zwischen Naturwissenschaft und Religion. In Wirklichkeit geht es dabei innerhalb der Religion um einen Unterschied zwischen Pantheisten und Theisten einerseits, Deisten und Theisten andererseits sowie schließlich dem Gott der Philosophen und dem der Bibel.

Wie gewichtig Spinozas Argument ist, sieht man am deutlichsten in seinem Essay »Über die Wunder«, in dem er erklärt, derlei Vorkommnisse würden die Existenz Gottes widerlegen. Im einzelnen schreibt er:

Da nun nichts wahr ist, außer es stamme aus Gottes Mund, ist offenkundig, daß die allgemeingültigen Naturgesetze von Gott stammen und sich aus der Notwendigkeit und Vollkommenheit des göttlichen Wesens ergeben. Mithin würde ein in der Natur auftretendes Ereignis, das deren allgemeingültigen Gesetzen zuwiderliefe, notwendig auch dem Willen, Wesen und Verständnis Gottes zuwiderlaufen. Würde nun jemand behaupten, Gott handele entgegen den Naturgesetzen, müßte er eben deswegen auch behaupten, daß Gott gegen sein eigenes Wesen handelt – und das ist offenkundig widersinnig.

Daher würden uns Wunder in dem Sinne, daß es sich bei ihnen um Ereignisse handelt, die im Widerspruch zu den Naturgesetzen stehen, weit davon entfernt, Gottes Existenz zu beweisen, im Gegenteil Anlaß dazu geben, an ihr zu zweifeln.

Die Lektüre dieses Essays als junger Student hat für mich die Welt verändert. Ich blieb im Brennpunkt des holländischen Linsenschleifers und Philosophen gefangen und kam von seiner Vorstellung nicht mehr los, daß die ungeheure Weite des Universums und die Größe Gottes ein und dasselbe sind.

Nachdem ich nun der Öffentlichkeit unter den Augen des Gesetzes als Pantheist bekannt geworden bin, kann ich ungehindert meine Untersuchungen fortsetzen, mit deren Hilfe ich auf wissenschaftlichem Wege nachzuweisen gedenke, daß das Leben ein Merkmal von Planeten oder Galaxien ist, und, auf diesen Nachweis gestützt, eine Weltsicht formulieren, die der Weisheit, Freude und gelassenen Heiterkeit des von Gott trunkenen Philosophen aus Amsterdam Rechnung trägt.

2
Das Sabbatjahr

Wie Henry David Thoreau und Gautama Buddha durch ihr persönliches Beispiel so nachdrücklich gezeigt haben, sucht, wer sich mit tiefen und verwirrenden Fragen beschäftigen möchte, tunlichst einen ruhigen Ort auf, schlägt dort Wurzeln und macht sich an seine Aufgabe. Dieser Ort ist gegenwärtig für mich ein Eßtisch mit Kunststoffplatte auf einem im Hafen von Lahaina auf Hawaii vertäuten Segelboot. Der mich umgebende Ballast von Büchern und Papieren läßt den Rumpf tiefer als sonst ins Salzwasser des Pazifiks eintauchen. Als wir vor einigen Monaten diese Nachschlagewerke kartonweise zu einem Postamt im kalifornischen Berkeley schleppten, kommentierte mein philosophisch veranlagter Sohn Zach das mit: »Wissen ist schwer.« Ja, da stimme ich dir zu – Wissen ist schwer.

Bestimmte Fragen bringen mich gerade jetzt an diesen Ort des Nachdenkens. Das Füllhorn naturwissenschaftlicher Entdeckungen, die in den letzten fünfunddreißig Jahren gemacht und früherem Wissen hinzugefügt wurden, liefert uns Hinweise auf feine und genau ausgewogene Wechselwirkungen zwischen Luft, Wasser, Land und allen Lebewesen. Diese Ergebnisse haben unsere Sehweise vom Menschen und dem Planeten, den er bewohnt, so tiefgreifend verändert und werden das weiterhin tun, daß ich gedrängt bin, mich nach ihrer gesellschaftlichen, philosophischen und religiösen Bedeutung zu fragen. Ich möchte wissen, was uns diese Beziehungen aus dem Bereich der Naturwissenschaft über Sinn und Wert sagen. Wie kann das gegenwärtig verfügbare Wissen auf den Gebieten Biologie, Physik und Erdwissenschaften unser Verständnis davon vertiefen, wer wir sind, woher wir kommen und wohin wir einst gehen werden? Diesen Fragen muß ich mich stellen, auch wenn ich aus diesem Ringen lahm hervorgehe wie Jakob im Alten Testament oder vor Einsicht humpelnd wie Israel.

Durch die vordere Luke der Sloop sehe ich einige Seemeilen vom Ufer entfernt die westlichen Mauiberge in den Himmel ragen, Basalttürme, die aus tief unter den Wogen emporgestiegenen Vulkanströmen entstanden sind. Geologen erklären, daß der gesamte Boden des Pazifischen Ozeans als eine einzige riesige Gesteinsplatte langsam über einen ›hot spot‹ (wörtlich: heiße Stelle) in der Mitte des Meeres hinweggleitet, und da Lava durch diesen Kamin aufsteigt, bilden sich auf dieser Platte unmittelbar über der ins Erdinnere führenden Verbindung Inseln. Nacheinander sollen auf diese Weise in einem Hunderte von Kilometern langen Bogen Kauai, Oahu, Molokai, Maui sowie schließlich Hawaii entstanden sein. Die Hauptinsel Hawaii fügt als jüngstes Glied der Kette nach wie vor Lava hinzu. Beim Gang über dies jungfräuliche, feste Land kann man sehen, wie die Lava Blasen wirft, und spüren, wie sich der Planet verändert.

Die vom Schiff aus am Ufer sichtbaren Gipfel aus erstarrter Lava gehören zu den von den Geologen als Lithosphäre bezeichneten Landmassen der Erde. Gestein und Erz, Erdkruste und Mineralien, alle festen unbelebten Bestandteile der Planetenoberfläche fallen in diesen großen Bereich. Bis vor wenigen Jahrhunderten wurde allgemein angenommen, die wichtigeren Merkmale des Festlandes auf der Erde seien unveränderbar, doch eine Epoche großartiger geologischer Entdeckungen hat gezeigt, wie Wind und Wellen, Regen und Oxidation eine beständige Erosion bewirken. Die Wissenschaftler haben begriffen, daß der gesamte Planet schon vor Äonen eingeebnet worden wäre und seine Struktur eingebüßt hätte, stünde diesem Prozeß des Verfalls nicht ein solcher des Aufbaus gegenüber.

In dem Maße, wie sich die Geologie als Wissenschaft herausgebildet hat, fand sie weitere Nachweise für das sich wandelnde Wesen der Lithosphäre. Als jüngstes Beispiel für diese dynamische Betrachtungsweise mag die Theorie dienen, daß die Kontinente auf Lithosphärenplatten über die Oberfläche unseres annähernd kugelförmigen Planeten treiben. Diese Vorstellungen der Plattentektonik und das dazugehörende Bild von der sich erneuernden Landmasse (Kreislauf der Steine) müssen in unsere den Menschen und seine Umwelt betreffenden philosophischen Erwägungen mit einbezogen werden. Es ist ganz sicher, daß die Berge, die ich durch die hochgeklappte Luke im sonnenüberfluteten Bootsdeck beobachte, nicht ewig Bestand haben werden. Sie sind unter dem Donner ausströmender Lava und dem Zischen des Dampfes entstanden und werden ganz allmählich ins Meer zurücksinken, bis nichts von ihnen geblieben ist als ein Korallenatoll, das so ähnlich aussieht wie Midway oder Eniwetok. Wie lebende Organismen haben auch Vulkaninseln eine ihnen zugemessene Lebensspanne. Sie entstehen, wachsen, reifen und vergehen. Vor mir liegt im gleißenden Sonnenlicht eine grüngekleidete Insel in mittleren Jahren.

Kehre ich mich vom Bug zum im Schatten liegenden Niedergang um, fällt mein Blick auf die Reede von Lahaina sowie auf Lanai und dahinter auf die riesigen Weiten des Pazifiks. Draußen liegen Schiffe, Nachfolger früherer Wasserfahrzeuge, die das Wesen und die Überlieferungen dieser Hafenstadt geprägt haben. Als erste kamen in mit wunderbaren Schnitzereien verzierten Auslegerkanus die seeerfahrenen Polynesier von fernen Inseln im Süden und Westen her, nach ihnen schwerbeladene Kauffahrer und durchdringend riechende Walfänger mit ihrer aus einsamen Männern zusammengewürfelten vielsprachigen Besatzung. Hier verließ Herman Melville 1843 in aller Heimlichkeit sein Schiff und trieb sich drei Monate lang als ›Hafenratte‹ an den Kais herum. Das mag uns als Erinnerung daran dienen, daß in jedem von uns etwas von einem verrückten Kapitän Ahab steckt. Wir bringen einen Teil unseres Lebens mit der Jagd auf wirkliche oder metaphysische weiße Wale zu, ohne so recht zu wissen, warum. Den Hafen Lahaina laufen auch heute noch suchende und heimwehkranke Seelen an, die von Zeit zu Zeit »wieder zum Meer hinab« müssen.

Der Ozean, der sich bis jenseits des Horizonts erstreckt, ist Teil einer riesigen zusammenhängenden Wassermasse, die 70,9 Prozent der Erdoberfläche bedeckt. Die sieben Weltmeere bilden gemeinsam mit den Flüssen, Seen und Gletschern die zweite große geologische Unterabteilung, die Hydrosphäre. Thales von Milet, der als erster Naturwissenschaftler der griechischen Antike gilt, begründete die Philosophie, wie wir sie kennen, mit der Vorstellung, das Wasser stehe am Ursprung aller Dinge; er sah es als Urmaterie des Universums an. Auf jeden Fall ist diese äußerst vielseitige Substanz in festem, gasförmigem und flüssigem Zustand in Gestalt von Eis, Dampf und Wasser der bemerkenswerteste Bestandteil der Planetenoberfläche und Hauptlieferant der Moleküle eines jeden Lebewesens. Wasser kommt so reichlich vor, daß man gar nicht mehr daran denkt, welch außergewöhnlicher Stoff es ist und daß seine extremen physikalischen Merkmale und chemischen Eigenschaften es von allen anderen chemischen Verbindungen unterscheiden und abheben. Wer unseren Planeten verstehen will, muß die Eigenschaften dieses seltsamen Wasserstoffoxids in all seinen verschiedenen Erscheinungsformen begreifen.

Das hartnäckigste Geräusch in einem Hafen rufen lokkere Heißleinen hervor, die mißtönend und fast rhythmisch an die Masten schlagen. Bei mit zwanzig Knoten wehendem Wind nimmt seine Intensität so zu, daß es die meisten anderen Geräusche überlagert. Das Vibrieren der Leinen ist das Schall gewordene Ergebnis der Bewegung einer unsichtbaren geologischen Komponente, der Atmosphäre. Diese die Erde mit einer gasförmigen Hülle umgebende Geosphäre wird in größeren Höhen immer dünner, bis sie ganz dahinschwindet, so daß nur noch die ungeheure Leere des Weltraums bleibt. Daß es auf einem Planeten eine Atmosphäre gibt, beruht auf einer Art Kompromiß zwischen der Schwerkraft, die alles auf die feste Erdoberfläche hinabziehen will, und der Wärmeenergie, die alle Moleküle aus der Reichweite des Planeten hinaus in den Weltraum zu schleudern bestrebt ist. Auf einem kleinen Himmelskörper wie beispielsweise unserem Mond ist die Schwerkraft so gering, daß keine Gasmoleküle auffindbar sind. Bei einem großen kalten Planeten wie dem Jupiter hingegen ist den Molekülen ein Entkommen unmöglich, so daß dessen Atmosphäre in der Hauptsache aus einer riesigen Menge atomaren Urwasserstoffs besteht, der sich bei der Entstehung des Sonnensystems dort kondensiert hat.

Die Erde befindet sich in dieser Hinsicht in einem äußerst empfindlichen Gleichgewicht. Leichte Gase wie Wasserstoff und Helium treten nach und nach aus der Atmosphäre aus, während der Verlust der meisten schwereren Moleküle so langsam vor sich geht, daß er kaum wahrnehmbar ist. Die Atmosphäre hat sich aus einem ursprünglichen Stadium, in dem sie über einen hohen Wasserstoffanteil verfügte, hin zum heute bestehenden Zustand bewegt, bei dem von diesem leichtesten Element nur noch wenig vorhanden ist. Wer auf den in der Takelage pfeifenden Wind lauscht, dem kommt der Gedanke an Molekulargeschwindigkeiten und Gravitationskräfte als merkwürdige Abstraktion vor.

Mein transportabler Schreibtisch befindet sich in einer

seltsamen Lage: Er schwimmt auf der Hydrosphäre, ist gegenwärtig an der Lithosphäre vertäut und taucht in die Atmosphäre ein – er steht also mit allen drei geologischen Hauptkategorien der Erde in Beziehung. Das ist der rechte Ort, die Schwingungen der Geosphären in sich aufzunehmen und sich auf deren Wechselspiel einzustellen. Gegen Ende des vorigen Jahrhunderts begann die intensive wissenschaftliche Untersuchung dieser Beziehungen. Die Geochemie wurde zu einer anerkannten Wissenschaft, und die drei Hauptunterteilungen in Erde, Luft und Wasser dienten dazu, Datensammlungen zu ordnen und das Wissen zu klassifizieren. Forscher begannen, geochemische Vorgänge ebenso zu untersuchen wie die Zusammensetzung der Geosphären, und rasch zeigte sich, daß es einen vierten Bestandteil gab, die Biosphäre, deren dynamische Wirkung sich umgekehrt proportional zu ihrem geringen Ausmaß verhält. Sie dient als Katalysator für die Übertragung von Materie und Energie zwischen den drei anderen und umfaßt alles Lebende auf dem Planeten wie auch früher lebende Materie, beispielsweise Ablagerungen und fossile Brennstoffe. Auch wenn die Korallenriffe vor diesen Gestaden eindeutig der Biosphäre angehören, beginnen doch die tief ins Meer hinabreichenden Kalziumkarbonatsedimente aus Weichtierschalen, vom Aussehen her allmählich der Lithosphäre zu ähneln. Das ist inzwischen so klar verstanden, daß es keine Verwirrung mehr hervorruft.

Diese vierte Geosphäre umgibt mich und schließt mich ein, denn ich bin ebenso Teil ihrer wie die von Kokosnüssen schweren Palmen am Ufer, die Zuckerrohrfelder an den Hängen, die Wale, die sich einige Seemeilen weiter draußen tummeln, der verfaulende Abfall, der auf dem brackigen Wasser des Hafens treibt, und die Touristen in mittleren Jahren, die an den verwitterten Kais dieser Insel in mittleren Jahren auf und ab schlendern. Der Biosphäre gilt mein Augenmerk vor allem; denn ich habe mich lange

28

mit der Frage beschäftigt, wie sie entstanden ist und auf welche Weise sie funktioniert. Alles philosophische Denken hat irgendwo innerhalb ihrer stattgefunden – ein selbstsüchtiges Motiv, das eigene Ich dadurch besser zu verstehen, daß man das übrige Universum erfaßt. Für mich hat sich diese Suche nach Selbsterkenntnis auf Organismen konzentriert. Seit meinen Schultagen klingt mir ein Tennyson-Gedicht in den Ohren:

> *Du Blume, deren Same in die Mauerritze gefallen,*
> *ich pflücke und halte dich mit Wurzeln und allem*
> *in meiner Hand,*
> *kleine Blume – erfaßte doch nur mein Verstand,*
> *was du bist, mit Wurzeln und allem, mit allem in allem,*
> *verstünde ich auch, was Gott ist und was der Mensch.*

Die Existenz der Wesen ist in so hohem Maße miteinander verflochten, daß das Verständnis eines Teils davon zu einem erweiterten Verständnis des Ganzen führt. Daß eine bestimmte Blume an den Anfang gestellt wird, ist der dichterische Hinweis darauf, daß wir irgendwo beginnen müssen, und für mich bilden den Anfang die Fülle und Schönheit des Baus von Molekülen, aus denen Lebewesen bestehen. Doch die Chemie allein ist zu begrenzt für die reiche Fülle der Welt. Jetzt, da ich Gedanken in einem größeren Zusammenhang als dem von Polymeren, Zellen und Gewebe zu erfassen wünsche, habe ich mir die vier Sphären des Geochemikers zur Grundlage erwählt, auf der ich zu einem Verständnis gelangen kann. Eine solche Synthese setzt umfassendes Wissen voraus, weit umfangreicher als das im Papierstapel und in den Bücherkisten meiner Fracht enthaltene.

Die Lithosphäre war bisher das Reich der Geologen, Geophysiker und Geochemiker. Tatsächlich hat jeder Wissenschaftler, dessen Berufsbezeichnung die Silbe ›Geo‹ voransteht, etwas mit den festen Bestandteilen des Planeten zu tun. Viele Jahrhunderte hindurch haben Meteorologen, die danach trachteten, Verfahren zur Vorhersage des Wetters zu entwickeln, die Atmosphäre gründlichst erkundet. Ihnen haben sich in jüngerer Zeit Physiker und Chemiker beigesellt, die sich mit der Erforschung der spezialisierteren Teilgebiete der weiter oben liegenden atmosphärischen Schichten beschäftigen. Um den größeren Anteil der Hydrosphäre kümmern sich Ozeanographen und Hydrologen, während auf dem Arbeitsgebiet der Biosphäre eine Vielzahl von Spezialisten tätig ist, von denen die Ökologen die umfassendste Sehweise haben. Biophysiker wie Biochemiker untersuchen in erster Linie die Vorgänge auf der Molekularebene. Zwischen diesen Grenzdisziplinen widmet sich eine staunenswerte Vielzahl der unterschiedlichsten Fachleute der Erforschung von Flora, Fauna und Mikroben.

Dessen, wie unbedeutend er ist, wird sich der Mensch richtig bewußt, sobald er erkennt, welch ungeheure Materialfülle einbezogen werden muß, will man sich globalen Wissenschaftsfragen zuwenden, und schon vor langer Zeit habe ich den Entschluß gefaßt, mich von solchen Erwägungen nicht entmutigen zu lassen. Wohl befürchtete ich am Beginn meiner akademischen Laufbahn die Ansicht, Kollegen würden mich als Dilettanten betrachten, wenn ich meine Interessen breit fächerte, doch hatte ich auf der anderen Seite stets den Eindruck, daß sich manche der am tiefsten reichenden und aufschlußreichsten Fragen nicht mit Hilfe von Reagenzgläsern und Erlenmeyer-Kolben lösen lassen. Auch das Elektronenmikroskop war dazu nicht imstande, denn was hier untersucht wird, bedarf nicht der Vergrößerung, sondern der Verkleinerung, damit wir den Planeten, das Sonnensystem, die Galaxis oder das Universum in ihrer Gesamtheit erfassen können. Nötig ist dazu das geistige Gegenstück des Blicks durch das falsche Ende eines Fernrohrs.

Vor vielen Jahren las ich einmal einen Aufsatz, in dem

Erwin Schrödinger Ortega y Gassets »Die Barbarei der Spezialisierung« zitierte. Die spanischen Worte *la barbarie del especialismo* sind mir im Gedächtnis haftengeblieben und immer wichtiger geworden. Vor das Dilemma gestellt, entweder als Dilettant oder als Barbar zu gelten, fällt mir die Wahl leicht. Einzelne müssen versuchen, Synthesen zu formulieren, wollen sie nicht in uferlosem Wissen untergehen, das allein schon wegen seiner ungeheuren Menge unverdaulich ist. Für die zu dieser Synthese erforderliche Arbeit gibt es keine hinreichende Anzahl vielfach begabter Universalgelehrter, und der Renaissancemensch hatte es lediglich mit dem begrenzten Wissen der Renaissance zu tun. Gegenwärtig gibt es für gewöhnliche Sterbliche keine Wahl, sie müssen voranschreiten und die Arbeit so gut wie möglich erledigen.

Dies Ausweichen vor einer Situation, in der ich mir Vorwürfe zu machen hätte, liefert eine Erklärung dafür, wieso ich jetzt in diesem polynesischen Hafen sitze und philosophiere, ohne dazu befugt zu sein. Ich befinde mich in der Mitte eines Sabbatjahres, jener wunderbaren akademischen Einrichtung, die den Lehrkräften gestatten soll, neue Kraft für Geist und Intellekt zu finden. Ein Bekannter, der selbst nicht im akademischen Bereich tätig ist, nennt solches Tun »die Muße der theoretisch orientierten Klasse«. Leider sieht die Wirklichkeit des Universitätslehrers heutzutage so aus, daß er in vorlesungsfreien Jahren die Veröffentlichungsliste auf seinem Fachgebiet verlängert, doch neige ich eher der herkömmlichen Auslegung des Begriffs Sabbatjahr zu.

Das Sabbatjahr geht auf das Alte Testament zurück; dort sollte es dem Boden, der Frucht bringen muß, eine Ruhepause verschaffen. Auch wenn die Gedankenverbindung zwischen einem ungepflügten Feld und einem brachliegenden Professor nicht auf den ersten Blick einleuchtet, bin ich durchaus für diese schöpferische Pause. Im dritten Buch Mose heißt es zum Sabbatjahr:

Sechs Jahre darfst du dein Feld besäen und sechs Jahre deine Reben beschneiden und den Ertrag des Landes einsammeln. Aber im siebenten Jahr soll das Land hohe Feierzeit halten, einen Sabbat für den Herrn; da darfst du dein Feld nicht besäen und deine Reben nicht beschneiden. Was von der Ernte her von selbst wächst, das sollst du nicht ernten, und die Trauben deines unbeschnittenen Weinstocks sollst du nicht schneiden; es soll hohe Feierzeit sein für das Land.

In diesem Sabbatjahr bin ich in der ganzen Welt umhergereist, um Material für eine Untersuchung der Geschichte der Bioenergetik zu sammeln. Nach diesem Besäen von Feldern und Beschneiden von Reben habe ich einen Punkt erreicht, an dem ich mich von den mit dieser Aufgabe verbundenen Mühen erholen und über Fragen nachdenken möchte, die mich anfänglich auf die Wissenschaft der Biologie gebracht haben. So bin ich also zur Insel Maui gekommen und habe mich entschlossen, für eine Weile der Barbarei der Spezialisierung Widerpart zu bieten.

Darauf, daß man sich die Erde in vier Geosphären eingeteilt vorstellen kann, stieß ich vor vielen Jahren, als ich zum erstenmal das Buch *Geochemistry* (Geochemie) der Autoren Rankama und Sahama las. Während ich darüber nachdachte, wurde mir klar, daß eine verblüffende Ähnlichkeit zwischen unserer Einteilung in Lithosphäre, Atmosphäre, Biosphäre und Hydrosphäre und der von Aristoteles in der Antike vorgenommenen in Erde, Luft, Feuer und Wasser besteht. Aus späterer Lektüre erfuhr ich, daß dieser Gedanke keinesfalls auf Aristoteles zurückgeht, sondern wahrscheinlich auf dessen Vorläufer, den auf Sizilien tätigen charismatischen Philosophen Empedokles. Noch weitergehende Studien zeigten mir, daß sich diese Vierteilung bereits im Brhaspati Sutra findet, einem zweihundert Jahre vor Empedokles' Zeit entstandenen Werk der materialistischen Philosophie Indiens.

Obwohl bei drei der Geosphären eine nahezu vollständige Analogie zur Lehre der Antike möglich ist, verlangt es eine gewisse Vorstellungskraft, die Biosphäre mit dem Feuer zu identifizieren. Vor rund zweitausendfünfhundert Jahren entstammten die dem Menschen am besten bekannten Flammen einem chemischen Prozeß, bei dem atmosphärischer Sauerstoff mit pflanzlicher Materie wie Holz, Gestrüpp und Olivenöl oder tierischer Materie wie Talg und Guano zusammentraf, wobei der atmosphärische Sauerstoff ebenso wie die Brennstoffe ein Erzeugnis biologischer Prozesse war. Die zweite den frühen Philosophen bekannte Art des Feuers war die weißglühende Sonne. Sie steht ebenfalls in enger Beziehung zur Biologie, denn sie liefert das Licht, das die Photosynthese ermöglicht, den ersten Schritt zur Erhaltung aller lebenden Systeme. Eine der mittelmeerischen Welt bekannte dritte Art des Feuers lieferten die Vulkane. Seine Grundlagen waren nur insoweit biologischer Art, als dabei derselbe atmosphärische Sauerstoff mit heißen Gasen brennbarer Bestandteile aus dem Erdmantel zusammenwirkte. Das Thema Vulkane läßt uns wieder an Empedokles denken, denn der Legende nach setzte der bedeutende Philosoph seinem Leben damit ein Ende, daß er zum Beweis seiner Göttlichkeit in den feurigen Krater des Ätna sprang.

Trotz dieser Hybris des Empedokles wirkt das Ergebnis seiner Arbeit glaubwürdig. Daher beabsichtige ich, bei meinem Projekt mit Bezug auf Erde, Luft, Feuer und Wasser eine Beziehung zwischen dem klassischen Humanismus des Gelehrten aus der griechischen Antike und seinen Nachfolgern sowie den Erkenntnissen heutiger Geochemie als Beispiel wissenschaftlichen Tuns herzustellen. Darin äußert sich nicht nur der Menschlichkeitsaspekt, sondern auch die intuitive Vermutung, daß diese Untersuchungen schließlich ein freundliches Bild des Universums ergeben werden.

3
Evolution und Schöpfung

Wer könnte sich an einem neuen Ort niederlassen, ohne eine ungeahnte Anzahl neuer Nachbarn zu erwerben? Für den sich selbst genügenden Thoreau waren diese Gefährten die im und um den Teich von Walden lebenden Fische, Vögel und Eichhörnchen, für mich sind es die ›Hafenratten‹, eine merkwürdige Gruppe von Menschen, die auf den Booten oder an den Kais von Lahaina arbeiten. Wie anders manche von ihnen doch sind als die akademisch gebildeten Stadtrandbewohner und Leser der *New York Times*, mit denen ich gewöhnlich zusammentreffe und die ich gelegentlich grüße!

An den ersten Tagen galt ich in meinem auf dem Wasser des Hafens von Lahaina schwimmenden Arbeitszimmer als Fremder. Da man mich fälschlich für einen Touristen hält, bin ich Gegenstand reger Aktivität, denn die ›Hafenratten‹ bemühen sich, mich zu Angelausflügen und Bootsfahrten zu beschwatzen. Sie sehen Touristen pragmatisch – etwa so, denke ich, wie ein Bauer sein Vieh. Schließlich freunden wir uns über Lucille, die unsere gesellschaftlichen Pflichten wahrnimmt, mit dieser Gruppe an und lernen sie besser verstehen – auch wenn es schwerfällt, gleichzeitig über kosmische Fragen nachzudenken und ein gesprächsbereiter Nachbar zu sein. Doch schon nach kurzer Zeit in dem schwimmenden Arbeitszimmer werden wir als Mitbürger und »Mit-Hafenratten« akzeptiert. Einer Bootskajüte entquellendes Schreibmaschinengehämmer ist ungewöhnlich genug, um einen Sonderstatus zu schaffen.

Der Versuch, meine Nachbarn einzuordnen, erinnert an Melvilles Walklassifikation im Walkundekapitel von *Moby Dick*. Die üblichen Kategorien sind einfach nicht anwendbar. Was auch immer die Fachleute sagen mochten, Melville ließ sich nicht von seiner Überzeugung abbringen, daß ein Wal ein ›Fisch‹ sei. So geht es mit einigen Menschen am Hafen, die weder richtige Land- noch richtige Seegeschöpfe sind – sie entziehen sich einer eindeutigen Zuordnung ebenso wie die Wale Melvilles Versuch, die in ihrem zwischen den Inseln liegenden Winterquartier vor sich hin singenden Buckeltiere zu klassifizieren.

Amerikaner sind gewöhnlich vom Osten des Kontinents westwärts gezogen, und häufig galt die Anziehungskraft, die der ›Stern des Westens‹ auf einen Menschen ausübte, als Maßstab für seine Energie oder Unzufriedenheit. Ein Westwanderer, der in Kalifornien eintrifft, kann dreierlei tun: sich niederlassen, umkehren oder weiterziehen. Wer die letztgenannte Möglichkeit wählt, stößt vielleicht bis zu den Häfen Polynesiens vor.

Einen Schoner dort erblick' ich an der Kimm,
Feuerbunte Segel leuchten an den Masten,
Und mein Herz ist hier an Bord gegangen,
Denn es will auf jenen Inseln rasten.

In Hawaii treffen diese Menschen auf die Abkömmlinge ähnlich Unternehmungslustiger oder Unzufriedener, die mit Auslegerkanus oder auf Booten neueren Datums von Westen nach Osten gezogen sind.

Zur Gemeinschaft im Hafen gehört eine Vielzahl von Individuen, die sich nicht ohne weiteres psychologisch einordnen lassen. Läge mir nicht so sehr daran, dies Buch fertigzustellen, würde ich wirklich gern diese Leute näher kennenlernen und ihre Geschichten aufschreiben. Bestimmt hätten manche von ihnen Dinge zu erzählen, die Aufschlußreiches über das Wesen des Menschen ans Licht brächten. Ich rechne immer mehr oder weniger damit, daß mich irgendein verschrumpelter Alter am Hemdsärmel zupft, mich mit seiner pergamentenen Hand festhält und zu erzählen beginnt: »Da war mal ein Schiff...«

Nun, da war tatsächlich einmal ein Schiff, und es spielt bei meiner Suche nach dem Sinn eine Hauptrolle. Dabei handelt es sich keineswegs um das Geisterschiff aus Samuel Taylor Coleridges balladenhafter Dichtung *Die Weise vom Alten Seefahrer*, sondern um H. M. S. *Beagle*, auf dem sich Charles Darwin zu seiner Entdeckungsreise einschiffte. Den Höhepunkt dieser fünfjährigen Fahrt bildete Jahrzehnte später die Veröffentlichung seiner Bücher über den Ursprung der Arten und die Entstehung des Menschen. Sie bewirkten eine Kettenreaktion der Kontroverse zwischen Naturwissenschaftlern und Verfechtern der anerkannten Religionen, die bis heute unvermindert heftig andauert. So sehr beherrscht dieser Widerstreit die Vorstellungen, die sich die Öffentlichkeit von der Suche nach dem Sinn in der Natur macht, daß zahlreiche Ansätze von ähnlicher Bedeutung in Schlachtenlärm und Pulverrauch untergegangen sind. Oft spielt sich der Streit zwischen jenen Fundamentalisten ab, die glauben, alle Antworten ließen sich in einer buchstabengetreuen Auslegung der Bibel finden und jenen materialistischen Anhängern der Evolutionstheorie, die der Ansicht sind, die Natur gehe ohne Sinn oder Zweck nach dem Prinzip des blinden Zufalls vor. Wie ist es zu diesen extremen Ansichten gekommen, und inwieweit haben sie es vermocht, die Aufmerksamkeit von einer eher menschlichen, gemäßigten und weniger dogmatischen Betrachtungsweise abzulenken?

Um Dunst und Nebel zu vertreiben, schalte ich das Bilgengebläse der Offenheit ein, schiebe das Problem der Geosphären eine Weile beiseite und wende mich dem der

Beziehung von Naturwissenschaft und Religion zu. Das ist an meinem gewöhnlichen Arbeitsplatz keineswegs immer einfach, denn dort, auf dem Gelände einer größeren Universität, umgeben mich Naturwissenschaftler, die zum großen Teil nichts von Metaphysik hören wollen und sich gelegentlich mit Geringschätzung äußern oder Unglauben an den Tag legen, wenn es um die Frage nach dem der Wissenschaft innewohnenden Sinn geht. Hier am Hafen sieht das anders aus; in einer bunt zusammengewürfelten Gemeinschaft, in der jeder seinen eigenen Vorlieben nachgeht, neigt man weniger dazu, über andere zu urteilen, und ich habe einige denkwürdige Gespräche über Gott und die Menschen führen können.

Fangen wir einmal mit der historischen Binsenweisheit an, daß das Denken in der westlichen Welt schon seit langem von einer nicht ganz mit Recht als jüdisch-christliche Überlieferung bezeichneten Religion, zu der auch der Islam gezählt werden muß, beeinflußt, wo nicht beherrscht wird. Die Autoren aus der Zeit zwischen 500 und 1700 n. Chr., deren Werke wir lesen, waren entweder Anhänger einer dieser drei Überlieferungen oder haben sich gegen sie aufgelehnt wie in den schon genannten Fällen des Giordano Bruno (1548–1600) oder des Baruch/Benedikt D. Spinoza (1623–1677). Außer bei einigen wenigen abgelegenen Gemeinschaften und bestimmten einzelnen, fand im Mittelalter und zur Zeit der Renaissance der von den theologischen Hauptsystemen geschaffene Rahmen in Europa, den Ländern Arabiens und Nordafrika allgemeine Anerkennung.

Die westlichen Religionen haben den Glauben an einen persönlichen Gott miteinander gemein, und ihren Anhängern geht es insbesondere darum, Aussagen zu belegen, die eine Beziehung zum Göttlichen nachweisen. Mithin ist die Religion des Westens ihrer Sehweise nach zutiefst historisch orientiert. Judentum, Christentum und Islam hängen ebenso wie die aus ihnen hervorgegangenen

Sekten vollständig von Berichten über gewisse Ereignisse aus der Vergangenheit ab, bei denen der Herr selbst oder ein Stellvertreter des Allmächtigen auserwählten Gruppen oder einzelnen Anweisungen gab.

Jede dieser Religionen verfügt über Dokumente, in denen bestimmte Beziehungen zwischen Gott und den Menschen aufgezeichnet sind. Ihre Anhänger sehen in der Art dieser Beziehungen nichts Obskures oder Verborgenes; ihr Glaube gründet sich darauf, daß die Mitteilungen unmittelbar von Gott oder seinen Beauftragten an Menschen aus Fleisch und Blut ergingen. Die Gläubigen bedürfen einer genauen historischen Aufzeichnung des Vorgefallenen, denn diese repräsentiert das göttliche Wort, an dessen Wahrheit nicht gezweifelt werden darf. Der Grad der Glaubwürdigkeit oder Wahrheit solcher Religion hängt davon ab, ob die von ihr berichteten Berührungen mit Gott so, wie sie in den heiligen Schriften festgehalten sind, stattgefunden haben oder nicht.

Die drei Hauptüberlieferungen sind mit ihrer jeweiligen Geschichte eng verknüpft, und sie hüten die Unterlagen über ihre Vergangenheit mit großem Eifer. Häufig verlieren wir die Bedeutung historischer Kriterien bei der Entstehung und Bewahrung solcher Glaubensgrundsätze aus den Augen.

Das Judentum stützt sich auf einen Moses, der als geschichtliche Gestalt existiert hat und auf den Sinai stieg, um von Gott das Gesetz zu empfangen. Die Dokumente lassen in dieser Hinsicht keinen Raum für Abstraktionen (zweites Buch Mose, 31, 18). »Und als er mit Mose auf dem Berg Sinai zu Ende geredet hatte, übergab er ihm die beiden Tafeln des Gesetzes, steinerne Tafeln, vom Finger Gottes beschrieben.«

Das herkömmliche Christentum, das die Wahrheit des Alten Testaments anerkennt und ihm eine unmittelbare Beziehung zwischen Mensch und Gott durch dessen Sohn Jesus hinzufügt, steht und fällt mit der historischen Stich-

41

haltigkeit von Kreuzigung und Auferstehung, diese beiden Ereignisse werden in den Evangelien genau beschrieben bis hin zu den Worten des zweifelnden Jüngers Thomas: »Wenn ich nicht an seinen Händen das Mal der Nägel sehe und lege meinen Finger in das Mal der Nägel und lege meine Hand in seine Seite, werde ich es nicht glauben« (Evang. d. Joh. 20, 25). Im nächsten Abschnitt werden seine Zweifel ausgeräumt. Wie bedeutend diese Frage der Glaubwürdigkeit ist, läßt sich daran erkennen, mit welcher Genauigkeit die Einzelheiten beschrieben werden.

Der Bibel dieser beiden Religionen fügt der später auftretende Islam eine dritte heilige Schrift hinzu, den Koran (das Wort bedeutet ›Liturgische Rezitation‹). Für die Gläubigen stellt sie das vom Engel Gabriel dem Propheten Mohammed diktierte Wort Allahs dar, das nach dessen Tode in Gestalt eines Kanons fixiert wurde. Der Koran hat mit den ihm zeitlich voraufgehenden Werken Berichte über die unmittelbare Weitergabe von Gottes Wort gemeinsam.

Daß in allen Fällen Zeiten, Orte und Namen der jeweils Beteiligten genauestens vermerkt und zusätzliche Einzelheiten genannt werden, soll im Zusammenhang mit den Vorfällen den Eindruck des Authentischen vermitteln. Entweder haben die Ereignisse so stattgefunden, wie sie berichtet werden, oder die Grundlagen der jeweiligen Theologie verlieren ihre Tragfähigkeit. Beginnt man, einen Teil der heiligen Texte anzuzweifeln, wird alles andere in seiner Gesamtheit automatisch fragwürdig. Angesichts des offenkundig historischen Charakters, den der Glaube hat, ist die konservative Haltung der westlichen Religionen mit Bezug auf die Deutung ihrer heiligen Schriften verständlich.

Nicht nur alte westliche Glaubensgrundsätze sind auf ausdrücklich genannte historische Kontakte zwischen Gott und dem Menschen angewiesen. Ein neueres Beispiel dafür ist die Kirche Jesu Christi der Heiligen der letzten Tage (Mormonen). Diese Glaubensgemeinschaft führt ihre Existenz und Lehre darauf zurück, daß ein Joseph Smith, der tatsächlich gelebt hat, goldene Tafeln mit dem Text des Buches Mormon gefunden, diesen Text übertragen und die Übersetzung getreulich Oliver Cowdery und Martin Harris diktiert haben soll. Den Angaben jener Kirche zufolge wurden die Tafeln 1827 in Palmyra im Staate New York ausgegraben. Entweder stimmen diese Ereignisse wie beschrieben, oder das gesamte aus ihnen errichtete theologische Gebäude bricht in sich zusammen.

Obwohl östliche Religionen gewöhnlich über komplexere Sammlungen von Glaubensgrundsätzen verfügen, sind sie weniger auf historische Einzelheiten angewiesen. Zwar verehren ihre Anhänger bestimmte Lehrer wie beispielsweise (im Buddhismus) Siddhartha Gautama oder (im Dschainismus) Vardhamana, beides historische Gestalten, doch hängt der Glaube in keiner Weise von den Ereignissen ab, mittels derer die Lehre entdeckt oder vermittelt wurde. Diese asiatischen Religionen bilden eine miteinander verbundene Gruppe philosophischer Systeme, die sich mit der dahinterstehenden Art der Wirklichkeit oder damit beschäftigen, daß diese letztlich nicht gewußt werden kann. Solche Glaubenslehren existieren gemeinhin außerhalb der zeitlich fixierten Geschichte und stehen in dieser Hinsicht in scharfem Gegensatz zur jüdisch-christlichen wie zur islamischen Überlieferung.

Angesichts dieses Schwergewichts, das die Mehrzahl der Religionen in der westlichen Welt auf heilige Ereignisse legt, können wir verstehen, warum es deren Anhängern so sehr um die absolute Wahrheit des geschriebenen Wortes zu tun ist. Entweder sind die Schriften absolut und können nicht in Frage gestellt werden, oder die in ihnen enthaltene Behauptung von der Existenz der Gottheit und ihrer Beziehung zu ihnen wird fragwürdig. Vor dem Hintergrund dieses ›alles oder nichts‹, unter dessen Zwang viele Gläubige standen und stehen, läßt sich der Fundamentalismus deutlicher und vielleicht auch mit mehr Verständnis erfassen.

Die Schöpfungsgeschichte ist allen Hauptreligionen des Westens gemeinsam. Oberflächlich betrachtet handelt es sich dabei um einen Bericht von der Entstehung des Weltalls, der Erde, des Lebens und der Menschheit. Zweitausend Jahre lang bedeutete sie für die halbe Welt die anerkannte und offizielle Darstellung dieser Ereignisse. Für die Ultraorthodoxen aller Sekten ist sie die reine Lehre, die niemand anzweifeln darf. In einer anderen Überlieferung, die über zweitausend Jahre zurückreicht, sehen liberal denkende Interpreten die Schöpfungsgeschichte als Allegorie an, einen von Gott inspirierten poetischen Versuch der Alten, ihre Welt zu verstehen. Die zeitgenössische Schule der vom Existentialismus beeinflußten Theologen (ein Beispiel dafür ist Karl Barth) sieht im ersten Buch Mose ein unnennbares göttliches Geheimnis. Ihm darf man nicht auf wissenschaftlichem Wege nachspüren, sondern muß es mit den Augen des Glaubens betrachten.

Bei einer anderen Annäherungsweise als der fundamentalistischen heißt die Schwierigkeit, sobald man anfängt, grundlegende Schriften nach Geschichte, Allegorie und Mysterium einzuteilen: Wo soll das enden? Falls das erste Buch Mose nicht historisch ist – wie verhält es sich dann mit dem dritten? Und sofern dieses nicht historisch ist, worauf gründet sich dann die Beziehung Gottes zu den Juden? Wenn nun das Alte Testament nicht historisch ist, wie verhält es sich dann mit dem Neuen, das sich so sehr auf dessen Prophezeiungen stützt? Die ganze Angelegenheit würde unentwirrbar. Das Fachgebiet innerhalb der Theologie, das sich mit solchen Fragen beschäftigt, heißt Bibelkritik. Fundamentalisten gehen Schwierigkeiten dieser Art aus dem Weg, indem sie ihre heiligen Schriften ausnahmslos als wahr und absolut hinstellen. Bis ins achtzehnte Jahrhundert hinein waren die meisten gläubigen Christen Fundamentalisten; die Wahrheiten der Bibel, die ihnen als axiomatisch galten, beherrschten die europäische Kultur.

Während die Religion tief in der Geschichte wurzelte, ging es der frühen Naturwissenschaft weniger um bestimmte Ereignisse aus historischer Zeit. Platonische Ideale existierten ebenso wie mathematische Wahrheiten außerhalb kurzlebiger und flüchtiger Ereignisse. Die Atome des Demokrit waren genauso ewig wie Erde, Feuer und Wasser des Empedokles. Auch wenn sich die Mehrzahl der Denker der Antike mit der Frage beschäftigte, wie die Welt und das Leben entstanden sind, ging es ihnen dabei nicht um exakte Angaben und genaue Zeiten, sondern eher um Abläufe. Über zweitausend Jahre lang stellten die naturwissenschaftliche und die religiöse Gemeinschaft ganz und gar unterschiedliche Fragen, so daß es kaum Reibungspunkte gab.

Der Beginn der Neuzeit, in der es zu gespannten Beziehungen zwischen Labor und Dom kam, dürfte sich auf das Jahr 1543 datieren lassen. Damals kam Nikolaus Kopernikus' Werk *De revolutionibus orbium coelestium libri VI* heraus (1879 unter dem Titel »Sechs Bücher über die Umläufe der Himmelskörper« auf deutsch erschienen). Kopernikus (1473–1543), Astronom und Geistlicher, wirkte lange Zeit als Domherr im ostpreußischen Frauenburg. In seiner pikanterweise Papst Paul III. gewidmeten Arbeit entwickelt er die Theorie, daß die Sonne Zentralkörper unseres Gestirnssystems ist und die Erde sich um sie dreht.

Im ersten Buch Mose steht völlig eindeutig die Erde im Mittelpunkt; damit wird allen anderen Himmelskörpern eine Nebenrolle zugewiesen. Da das Ziel der biblischen Schöpfung der Mensch war, lag der Kosmologie diese Sehweise zugrunde. Die Himmelsmechanik des forschenden Domherrn wich von der biblischen Sicht des Universums in durchaus unübersehbarer und grundlegender Weise ab. Wer an den Wortlaut der Schöpfungsgeschichte glaubt, erkennt im Menschen den Daseinszweck der Schöpfung, für ihn besteht das übrige Universum aus einer Anzahl von Himmelskörpern, die der Schöpfer ans Firmament geheftet hat, um den Wohnsitz des Menschen zu schmücken. Dem heutigen Astrophysiker gilt die Erde lediglich als winziger Fleck in einem Universum von ungeheurer Ausdehnung, ein aus den Trümmern eines Sterns der zweiten oder dritten Generation entstandener Planet. Es läßt sich gar nicht deutlich genug sagen, in welchem Ausmaß wir in kosmischer Hinsicht mitsamt unserem Heimatplaneten gegenüber den vorkopernikanischen Zeiten degradiert worden sind.

Die römische Kirche verurteilte 1616 *ex officio* die Lehre des Kopernikus als für den Glauben gefährlich und setzte sie auf den Index der verbotenen Schriften. Galileo Galilei (1564–1642), der bedeutendste Astronom seiner Zeit, wurde nach Rom zitiert und ermahnt, die Ansicht, daß die Erde um die Sonne kreise, weder zu vertreten noch zu lehren. Daß dahinter keine leere Drohung steckte, ist daran zu sehen, daß man lediglich sechzehn Jahre zuvor den Visionär Giordano Bruno, auch er Naturwissenschaftler und Philosoph, auf den Scheiterhaufen geschickt hatte, nachdem die Inquisition ihn der Ketzerei für schuldig befunden hatte. Ich kehre immer wieder zu Brunos Gedanken zurück, vielleicht als ständige Erinnerung daran, welche Bedrohung von Ideen ausgehen kann.

Da ich gerade beim Thema Ketzerei bin, sei gesagt, daß ich künftig den Begründer der modernen Physik Galilei nennen werde, obwohl andere häufig lediglich seinen Vornamen Galileo benutzen. Da ich es nicht über mich bringe, von Bruno und Spinoza als Schorsch und Ben zu sprechen, kann ich nicht zulassen, daß mich Galileis alliterierende Namen zu einer unangebrachten Vertraulichkeit verleiten.

Trotz des Maulkorbs, den man Galilei angelegt hatte, fanden seine Vorstellungen weite Verbreitung, und die Theorie, daß sich die Erde um die Sonne dreht, wurde Allgemeingut der Astronomen auf der ganzen Welt. Die Beweise für dies heliozentrische Weltbild waren so überzeugend, daß keine noch so große theologische Notwendigkeit an den Schlußfolgerungen etwas zu ändern vermochte. Die Kirche zog sich aus dem Gelehrtenstreit zurück – da die Astronomie in der Schöpfungsgeschichte nicht besonders ausführlich behandelt worden war, schien es nicht unerläßlich, die neue Theorie zurückzuweisen. So wurde der Streit zu einer rein theoretischen Angelegenheit. Ganz zu Ende war die Geschichte damit allerdings nicht, denn es gab 1980 innerhalb der römischen Kirche Bestrebungen, das gegen Galilei ergangene Urteil wegen Ketzerei aufzuheben. Manche Gedächtnisse reichen sehr weit.

Das siebzehnte Jahrhundert, an dessen Anfang die Schriften Galileis standen, endete mit den Werken Sir Isaac Newtons, des großen naturwissenschaftlichen Genies jener Epoche, der sowohl die Elemente einer Differentialrechnung entwickelte wie auch seine Axiome der Mechanik exakt formulierte. Auf seine Arbeit gestützt, erkannte man, daß die Gesetze der Physik weite Bereiche der beobachteten Welt beherrschen. Newton, einen tiefreligiösen Fundamentalisten, bekümmerten diese Hypothesen, mit deren Hilfe alle Dinge auf mechanischem Wege erklärt werden sollten, zutiefst.

Er und seine Kollegen auf dem Gebiet der Naturwissenschaft sahen sich zwei widerstreitenden Vorstellungen gegenüber. Einerseits hatten sie durch ihre eigene Arbeit nachgewiesen, daß die Abläufe, nach denen das Erd- und Sonnensystem funktioniert, unveränderlichen und strengen Gesetzen gehorchen, doch glaubten sie andererseits an einen allgegenwärtigen, persönlichen und historischen Gott, der von Zeit zu Zeit in die Angelegenheiten der

Menschen eingreift. Bei seinen Gedanken über die Schwerkraft hat Newton zu einem klugen Kompromiß gefunden: Er stellt sich vor, daß »die Hände Gottes« auf durch den Raum getrennte Körper einwirken. Dennoch läßt sich das Gesetz von der Erhaltung des Drehimpulses unter keinen Umständen damit vereinbaren, daß der Herr der Sonne stillzustehen gebot, auf daß Josua und seine Krieger bei Tageslicht weiterkämpfen konnten.

Der Widerstreit zwischen Wundern und naturwissenschaftlicher Gesetzmäßigkeit ist nicht neu. Die Überlieferung kennt einen persönlichen Gott, der in eine Beziehung zu den Menschen tritt und unmittelbar oder durch Engel zu ihnen spricht. Die Sehweise, daß Ethik und Verhaltensregeln ohne Umwege den Schriften entstammen und von Gott gegeben sind, hat sich im Laufe der Zeit in der westlichen Welt durchgesetzt.

Der ursprüngliche Alte Bund der Juden scheint, bis im Gefolge der Heere Alexanders des Großen die athenische Philosophie in den Nahen Osten vordrang, das erste Jahrtausend überdauert zu haben, ohne daß ihn Philosophen in Frage stellten. Aristoteles, der Mentor Alexanders des Großen, hatte eine auf der Physik gründende Theologie formuliert, denn der vom Verstand postulierte und nicht unmittelbar gekannte Gott des Aristoteles war der »unbewegte Beweger«, die ewige immaterielle Quelle der Bewegung im Universum. Eine solche Gottesvorstellung steht in grundlegendem Widerspruch zu den davor vertretenen religiösen Ansichten. Lediglich der Konvention halber wird derselbe Begriff ›Gott‹ verwendet, und so prallen diese beiden Ansichten vom ›Gottsein‹ in Alexandria aufeinander, wo jüdische und hellenistische Gemeinschaften vergleichsweise friedlich nebeneinander existierten.

Die erste uns bekannte argumentative Gegenüberstellung des Gottes vom Sinai mit dem des Aristoteles findet sich im Werk des jüdisch-alexandrinischen Schriftstellers Aristobulos, der sich im zweiten vorchristlichen

Jahrhundert bemühte, mit Hilfe einer Allegorie den anthropomorphen Gott des Alten Testaments mit dem der griechischen Philosophen zur Deckung zu bringen. Die einflußreichste Synthese jüdischen und griechischen Denkens findet sich im Werk eines weiteren Alexandriners: Philon der Jude (Philo Judaeus, etwa 25–50 v. Chr.). Auch wenn der Alte Bund von seiner Zeit bis um das Jahr 1600 standhielt, zeigte sich immer wieder die Notwendigkeit, die Vorherrschaft des Glaubens (also des Alten Bundes) über weltliches Wissen zu erhärten. Erkennbar wird das an den Schriften des arabischen Scholastikers Averroës (Ibn Roschd, 1126 ?–1198), die es späteren Vertretern des Averroismus ermöglichten, die Lehre von der doppelten Wahrheit zu formulieren. Ihr zufolge können zwei gegensätzliche Aussagen über einen Sachverhalt zugleich wahr sein, und zwar die eine auf philosophischer, die andere auf theologischer Ebene. Die Wiederentdeckung der griechischen Philosophie durch islamische Gelehrte endete mit einem Mißklang, weil sich die der Philosophie und letztlich der Naturwissenschaft zugängliche Art, zu Wissen zu gelangen, vom ›Wissen durch den Glauben‹ unterschied, das letztlich im Zentrum des Alten Bundes stand. Tatsächlich wurde die grundlegende erkenntnistheoretische Unterscheidung zwischen Wissenserwerb durch Glaubenserkenntnis und dem durch allgemein verfügbare Methoden der Wissenschaft zu einem Streitpunkt, der nahezu ein Jahrtausend lang die Gemüter erhitzte. Mit ihr beschäftigte sich in der Überlieferung des Judentums Maimonides (Rabbi Mose ben Maimon, 1135–1204), in der des Christentums der heilige Thomas von Aquin (um 1225–1274) wie auch viele andere. Den Gelehrten des Mittelalters jedenfalls galt die Glaubenserkenntnis als letzte Wahrheit.

Als es in der frühen Neuzeit allmählich zum Bruch mit dem Alten Bund kam, war dieser scharf und bisweilen brutal. Sichtbar wird er im Leben und Denken Giordano

Brunos, Galileis und Spinozas. Brunos religiöse Überzeugung wird von der nachstehenden Passage aus der *Encyclopaedia of Philosophy* zusammengefaßt:

> *Er sah Gott als den der Welt innewohnenden Ausgangs- oder Endpunkt der Natur. Gott unterscheidet sich von jedem einzelnen endlichen Teil nur insofern, als er sie alle in seinem eigenen Wesen mit einschließt. Das alles belebende und durchdringende göttliche Leben belebt und durchdringt auch Geist und Seele des Menschen, und unsterblich ist die Seele deshalb, weil sie Teil des Göttlichen ist. Da sich Gott nicht von der Welt unterscheidet, kann er hinsichtlich der Vorsehung keine besonderen Absichten verfolgen, und da alle Ereignisse gleichermaßen dem göttlichen Gesetz unterliegen, sind Wunder nicht möglich. Alles geschieht entsprechend dem Gesetz, und unsere Freiheit besteht darin, daß wir uns mit dem Ablauf der Dinge indentifizieren können. Für Bruno ist die Bibel, soweit sie sich in diesen Punkten irrt, schlicht falsch.*

Galilei betrachtete die Physik losgelöst von der Philosophie und entwickelte für sie eine unabhängige Erkenntnistheorie. Auch wenn er nicht in die theologische Diskussion eingriff, so war sich doch die römische Kirche der von einer unabhängigen Erkenntnisquelle für die Zusammenhänge des physischen Universums ausgehenden Gefahr durchaus bewußt. Galilei mußte nach mehreren Zusammenstößen mit der Inquisition die letzten acht Jahre seines Lebens unter Hausarrest verbringen, weil er sich nicht vom kopernikanischen Weltbild lossagen mochte. Im Rückblick muß man dem Vatikan zugestehen, daß er scharfsichtig erkannt hat, zu welchem Ausmaß von Ketzerei es führen konnte, wenn es eine unabhängige Methode zur Erkundung der Stelle gab, die der Mensch im Universum einnimmt.

Spinoza hat ebenso wie Bruno und Galilei einen Preis für seine philosophischen Glaubenssätze bezahlt. Obwohl beständig über ihm die Drohung schwebte, wegen seines Ketzertums auch von der christlichen Gemeinschaft bestraft zu werden, wurde dieser unabhängige Intellektuelle als der »von Gott trunkene Philosoph aus Amsterdam« bekannt. Immerhin verstieß er mit seiner Ketzerei, die darin bestand, daß er Gott mit der Natur gleichsetzte, wider den Alten Bund, der Gott außerhalb der Natur gestellt hatte. Der Unterschied ist erheblich. Für Spinoza kann es keine Wunder geben, denn sie würden bedeuten, daß Gott seine eigenen Gesetze bräche. Im Versuch, die verschiedenen Gottesvorstellungen miteinander zur Deckung zu bringen, betrachtete auch er die Bibel als allegorischen Ansatz, dem einfachen Menschen eine Wahrheit zu liefern, deren metaphysischer Kern nur dem Philosophen zugänglich war.

Die alles überragende Gestalt in der Naturwissenschaft des siebzehnten Jahrhundert war jedoch Sir Isaac Newton (1642–1727). Er formulierte die Bewegungsaxiome, mit deren Hilfe sich die von Kepler viele Jahre zuvor erkannten Kreisbahnen der Planeten genau vorhersagen ließen – ein schlagendes Beispiel für die genauen Gesetze Gottes, wie Spinoza sie sich vorgestellt hatte. Anhänger des Alten Bundes erkannten in Newtons Gesetzen unmißverständliche und eindeutige Beweise für die Existenz ihres Gottes.

Es lag Natur samt ihrem Gesetz in tiefer Nacht.
Als Gott dann sprach, es werde Newton, hat jener das
Licht gebracht.

(Alexander Pope, *Epitaphs*)

Newtons Kollege, der Botaniker und Theologe John Ray, verfaßte ein Buch mit dem Titel *Wie sich die Weisheit Gottes in den Werken seiner Schöpfung äußert.* Ihm machte eine Gruppe von Anhängern des französischen Denkers René Descartes (1596–1650) zu schaffen, die er als »mechanische Theisten« bezeichnete. Diese Naturphilosophen behaupteten, so sagt es jedenfalls Ray, Gott habe »nichts weiter zu tun, als die Materie zu schaffen, sie in Teile zu zerlegen und diesen entsprechend einigen wenigen Gesetzen Bewegung zu verleihen. Aus alldem würde die Welt mit ihren sämtlichen Geschöpfen von selbst entstehen.« Die verminderte Bedeutung der Rolle Gottes in einer von Naturgesetzen beherrschten Welt bereitete den Intellektuellen des siebzehnten Jahrhunderts offensichtlich Kopfzerbrechen.

In Rays Werk findet sich nichts mehr von dem Streit um die Frage, ob die Erde nun um die Sonne kreist oder nicht, die Galilei so großen Kummer bereitete, und so kann Ray ungehindert spekulieren, daß Gott auch andere Gestirne mit von intelligenten Wesen bewohnten Planeten umgeben haben könnte. Er hält das Universum für im wesentlichen statisch und vergleichsweise neu. Das entspricht einer klassischen fundamentalistischen Position, die man um die Wende des achtzehnten Jahrhunderts einnehmen konnte, ohne bei der Naturwissenschaft auf allzu großen Widerstand zu stoßen, die aber allmählich zu einem Brennpunkt des Konflikts wurde. Ein weiterer Aspekt des Buchs *Die Weisheit Gottes* besteht darin, daß das Werk in wissenschaftlicher Ausdrucksweise das Argument vom planvollen Entwurf Gottes einführt, die Vorstellung, Gottes Weisheit (bei späteren Autoren: seine Existenz) lasse sich aus dem vollkommenen Bau von Pflanzen und Tieren herleiten, der den Erfordernissen ihrer Funktion harmonisch angepaßt ist.

Mit Beginn des achtzehnten Jahrhunderts kam es zwischen Naturwissenschaft und Religion zu einem als unbehaglich empfundenen Waffenstillstand. Da sich die damalige Philosophie vorwiegend mit der Physik beschäftigte, hatte sie noch nicht die entschiedene Gegenposition zu jenen angeblich geschichtlichen Tatsachen eingenommen, die als Grundlage für die Daseinsberechtigung Gottes und damit des Menschen dienten.

Etwa ein Jahrhundert verging zwischen Newtons *Principia* und der Veröffentlichung von James Huttons *Theory of the Earth* (Theorie der Erde). In diesen hundert Jahren sammelten Geologen eine Unzahl von Daten, und eine neue Welt eröffnete sich dem Beobachter, der sich mit unverbildetem Blick der ihn umgebenden Lithosphäre zuwandte. Eifrig wurden Fossilien gesammelt, Gesteine klassifiziert, Schichtungen erkundet und benannt sowie der Erdboden nach Spuren abgesucht. Es zeigte sich, daß die Erde weit, weit älter war als die sechstausend Jahre, die sich aus den Angaben der Bibel ergeben, und daß es im Gegensatz zu John Rays statischem Modell auf der Oberfläche des Planeten durchaus dynamisch zugeht. Hutton entwickelte die Idee des Uniformitarismus, die besagt, daß sich die Welt im ›Fließgleichgewicht‹ befindet und auf ihr zu allen Zeiten dieselben Ursachen und physikalischen Gesetze mit derselben Intensität wie gegenwärtig wirksam waren. Daraus ergibt sich, daß es zu geologischen Veränderungen in Abläufen, die auch gegenwärtig noch stattfinden, allmählich und über sehr lange Zeiträume hinweg kommt (Gradualismus). Hutton nahm nicht nur an, daß durch allmähliche Sedimentbildung im Ozean entstandene Gesteinsschichten durch geologische Prozesse verdichtet und gehoben wurden, sondern auch, daß die Oberfläche der Erde einer beständigen Erosion durch Wind, Regen und lebende Organismen unterliegt. Der von ihm vorgeschlagene geologische Zyklus erklärte zahlreiche Beobachtungen, und seine Theorie wie auch die Untersuchung von Fossilien und ausgestorbenen Arten machten die Geologie zu einer immer stärker historisch orientierten Wissenschaft. Damit aber geriet sie in Widerstreit zu etablierten Religionen, die ihrem Wesen nach keine unabhängige Herausforderung ihrer historischen Sehweise dulden konnten.

Wenn wir uns den naturwissenschaftlichen Autoren des achtzehnten und frühen neunzehnten Jahrhunderts zuwenden, erkennen wir, welch mächtigen Einfluß die biblische Darstellung der Vorgeschichte auf den Geist des Menschen hatte. Der Philosoph und Naturwissenschaftshistoriker Thomas Kuhn hat hervorgehoben, daß in gewissem Sinne nahezu alle Naturwissenschaftler in einem festgelegten Begriffsrahmen arbeiten und innerhalb seiner nach Lösungen suchen. Tatsächlich sind die Veränderungen in jenem Bereich des Verständnisses so tiefgreifend, daß Kuhn sie als revolutionär bezeichnet. Im fraglichen Zeitraum waren Naturwissenschaftler von ihrer Ausbildung her häufig Geistliche, so auch Charles Darwin. Nahezu alle Naturphilosophen in katholischen wie in protestantischen Ländern waren in einer Gesellschaft aufgewachsen, der die Aussagen der Bibel ganz allgemein als wahr galten. Gelegentlich zogen einzelne wie Thomas Paine oder Voltaire den Wahrheitsgehalt der Heiligen Schrift in Zweifel, aber solche Radikale waren selten. Auch unsere Zeitgenossen nehmen ebenso wie Wissenschaftler jeder anderen Epoche die Welt durch eine Ansammlung von Beispielen wahr, die sie buchstäblich mit der Muttermilch eingesogen haben (in den Vereinigten Staaten allerdings eher mit irgendeinem Kunstprodukt, da dort durch Einnahme von Medikamenten oder Hormonen dafür gesorgt wird, daß die Muttermilch gar nicht erst fließt). Nach ihrer Verstärkung in der Schule verfestigten sich die in ihnen enthaltenen Vorstellungen zu Voraussetzungen einer erfolgreichen Berufslaufbahn. Kein Wunder also, daß sie so großen Einfluß auf uns haben und uns oft wie Scheuklappen daran hindern, das Naheliegende zu sehen.

Ein wichtiges Merkmal der Naturwissenschaft im achtzehnten Jahrhundert waren die geringe Zahl hauptberuflich tätiger Wissenschaftler und die sich daraus ergebende Beschäftigung mit dem Gegenstand durch engagierte Laienforscher. Gerade weil Menschen aus allen möglichen Berufsgruppen Wissenschaft betrieben, geriet sie um so mehr in die philosophische Einflußsphäre der allgemein vorherrschenden religiösen Ansichten.

Das halbe Jahrhundert, das der Veröffentlichung von Darwins Werk *Über den Ursprung der Arten* voraufgegangen war, lieferte Hinweise auf die Art der Bombe, die über dem Denken des Westens zu detonieren im Begriff stand. Eine Reihe zu Beginn der dreißiger Jahre des neunzehnten Jahrhunderts veröffentlichter Bücher zeigt beide Seiten dessen, worum es bei dem sich abzeichnenden Streit ging. Charles Lyells *Grundsätze der Geologie* erschienen zwischen 1830 und 1833 in drei Bänden. Darwin nahm einen davon mit auf die *Beagle* und ließ sich einen weiteren nach Südamerika nachschicken. Nicht nur erhob Lyell in seinem Werk den Uniformitarismus (inzwischen als ›aktualistisches Prinzip‹ bekannt) zur vorherrschenden Theorie der Geologie, er lieferte auch beweiskräftiges Material zur Stützung der Behauptung vom ungeheuren Alter der Erde und stellte in einem Überblick die fossilen Zeugen für das Aussterben von Arten dar. Der Verlust solcher ›geschaffener Lebensformen‹ bereitete den Theologen Kopfzerbrechen, denn sie fragten sich, warum ein allwissender Gott zum Überleben in der Natur ungeeignete Organismen hätte schaffen sollen. Privat hatte Lyell geschrieben: »Wir werden sehr bald die wichtige Frage lösen, ob die verschiedenen lebenden organischen Arten allmählich und einzeln an isolierten Stellen auftreten, die man als Schöpfungszentren bezeichnen könnte, oder alle zugleich an verschiedenen Stellen. Letztere Ansicht läßt sich meiner Überzeugung nach nicht aufrechterhalten.« Der große Geologe stand unmittelbar vor der Theorie der biologischen Evolution, zögerte aber noch. Die Wirklichkeit der geologischen Evolution hatte er bereits unumstößlich nachgewiesen.

Zur selben Zeit, da sich die Geologie als Wissenschaft

die ersten Sporen verdiente, errichtete die letzte Generation aus Naturwissenschaftlern, die zugleich dem geistlichen Stand angehörten, ihre stärkste Verteidigungslinie gegen den bevorstehenden Angriff. Acht herausragende Wissenschaftler, vier von ihnen Theologen, wurden in den dreißiger Jahren des vorigen Jahrhunderts dazu ausersehen, eine Reihe von Schriften zu verfassen. Diese wurden als die ›Bridgewaterbücher‹ bekannt und sind ein einziges, auf die naturwissenschaftlichen Erkenntnisse der damaligen Zeit gestütztes Argument dafür, wie man Gott und seiner Schöpfung, auf die Erkenntnis letzterer gegründet, Bewunderung zollen müsse. Ich zitiere nachstehend, was die *Catholic Encyclopaedia* über dies heute in Vergessenheit geratene Werk zu sagen hat.

Diese Schriften verdanken ihre Existenz wie ihren Titel Francis Henry Egerton, dem achten und letzten Earl von Bridgewater, der vor seinem Tode im Jahre 1829 testamentarisch verfügte, ein Betrag von £ 8000 sei zusammen mit den auflaufenden Zinsen dem Präsidenten der Londoner Royal Society dafür zur Verfügung zu stellen, damit ein von ihm benannter Verfasser oder mehrere »ein Werk über die Macht, Weisheit und Güte Gottes, wie sie sich in der Schöpfung zeigen«, schreibt, in tausend Exemplaren druckt und verlegt. Dies Werk soll, dem Titel entsprechend, verdeutlichende Beispiele liefern: sonderlich die Vielzahl und Entstehung von Gottes Geschöpfen im Reich der Tiere, Pflanzen und Mineralien; die Auswirkung der Verdauung und damit der Umwandlung von Nahrungsmitteln; der Bau der menschlichen Hand und eine Vielzahl anderer Belege; es sollen aber darin auch alte und neue Entdeckungen auf dem Gebiet der schönen Künste, der Naturwissenschaft und das gesamte Gebiet der neueren Literatur abgehandelt werden.

Die Schwierigkeit bei dieser Art Literatur liegt darin, daß naturwissenschaftliche Argumente für einen planvollen Schöpfungsentwurf zwar geeignet scheinen, ein deistisches Gottesbild zu stützen, nicht aber unbedingt das Bild vom Gott der Kirche von England, der sich lediglich über die Geschichte und vermittels persönlicher Kontakte erfahren läßt. Die Autoren der ›Bridgewaterbücher‹ legten in gewissem Sinne die Grundlage für den Niedergang der fundamentalistischen Theologie, auch wenn sie gerade im Namen jener Lehre antraten.

Mit der Veröffentlichung von Darwins Werken *Über den Ursprung der Arten* (1859) und *Die Abstammung des Menschen* (1871) wurde die Wissenschaft von der Geologie und Biologie vollständig in den geschichtlichen Ablauf eingebettet und geriet bezüglich jeder in der Schöpfungsgeschichte angesprochenen Frage in unmittelbaren Gegensatz zu den Religionsführern. Theologen und ihre Anhänger reagierten sofort und heftig darauf. Schon das Wort ›Darwinismus‹ steht programmatisch für den Versuch, eine allgemeine naturwissenschaftliche Entwicklung einem einzelnen gleichsam in die Schuhe schieben und sie damit leichter anfechtbar erscheinen zu lassen. Der um die Mitte des neunzehnten Jahrhunderts entbrannte Streit ging tiefer als alle vorausgehenden Konflikte, denn hier stand die zentrale Frage zur Debatte, die nach dem Menschen selbst.

Die herrschende Lehre war es Jahrtausende hindurch gewesen, daß Gott das Universum recht eigentlich für Adam und seine Nachkommen erschaffen hatte. Da der Mensch, losgelöst von allen anderen Dingen, eigens geschaffen worden war, existierte er mithin seinem eigenen Verständnis nach außerhalb der Natur. Mit der Evolutionstheorie verlor er seinen Sonderstatus; als aus anderen, nicht der Gattung *homo* angehörenden Primaten hervorgegangener Primat war er nichts als Teil des zufälligen Prozesses, in dem die Natur blind Arten auftreten läßt. Die

Stoßkraft des darin liegenden Angriffs gegen die kollektive Ich-Struktur der Menschheit läßt sich kaum vorstellen. Eine Moral und eine Gesellschaftsordnung, die sich seit Urzeiten auf eine Beziehung des Menschen zu den Engeln stützte, mußte jetzt ihren Ursprung auf eine Horde unbehaarter Affen zurückführen. Es scheint nur wenig Zweifel daran zu geben, daß ein Großteil der tiefgreifenden gesellschaftlichen Probleme, denen sich der Mensch im zwanzigsten Jahrhundert gegenübersieht, auf diesen Verlust seiner herausgehobenen Stellung und der damit verbundenen Verantwortung zurückgeht.

Die Auseinandersetzung in der zweiten Hälfte des vorigen Jahrhunderts wurde nicht in einem abstrakten Sinne zwischen Naturwissenschaft und Religion geführt. Beispielsweise hätte die Frage nach dem Alter der Erde auf Buddhisten keinen Eindruck gemacht; sie hatten sich längst weit längere Zeiträume vorgestellt als die, um die es jetzt ging. Der Kampf tobte zwischen auf den persönlichen historischen Gott der Bibel angewiesenen Religionsvorstellungen und einer Naturwissenschaft, die unabhängig von ihnen Verfahren entwickelt hatte, die Geschichte zu lesen. Der Konflikt war unausweichlich, weil sich die Wahrheiten der Religion auf dieselbe beobachtete Welt bezogen wie die Angaben der Wissenschaft. Disziplinen, die jeweils untersuchten, womit sich die Geschichte beschäftigte, und dabei zu gänzlich unterschiedlichen Ergebnissen kamen, waren kaum imstande, einen für beide gangbaren Mittelweg zu finden.

Für die Theologie schälten sich dabei drei Schwierigkeiten heraus. Erstens führten die ungeheuren Mengen der von Geologie und Biologie zusammengetragenen Belege zu einer Darstellung der Wirklichkeit, die mit Bezug auf den Ursprung des Lebens, der Arten und schließlich des Menschen wie auch auf das Erdalter ganz und gar der Schöpfungsgeschichte widersprach. Ein unabhängiger und äußerst erfolgreicher Zweig der menschlichen Gelehrsamkeit konnte nicht umhin, einen Teil des in heiligen Schriften Dargestellten als falsch zu bezeichnen. Zweitens war die besondere Stellung des Menschen auf die einer bloßen Tierart reduziert worden, und drittens verlor die Rolle, die Gott im täglichen Leben spielte, an Bedeutung, weil man akzeptiert hatte, daß die Naturgesetze alle Phänomene bestimmen. Mit dieser Veränderung büßte die überlieferte Moral des Westens ihren tragfähigsten Stützpfeiler ein.

Ich vermute, daß die Neigung bestand, mit Darwins Kritikern zu scharf ins Gericht zu gehen. Wenn sie, was den Tatsachen entspricht, der Wahrheit im Wege standen, so gründete ihr Verhalten doch zum Teil im Bewußtsein eines Verlustes der gesellschaftlichen Verantwortung gottesfürchtiger Männer und Frauen. Möglicherweise waren sie bereit, von der Wertedreiheit des Guten, Wahren und Schönen das Wahre im Interesse dessen aufzuopfern, was sie als das Gute ansahen. Diese Wahl ist weit schwieriger, als sich zahlreiche Naturwissenschaftler einzugestehen bereit waren und sind. Die Theologen haben den Widerstreit nicht auf diese Weise formuliert, sondern mit unterschiedlichen Methodenansätzen absolute Wahrheiten gesucht. Der Frage nach der Wahrheit und wie sie zu ermitteln sei, muß man sich bei der Suche nach einem Sinn innerhalb der Naturphilosophie beständig stellen.

4
Wissen und Mutmaßen

Als sich Gautama Buddha unter einen Feigenbaum setzte, um auf eine Erleuchtung zu warten, wählte er damit glücklicherweise einen Ort, der, abgesehen von gelegentlichem Laubkehren, pflegeleicht war. Ein Boot ist in dieser Hinsicht schon aufwendiger, denn es bedarf beständiger Wartung – nicht nur, um es vor Korrosion und Zerfall zu schützen, sondern auch vor allen anderen zerstörerischen Kräften der Natur, die die Naturwissenschaft unter dem zweiten Hauptsatz der Thermodynamik subsumiert hat. Dies großartige auf Empirie beruhende Gesetz besagt, daß ein sich selbst überlassenes System stets zum Zustand größter molekularer Unordnung strebt. Auch Buddha hat aus der geringen Dauerhaftigkeit materieller Dinge einige tiefe Lehren gezogen.

Als ich mein neues Arbeitszimmer auf dem Wasser bezog, wies es an der elektrischen Anlage verschiedene Mängel auf: Der Kühlerlüfter des Motors funktionierte ebensowenig wie einige Lampen, und die Batterie entlud sich. Obwohl ich nichts von elektrischen Anlagen auf Wasserfahrzeugen verstand, machte ich mich an die Arbeit, voll Vertrauen in die Richtigkeit des Ohmschen Gesetzes (Spannung gleich Stromstärke mal Widerstand) und allgemeiner die der Maxwellschen Theorie der Elektrodynamik. Obwohl auch Captain Bobbie, mein Anleiter bei den Wasserfahrzeugreparaturen, von der Richtigkeit dieser die Elektrizität bestimmenden Gesetze überzeugt war, verließ er sich bei der Fehlersuche weit mehr auf seinen Spürsinn. Wäre ich ein religiöser Fundamentalist, würde ich annehmen, daß die elektrische Anlage an Bord von einem gefallenen Engel entworfen wurde, denn meine rationalen Versuche, den Fehlern auf die Schliche zu kommen, schlugen oft gänzlich fehl, während Bobbies intuitive Vorgehensweise bei weitem erfolgreicher war.

Die Frage, wie man der Wahrheit auf die Schliche kommt, führt mich zur Erkenntnistheorie. Die Suche nach dem Sinn bedeutet auch, daß man sich mit der Frage beschäftigt: »Wie wissen wir, was wir wissen?« Sie hat Generationen von Philosophen beschäftigt, seit Sokrates den Theaitetos gefragt hat: »Was ist Wissen?« Zu den Denkern, die mit dieser Suche nach dem Verstehen in Verbindung gebracht werden, gehören Descartes, Leibniz, Locke, Berkeley, Hume und Kant.

Wenn ich an die Erkenntnistheorie nicht gerade auf akademische Weise herangehe, hat das ziemlich viel damit zu tun, daß ich beim Denken in letzter Zeit ziemlich häufig die Nase am ölverschmierten Motorblock hatte, während ich versuchte, festsitzende Muttern und Bolzen zu lösen. Zu den Wartungsaufgaben gehörte es auch, den Motor zur Reparatur aus- und anschließend wieder einzubauen. Beim Zusammensetzen blieb als einziges Teil ein Splint übrig, was schreckliche Folgen ahnen ließ. Fragen haben im Ölnebel eines Bootsrumpfes einen weniger abstrakten Hintergrund als im Hain des Akademos, doch muß eine Philosophie, die ihren Namen verdient, beiden gerecht werden.

Einige Worte noch zu dem Motor, einem Atomic 4. Er wiegt gut hundertdreißig Kilo, wofür jeder einzelne meiner krachenden Rückenwirbel Zeugnis ablegt. Diese Maschine ist so einfach aufgebaut, daß man sie sowohl geistig als auch mit den Händen begreifen kann. Bei künftigen Motoren werden zahlreiche Funktionen in auf Siliziumplättchen zusammengefaßten Schaltkreisen verborgen liegen, so daß ihre wesentlichen Merkmale weniger unmittelbar zugänglich sein werden. Halbleiter verändern unsere geistige Situation in nur schwer voraussagbarer Weise. Jede technische Neuerung hat Einfluß auf unsere Art zu denken; das ist letztlich der Sinn von Marshall McLuhans Aussage: »Das Medium ist die Botschaft.« Im Rückblick freue ich mich, so unmittelbar mit der teuflischen elektrischen Anlage zu tun gehabt zu haben. So wie Hunger angeblich Künstler beflügelt, beflügeln sicherlich Motorreparaturen einen Philosophen.

Die Erkenntnistheorie beschäftigt sich auf ihrer abstraktesten Ebene mit einer wirklichen Welt da draußen, die unabhängig von unserem Geist existiert. Sie fragt, auf welche Weise wir Wissen über die Existenz von Gegenständen, Pflanzen, Tieren und anderen Menschen erlangen. Eine weitere interessante Frage ist die, woher wir wissen, wann wir träumen oder halluzinieren und wann wir ganz im Gegensatz dazu normale Sinneswahrnehmungen empfangen. Diese merkwürdigen Fragen haben einige der größten Geister fortwährend beschäftigt. Letzten Endes herrscht, was das betrifft, unter den Fachleuten nur ein überraschend geringes Maß an Einigkeit.

Gelegentlich treffe ich bei einer Einladung jemanden, der mir einen Kurzvortrag über Ernährungslehre hält und mir etwa folgendes sagt: »Die denkbar gesündeste Nahrung besteht aus Alfalfasprossen, ungeschältem Reis, Joghurt, Bananen und Enteneiern.« Am liebsten würde ich sogleich fragen: »Woher wissen Sie, daß das stimmt, was Sie da sagen?« Beispielsweise zog gerade vor ein paar Tagen, während ich im Lahaina Yacht Club ein Bier trank, der Mann auf dem Hocker neben mir technische Zeichnungen für einen von ihm konstruierten Vergaser aus der Tasche, der angeblich den Benzinverbrauch seines Chevrolet von etwa zehn auf rund gut ein Liter pro hundert Kilometer vermindern wird. Eigentlich wollte ich ihn im Vertrauen auf die Grundsätze der Thermodynamik fragen:

»Woher wollen Sie wissen, daß das funktioniert?«, doch ich unterließ es. Erkenntnistheorie ist ähnlich wie Politik und Religion für eine Kneipenunterhaltung an einem sonnenüberfluteten Meeresufer denkbar ungeeignet.

Es gibt eine Gedankenübung, mit deren Hilfe man überlegen kann, wie sich die Richtigkeit verschiedener Aussagen ermitteln läßt. Hier eine Auswahl meiner Lieblingsbeispiele:

Diese Kapitalanlage wird ihren Wert in einem halben Jahr verdoppeln.
Der Verzehr von Kleie schützt vor Krebs.
An der Astrologie ist etwas dran.
Dies Waschmittel wäscht Ihre Wäsche weißer als weiß.
Diesen Wagen hat eine alte Dame ausschließlich dazu benützt, sonntags zur Kirche zu fahren.
Die Erde ist rund.
Der liebe Gott sorgt dafür, daß auf der Welt alles seine gute Ordnung hat.

Täglich sehen wir uns einer Vielzahl von Aussagen gegenüber, und die Art, wie wir unser Leben führen, hängt davon ab, daß wir jede von ihnen als wahr, falsch oder keins von beiden einordnen (mit Zwischenstufen wie möglicherweise, wahrscheinlich usw.). Wer kann sich der Notwendigkeit entziehen, über Kriterien für die Einschätzung des jeweiligen Grades an Richtigkeit zu verfügen? Alle Menschen praktizieren eine Erkenntnistheorie, ganz gleich, ob sie darüber nachzudenken bereit sind oder nicht.

Eine der Schwierigkeiten im modernen Bildungswesen besteht darin, daß es uns nicht vermittelt, wie wir Informationen zu bewerten haben. Wir verlassen uns auf die Fachautorität von Lehrern und Lehrbüchern und halten Lernende davon ab, entsprechend der Erkenntnistheorie Aussagen in Frage zu stellen. Wie anders sähe unsere Gesellschaft aus, würde dem Gros der Schüler in der

Mittelstufe beigebracht, wie man Bedeutung und Richtigkeit von Aussagen der oben aufgeführten Art analysiert! Die Schwierigkeiten im Zusammenhang mit Wissen und dessen Bestätigung in Wissenschaft und Religion sind so unterschiedlich und schwer faßbar, daß zwei Anekdoten sie erhellen mögen.

Vor vielen Jahren trafen sich bei einer kleineren Verkaufsmesse in Polen der rotbärtige Jassel und der Skeptiker Moische wieder, zwei alte Bekannte, die einander nicht mehr gesehen hatten, seit Jassel drei Jahre zuvor in eine Nachbarstadt gezogen war. Der Mann mit dem dichten roten Schopf hatte sich den Chassidim angeschlossen und brannte darauf, seinem alten Gefährten die Wundertaten seines Rabbiners zu berichten. »Wußtest du schon«, fragte Jassel, »daß mein Rebbe unmittelbar mit Gott spricht?« »Woher willst du das wissen?« gab der Skeptiker postwendend zurück. »Nun, er sagt es mir«, erklärte der Chassid im Brustton der Überzeugung. »Und woher willst du wissen, daß er die Wahrheit sagt?« Jassel sah seinen Freund fragend und zugleich etwas gekränkt an. »Moische, glaubst du, ein Mann, der mit Gott spricht, würde lügen?«

Ein Anthropologe kam während eines Regentanzes in einen Pueblo Neumexikos und fragte den Häuptling: »Warum tanzt ihr?« Der Indianer erwiderte: »Wenn wir es lange und ausdauernd genug tun, gibt es Regen.« Die Befragung ging weiter. »Woher wißt ihr das?« »Das war jedesmal so, so weit sich unsere Leute zurückerinnern können. Immer hat der Tanz Regen gebracht. Manchmal dauert es einen Tag, manchmal eine Woche. Mein Großvater hat mir erzählt, daß es einmal siebzehn Monate gedauert hat, aber gewirkt hat es immer.«

Naturwissenschaftler arbeiten auf ihrem jeweiligen Fachgebiet, ohne sich lange mit philosophischen Fragen nach Beweiskraft und Wissen abgeben zu müssen. Beides gehört zu den Grundlagen ihres Wissensgebietes und läßt sich ohne weitere Untersuchung verwenden. Wer einen Fernseher bedienen oder mit einem Textsystem arbeiten will, braucht nichts über die physikalischen Grundlagen von Transistoren zu wissen; das wird alles mitgeliefert. Den Begriffsrahmen, innerhalb dessen Gruppen von Wissenschaftlern arbeiten, hat Thomas Kuhn als Paradigmata bezeichnet. Er sagt, gewöhnliche Naturwissenschaft bestehe darin, Probleme auf einem dieser Gebiete zu lösen, dazu aber sei es nicht erforderlich, beständig die Grundlagen der verschiedenen Disziplinen in Frage zu stellen. Mithin könne sich der praktizierende Wissenschaftler ungehindert mit den Einzelheiten der Strukturen beschäftigen.

Einige Naturwissenschaftler und Philosophen haben sich besonders mit der Wissenschaftsphilosophie beschäftigt und liefern Einsichten in die Art und Weise, wie man Wissen erlangt. Mein Lieblingsautor auf diesen Grundlagengebieten ist einer meiner ehemaligen Lehrer, Henry Margenau, dessen Buch *The Nature of Physical Reality* (Die Art der physikalischen Wirklichkeit) eine detaillierte Analyse der Vorgehensweise bei den Naturwissenschaften enthält. Ich glaube, seine Argumentation gilt auch für historisch orientierte Wissenschaften wie Geologie und Biologie, obwohl man mögliche Unterschiede in der Arbeitsweise berücksichtigen müßte.

Für jedes wissenschaftliche Arbeitsgebiet besteht der Ausgangspunkt in den Beobachtungen, die Wissensdurstige und Neugierige anhand bestimmter Phänomene angestellt haben. Dies Rohmaterial kann man als Sinnesdaten bezeichnen: Gesehenes, Gehörtes, Gefühltes und dergleichen. Man muß fragen, ob wir je reine Wahrnehmungen empfinden oder ob bei jeder Wahrnehmung ein Deutungsprozeß beteiligt ist. Empirikern wie dem englischen Philosophen John Locke gelten die Sinnesdaten als Grundtatsachen. Für Immanuel Kant und seine Anhänger gibt es der Struktur unseres Denkens inhärente notwendige Wahrheiten vor der Erfahrung, die in unsere Erfahrung mit eingehen und damit die Art dieser Erfahrung beeinflussen. Nicht alle Fragen im Zusammenhang mit der Art unserer Eingabedaten sind vollständig gelöst, aber im großen und ganzen herrscht dahingehend Übereinstimmung, daß solche Daten die Ausgangspunkte für Wissenschaft bilden.

Mit Hilfe dieser Sinnesdaten entwickeln wir theoretische Vorstellungen, die Professor Margenau Konstrukte nennt. Zu den Konstrukten der einfachsten Art gehört die Behauptung, daß materielle Objekte existieren. Ausgehend von Eingaben wie leuchtendgrün, rechteckig und schwer, gelangen wir über die Begriffe zur Existenz eines Objektes – in diesem Fall ein Buch, das auf meinem Tisch liegt und Flecke von gerade übergeschwapptem Kaffee bekommt. Diese Vorstellung von Dingen ist eine so vertraute Abstraktion, daß wir selten gründlich darüber nachdenken: Dennoch ist sie der erste Schritt auf dem Weg zur Formulierung einer wissenschaftlichen Betrachtungsweise.

Von konkreten Dingen schreiten wir fort zu abstrakteren Vorstellungen. Dazu gehören beispielsweise die Beziehungen zwischen Gegenständen. Das führt zu neuen Konstrukten wie Raum, Undurchdringlichkeit und Schwerkraft. Aus diesen Konstrukten und der Art und Weise, wie sie miteinander in Beziehung stehen, ergibt sich die Wissenschaftstheorie. Es ist unabdingbares Merkmal von Theorien, daß etwas postuliert wird, das wir nicht aus unmittelbar wahrgenommenen Sinnesdaten wissen. Ohne diese Art von Analyse wären alle Erlebnisse und Erfahrungen eine ungeordnete Sammlung von Empfindungen. Einem Großteil der impressionistischen Kunst der Neuzeit haftet etwas davon an; sie ist reinen, von der Theorie unbeeinflußten Empfindungen möglicherweise so nahe, wie man zu ihnen nur gelangen kann.

Von allen erdenklichen Theorien und Konstrukten interessiert die Naturwissenschaft nur eine sehr begrenzte Gruppe. Sie beschäftigt sich mit solchen Ideen, die sich auf die beobachtete Welt aus Sinnesdaten oder Versuchsergebnissen zurückführen lassen. Diesen Weg von der Wahrnehmung (Sinnesdaten) zu Konstrukten und zurück zu Sinnesdaten nennen wir die Verifikationsschleife; sie ist wesentliches Kennzeichen jeglicher Naturwissenschaft. Liegt an meinem Kühlgebläsemotor keine Spannung an, behaupte ich, gestützt auf eine ganze Anzahl von Konstrukten aus der Elektrizitätslehre, daß eine Leitung unterbrochen sein muß. Zurückgekehrt in die Welt der Sinnesdaten, finde ich dann tatsächlich eine Stelle, an der sich die Masseleitung vom Motorblock gelöst hat.

Damit eine Theorie in der Wissenschaft Bestand haben kann, muß sie verifizierbar sein, denn sofern sie etwas voraussagt, das dem von uns Beobachteten widerspricht, ist sie falsch und muß aus Gründen der Stichhaltigkeit zurückgewiesen werden. Läßt sich zwischen ihr und Beobachtungen mangels vollständiger Rückführung auf die Sinnesdaten nicht mittels Verifikation Übereinstimmung erzielen, wird sie verworfen, weil sie nicht mit der wirklichen Welt zur Deckung zu bringen ist. Der Wissenschaftsphilosoph Karl Popper bezeichnet die Falsifikation als Hauptkriterium für die Feststellung, ob ein wissenschaftlicher Gedanke ungültig ist. Eine Theorie ist laut Popper vorläufig gültig, solange sie nicht falsifiziert wird, und über diese Art von Gültigkeit kann man seiner Ansicht nach nicht hinausgelangen. Allerdings garantiert die Unmöglichkeit, eine Theorie zu falsifizieren, nicht zugleich ihre Wahrheit. Nehmen wir an, ich behaupte, daß der Mond gelbes Licht reflektiert, sofern er aus grünem Käse besteht. Zurückgekehrt in die Welt der Sinnesdaten, sehe ich: Na bitte, der Mond reflektiert gelbes Licht. Meine Theorie hat vorläufig Bestand, obwohl sie (in diesem Fall) offenkundig falsch ist. Ich könnte fortfahren: »Sofern der Mond aus grünem Käse besteht, beträgt seine Dichte weniger als eins Komma fünf.« Mit Hilfe einer sehr ausgeklügelten Reihe von Verfahren, bei denen ich mich auf Newtons Bewegungsaxiome stütze, kehre ich in die Welt der Sinnesdaten zurück und stelle fest, daß die Dichte des Erdtrabanten weit höher liegt als eins Komma fünf, und schließe daraus, daß die Theorie, derzufolge er aus grünem Käse besteht, falsch sein muß. Ein noch so großes Ausmaß an Verifikation kann nicht für die Richtigkeit einer Theorie bürgen, denn vielleicht hat man einfach nicht die richtigen Fragen gestellt, aber eine einzige Falsifikation genügt zu ihrer Widerlegung.

Alle Wissenschaft ist vorläufig; bei jedem einzelnen ihrer Aspekte ist die ständige Gefahr gegeben, daß er durch neue Beobachtungen ungültig wird. Abstrakt gesehen würden nahezu alle Naturwissenschaftler diese Aussage akzeptieren, dabei sieht der tatsächliche Ablauf keineswegs so aus. Wird eine Theorie, die einer Vielzahl von Überprüfungen unterschiedlichster Art unterzogen wurde, dabei immer wieder verifiziert, bestärkt das die Gewißheit, daß sie in Zukunft nie falsifiziert werden wird. Aus psychologischen Gründen verfestigen sich gewisse Konstrukte immer mehr, eine je größere Zahl von Verifikationsabläufen sie überstehen. Doch ist eine Theorie nichts weiter als eine Theorie, und wenn wir uns – grundsätzlich – einzugestehen weigern, daß sie neuen Beobachtungen gegenüber verwundbar sein könnte, handelt es sich nicht mehr um eine Theorie, sondern um ein Dogma.

Hier muß ein weiterer Aspekt der Naturwissenschaft hervorgehoben werden: Es handelt sich bei ihr um ein öffentliches gesellschaftliches Tun. Sämtliche Beobachtungen müssen jedem zur Verfügung stehen, der den Wunsch hat, die Verfahren durchzuführen. Esoterisches Wissen ist unzulässig. Ein unabdingbares Erfordernis heißt: Alle Experimente und Beobachtungen müssen sich unabhängig von anderen wiederholen lassen, und auch die theoretischen Operationen, mit deren Hilfe Konstrukte verknüpft werden, die formalen, logischen und mathematischen Schritte, müssen allgemein zugänglich sein. Auch wenn Bobbie und ich möglicherweise unterschiedlicher Ansicht darüber sind, wo sich der Kurzschluß befindet, steht uns beiden der vom Ohmmeter gemessene Wert zur Verfügung, und die falsche Theorie läßt sich letzten Endes durch Falsifikation ausschließen.

Kommt es in der Naturwissenschaft zu Streitigkeiten um Begriffe, werden diese – vorläufig – durch eine Abstimmung der Beteiligten beigelegt. Dabei handelt es sich nicht um ein formales Vorgehen; unter Umständen bleiben Minderheitsansichten weiterhin bestehen und werden schließlich sogar akzeptiert. Zwar können auf diese Weise Fehler gemacht werden, doch gestattet es gerade der öffentliche Charakter des Unternehmens, daß Fehler berichtigt werden – sei es durch neu hinzukommende Teilnehmer an der Abstimmung oder durch frühere, die es sich anders überlegt haben. Schließlich ist es nicht ungewöhnlich, daß Wissenschaftler ihre Meinung zu grundlegenden Fragen ändern.

Eine schwierige Frage wurde bisher nicht behandelt: Wie wählen wir aus der ungeheuren Anzahl möglicher Theorien, die für die Anwendung der Verifikationsschleife in Frage kommen, die ›richtigen‹ aus? Wie entscheiden wir uns für eine Theorie oder Ansammlung von Konstrukten und gegen eine andere, wenn keine von beiden durch die Daten als falsch erwiesen wird? Mit Bezug auf diese Frage hat Margenau sorgfältig untersucht, wie sich die Physik entwickelt hat, und ist zu dem Ergebnis gekommen, daß es eine Anzahl unabhängiger Kriterien gibt, nach denen sich Theorien beurteilen lassen. Er bezeichnet die Kriterien als metaphysisch, um zu betonen, daß sie außerhalb der eigentlichen Theorien liegen und daher Metavorgehensregeln sind. Wenn wir die Notwendigkeit einer metaphysischen Bewertung als Tatsache anerkennen, gestehen wir damit ein, daß sich Naturwissenschaft nicht, wie es logisch orientierte Positivisten behauptet haben, vollständig losgelöst von philosophischen Meinungen betreiben läßt. Statt zu versuchen, reiner als rein zu sein, sollten wir uns eingestehen, daß sich ein Teil unserer eigenen Denkweise in ebender Art mitteilt, wie wir den jeweiligen Gegenstand strukturieren. Das mag nicht die makelloseste Vorgehensweise sein, sie dürfte aber die realistischste sein, da sie einbezieht, was bereits geschehen ist. Angesichts dessen, daß die Physik so gut funktioniert, neigen wir dazu, ihre Wissenstheorie als Modell für die Philosophie jeglicher Naturwissenschaft zu verwenden.

Zu den in Margenaus *Nature of Physical Reality* behandelten Kriterien gehören Einfachheit, Zusammenhang, Kausalität und Eleganz. Die *Einfachheit* entlastet den menschlichen Geist. Erweisen sich nach der Verifikation zwei Theorien als gleichermaßen wirksam und auch nach anderen Kriterien gleich, entscheiden wir uns für die einfachere von beiden. Diese Handlungsweise geht zumindest auf den englischen Theologen und Philosophen des vierzehnten Jahrhunderts, Wilhelm von Ockham (auch Occam), zurück und ist in ihrer klassischen Gestalt als ›Occams Rasiermesser‹ bekannt, weil damit das Unwesentliche weggeschnitten wird. Diese Betrachtungsweise scheint auf der Hand zu liegen und tut es wohl auch; dennoch hat es manche Systeme menschlichen Denkens gegeben, die sich auf eine Vielzahl von Erklärungen und esoterische Verwickeltheit stützten. Das ist nicht die Vorgehensweise der Naturwissenschaft. Obwohl er eine den Laien oft verwirrende technische Fachsprache und komplizierte mathematische Formeln benutzt, versucht der Physiker stets, eine bestimmte Aufgabe in so einfacher Weise wie möglich zu lösen.

Das Kriterium des *Zusammenhangs* ist von außen gesehen weniger offensichtlich, Praktikern aller naturwissenschaftlichen Fachgebiete hingegen durchaus vertraut. Die Naturwissenschaft ist keine Ansammlung von Einzeltheorien, die verschiedene Gruppen von Daten unabhängig voneinander behandeln; eher schon stellt sie eine komplex miteinander verflochtene Gruppe von Ideen dar. Entdeckungen auf einem Gebiet wirken nachdrücklich auf andere Gebiete zurück. Vorstellungen wie die Atomtheorie und das Periodensystem der Elemente haben auf allen Teilgebieten der Naturphilosophie Gültigkeit. Die Kriterien, nach denen der Grad des Zusammenhangs ermittelt wird, führen dazu, daß man Theorien auf der Grundlage der Zahl von Berührungspunkten auswählt, die sie mit Konstrukten auf allen naturwissenschaftlichen Gebieten gemeinsam haben. Die große Macht und Schönheit der Physik beruhen zum Teil darauf, daß auf einer Begriffs- und Erklärungsebene alles zusammenpaßt. Dieselbe Quantenmechanik, die uns Informationen über die Spektren der Sterne liefert, informiert uns auch über die chemischen Bindekräfte innerhalb lebender Zellen. Die Gravitationstheorie, mit deren Hilfe die Planetenbahnen beschrieben werden, sagt die Druckveränderung in der Erdatmosphäre in Abhängigkeit von der Höhe voraus. Die Thermodynamik gilt für Körpermuskeln wie für Atomkraftwerke. Ich sehe in diesem Zusammenhang eins der überzeugendsten Argumente für das Ausmaß, in dem uns die Naturwissenschaft einen Einblick in die Mechanismen ermöglicht, nach denen die Welt funktioniert.

Die Frage der *Kausalität*, bei der es um Ursache und Wirkung geht, unterliegt, wie der Philosoph David Hume vor zweihundert Jahren so deutlich gezeigt hat, nicht der Empirie. Zwar kann ein Ereignis A beständig mit dem Auftreten von Ereignis B verknüpft sein, dennoch bezöge die Behauptung, A sei die Ursache von B, eine unabhängige metaphysische Annahme über das Wesen der Welt mit ein. Wir haben uns so sehr daran gewöhnt, bei der Beschäftigung mit der Naturwissenschaft in Kausalbeziehungen zu denken, daß wir oft die Notwendigkeit nicht mehr erkennen, uns ein ausdrückliches Verständnis vom

Wesen einer Theorie zu erarbeiten. Margenaus Ansicht nach ist die Kausalität eins der unabdingbaren Kriterien für die Entwicklung der Naturwissenschaft in ihrem gegenwärtigen Rahmen. Vor die Wahl zwischen mehreren Theorien gestellt, entscheiden wir uns für eine solche, die zwischen Konstrukten kausale Beziehungen sieht.

Kriterien für *Eleganz* lassen sich noch schwerer definieren, trotzdem wird ein theoretischer Physiker in vielen Fällen einer Theorie wegen ihrer Schönheit den Vorzug geben. Die Naturwissenschaft hat einen gewissen Stil, und dieser kann innerhalb der von Verifikation und Falsifikation gesetzten Grenzen eine Rolle dabei spielen, wie man die Welt in Begriffe faßt.

Naturwissenschaft läßt sich nicht frei von philosophischen Annahmen betreiben – im Gegenteil, sie ist von metaphysischen Gesamtsehweisen durchdrungen. Das allerdings würden zahlreiche Forscher am liebsten nicht wahrhaben. Doch muß jede Disziplin, die nach Wissen von der Welt trachtet, eine Erkenntnistheorie und zugehörige metaphysische Voraussetzungen entwickeln. Bevor wir uns mit einigen dementsprechenden Merkmalen verschiedener Arten religiösen Denkens beschäftigen, ist die Frage zu klären, warum es der Vorgehensweise der Naturwissenschaft gelungen ist, die Aufmerksamkeit und das Vertrauen eines so großen Teils der Bevölkerung zu gewinnen, obwohl die meisten Menschen die ihr zugrunde liegenden Theorien nicht verstehen.

Ich glaube, daß sich diese Frage vorwiegend auf pragmatische Weise beantworten läßt. Naturwissenschaft funktioniert hervorragend auf der Ebene der Technik. Darwin hatte Glück, daß er zur Zeit der ersten industriellen Revolution sein Buch *Über den Ursprung der Arten* schrieb. Die technischen Ergebnisse der Naturphilosophie beeinflußten damals das Leben der Menschen zutiefst. Da diese Technik nahezu jedem nützte, stand die Mehrzahl der Menschen positiv zu der Denkweise, die dahintersteckte.

Später dann kam es, bedingt durch Fortschritte in Medizin, Landwirtschaft und Ingenieurwesen, lauter Gebiete, die sich auf naturwissenschaftliche Vorgehensweisen stützten, zu einem immer stärkeren Einfluß der Naturwissenschaft auf das Alltagsleben. Wir heutigen Menschen fühlen uns versucht zu fragen, ob die Grundlage eines Wissens, das uns in einem Großraumflugzeug quer über den Kontinent trägt und an unserem Bestimmungsort sanft aufsetzt, etwas anderes als richtig sein kann. Wie könnte die Naturwissenschaft die wirkliche Welt in so großartiger Weise im Griff haben, wenn sie sie nicht richtig verstünde? Unserer Bejahung der Naturwissenschaft zugrunde liegt die Macht, die sie in einem materiellen Sinne verleiht. Diese Anwendung von Naturwissenschaft ist so sehr Teil unseres Lebens geworden, daß ihre Gültigkeit letzlich nicht in Frage gestellt wird. Kein noch so glühender Fundamentalist wird die sich in der Technik manifestierenden Ergebnisse von Physik, Chemie und Biologie für sich ablehnen.

Die Religion ist ein weit älteres, komplizierteres und schwierigeres erkenntnistheoretisches Aufgabengebiet. Hier läßt sich auf einer solchen Vielzahl von Wegen Wissen erlangen und bewerten, daß man dies Feld nur schwer systematisieren kann.

Für die Theologie des Westens liegt, wie wir gesehen haben, die Hauptquelle des Wissens in Offenbarungen. Das heißt: Einer oder mehrere berichten von einer unmittelbaren Begegnung mit einem persönlichen Gott, der eine Botschaft übermittelt. Diese Erlebnisse sind privater Art und nicht wie in der Naturwissenschaft durch Dritte nachvollziehbar. Mithin erheben sich bei jedem solcher Berichte Fragen wie:

Sagt der Betreffende die Wahrheit?
War das Erlebnis eine Halluzination?
War das Erlebnis ein Traum?

Es gibt Kriterien, mit denen man Täuschung, Betrug und Irreführung von ›wahren‹ Erlebnissen zu scheiden vermag, aber sie sind nicht absolut. Daß wir über kein objektives Verfahren verfügen, mit dessen Hilfe sich feststellen läßt, ob ein solches Erlebnis stattgefunden hat, ist einer der Hauptunterschiede zwischen der Naturwissenschaft, in der Laborversuche beliebig oft wiederholt werden können, und religiösen Erlebnissen, die als einmalig angesehen werden.

›Offenbarungen‹ werden, nachdem sie stattgefunden haben, in heilige Dokumente aufgenommen. In diesem Zusammenhang ist weiter zu fragen, ob die Ereignisse ordnungsgemäß berichtet und wiedergegeben wurden und ob wir den Sinn des Berichts verstehen, der in einer unvertrauten Sprache abgefaßt sein kann. Bei dieser Art von Untersuchung, die man als Bibelexegese oder höhere Kritik bezeichnet, wird die Zuständigkeit für die Ausdeutung des ›Wortes‹ Gelehrten zugewiesen, die häufig nicht zu einer Übereinstimmung gelangen können. Sofern jemand, der die Schrift studiert, bei der Auswertung der Dokumente wissenschaftliche Verfahren anwendet, ist er bereit, die Schlußfolgerungen, zu denen die Wissenschaft gelangt, zu akzeptieren, wohin auch immer sie ihn führen mögen. Eine lebendige Religion braucht an ihrer Spitze Menschen, die den Gläubigen die Schriften auslegen. Die Art der Auslegung kann sich im Laufe der Zeit ändern, und bedingt durch den nichtöffentlichen Charakter der anfänglichen Angaben von Offenbarungsreligionen, sind deren Anhänger auf erkenntnistheoretische Vorgehensweisen angewiesen, die von denen der Naturphilosophie abweichen.

Eine zweite Betrachtungsweise, der auf die Theologie übertragene Existentialismus, leugnet von vornherein die Möglichkeit, das erkenntnistheoretische Problem zu lösen, und tut einen Glaubenssprung hin zur Annahme eines persönlichen Gottes und der Echtheit gewisser Schriften.

77

Bei diesem Verfahren ist für die Gläubigen keine Bekräftigung erforderlich, denn Schwierigkeiten dieser Art werden übersprungen, und die heiligen Dokumente müssen durch den Glauben verstanden werden. Erneut fällt uns das eher private als öffentliche Wesen einer solchen Vorgehensweise auf. Sie hat die Menschen zu einer Vielzahl in keinem Zusammenhang miteinander stehender Glaubensannahmen veranlaßt und läßt nicht zu, daß man zwischen ihnen wählt, um zu einer eher öffentlichen Formulierung zu gelangen.

Eine dritte Gruppe bemüht sich, aus philosophischen Argumenten Gottes Existenz und Wesen herzuleiten. Diese schon angesprochene Überlieferung existiert innerhalb der westlichen Religion, die sich bemüht, die Position der in der Offenbarung unmittelbar wahrgenommenen Gottheit mit einer Reihe von Argumenten zu untermauern, aus denen die logische oder metaphysische Notwendigkeit einer solchen Anwesenheit hervorgeht. Die Argumente werden nicht nur mit Aristoteles, dem heiligen Augustinus, dem heiligen Anselm und dem heiligen Thomas von Aquin, sondern auch mit anderen Gestalten inner- und außerhalb der Kirche in Verbindung gebracht. Dabei tritt allerdings eine Schwierigkeit auf: Es ist klar, daß sich der Gott der Philosophen deutlich von dem der Schrift unterscheidet. Wird dieser Gott unabhängig von einer Verwurzelung in der Schrift postuliert, spricht man von Deismus. Diese Richtung der Religion verfügt über zahlreiche Anhänger. Kirchenväter und neuzeitliche Gelehrte, die sich bemühen, mit Hilfe abstrakter intellektueller Argumente Belege für die Existenz eines historischen Gottes zu entwickeln, haben einen schweren Stand. Intellektuelle Argumente mögen den Gott der Geschichte stützen oder widerlegen, und daß man in der Theologie die Gültigkeit einer solchen Vorgehensweise anerkennt, läßt beide Möglichkeiten offen. Tatsächlich hat es die Existenz solcher Argumente innerhalb der Religion leichter gemacht, die Theologie mit den Schlußfolgerungen der Naturwissenschaft zu konfrontieren.

Da sich der Sinn des Wortes ›Gott‹ um so mehr verändert, je weiter man sich von der auf die Bibel gestützten Theologie entfernt, dürfte es angebracht sein, für neue Vorstellungen neue Begriffe einzuführen. Zwischen einer persönlichen Gottheit, die weiß, was ich tue, und die sich darum kümmert, und einer abstrakten Intelligenz, die das Universum durchzieht oder mit ihm gleichbedeutend ist, besteht ein himmelweiter Unterschied, und es kann zu Verwirrung führen, sofern für diese beiden extrem voneinander abweichenden Vorstellungen dasselbe Wort verwendet wird.

Als zusammen mit den Theorien der übrigen sich rasch entwickelnden Wissenschaften um die Mitte des neunzehnten Jahrhunderts auch die von der Evolution ihren gewaltigen Einfluß geltend machte, gab es für die Führer der westlichen Religion eine begrenzte Anzahl von Möglichkeiten, darauf zu reagieren.

Eine davon besteht darin, daß man jene Aspekte der Naturwissenschaft, die der religiösen Lehre zuwiderlaufen, mit der Behauptung ablehnt, sie seien wissenschaftlich schlechthin unhaltbar, da alles, was einer geoffenbarten Wahrheit nicht entspricht, falsch sein müsse. So verhielt sich seinerzeit eine Anzahl frommer Naturwissenschaftler, die in Darwins Fakten und Theorien nach Fehlern suchten, um auf sie gestützt seine Lehre ablehnen zu können. Nach wie vor nehmen diesen Standpunkt naturwissenschaftlich orientierte Fundamentalisten ein, die von Zeit zu Zeit Versuche unternehmen, den Gesetzgeber dazu zu bringen, daß er dekretiert, in öffentlichen Schulen müsse ›Schöpfungswissenschaft‹ unterrichtet werden.

Als zweite Möglichkeit kann man behaupten, bei der Religion handele es sich um eine Glaubensangelegenheit, deren Mysterien gänzlich anders geartet seien als die der

Welt der Wissenschaft. Damit können oder müssen ihre Anhänger ihr Leben in völlig voneinander getrennten Abteilen verbringen und innerhalb dieser die ›Wahrheiten‹ des jeweiligen Gebietes als gültig ansehen.

Der dritte Weg bestünde darin, sowohl die Heilige Schrift wie auch die Evolution zu akzeptieren, indem man die Bibel dahingehend neu ausdeutet, daß sich ihre Lehre mit den Ergebnissen der Naturwissenschaft zur Deckung bringen läßt. Viele weisen zum Beispiel die absolute Wahrheit der Schöpfungsgeschichte zurück, lassen sie aber für spätere Bücher der Bibel gelten. In extremen Fällen dieser Vorgehensweise gibt man die Heilige Schrift als Quelle des Wissens auf und akzeptiert sie als Quelle der Inspiration. Das führt zu einem in der geschichtlichen Überlieferung des Westens eingebetteten Deismus.

All diese Wege werden im zwanzigsten Jahrhundert von religiösen Gruppen beschritten, doch vermag sich keine von ihnen mit Ausnahme der intellektuell am meisten abgekapselten und nach innen blickenden Sekten völlig den Folgen dessen zu entziehen, daß Darwin und seine Kollegen am Apfel der Erkenntnis geknabbert haben. Zwar ist das religiöse Denken des neunzehnten Jahrhunderts durch die Fortschritte in der Biologie und Geologie für eine Weile in Unordnung geraten, doch hat sich infolge der erbitterten Auseinandersetzungen auch die Naturwissenschaft selbst verändert. Als Reaktion auf den Konflikt strebten zahlreiche Naturwissenschaftler nach einer Stellung, die sie der Notwendigkeit enthob, gegen eine akzeptierte religiöse Lehre zu kämpfen, und es ihnen ermöglichte, sich mit der Vielzahl der angehäuften verwirrenden Daten zu beschäftigen. Thomas Huxley hatte für seine neutrale Position den Begriff ›Agnostik‹ geprägt. Biologen vertraten die Ansicht, aus den Ergebnissen ihrer Untersuchungen lasse sich nichts über einen religiösen Glauben schließen. Diese Position verfestigte sich, je mehr man über Genetik und die Zufälligkeit beim Auftreten von Mutationen erfuhr, so daß inzwischen zahlreiche Forscher zu dem Ergebnis gekommen sind, daß Sinnfragen gänzlich außerhalb ihrer Zuständigkeit liegen.

Jene Neigung, den Inhalt der Biologie säuberlich von metaphysischen Fragen zu trennen, ist seit über einem Jahrhundert ein wichtiges Thema. Es wird in der Sprache der Molekularbiologie von Jacques Monod neu formuliert, dessen Ansichten sicherlich für eine große Zahl zeitgenössischer Biologen stellvertretend sind. In seinem Buch *Zufall und Notwendigkeit* (1970) sagt er, man müsse als »Grundpostulat der wissenschaftlichen Methode akzeptieren (...), daß die Natur *objektiv* gegeben ist und nicht *projektiv* geplant«. Dies Objektivsein besteht darin, daß die Naturgesetze keinen über ihre bloße Existenz hinaus reichenden Zweck haben. Er führt aus, daß wir dem freien Spiel der Naturkräfte »keinen Plan, keinen ›Entwurf‹ zuschreiben« können. Die Unabdingbarkeit, mit der er daran festhält, zeigt sich an folgender Aussage: ». . . das Objektivitätspostulat ist mit der Wissenschaft gleichzusetzen. Es hat ihre außerordentliche Entwicklung seit drei Jahrhunderten angeführt. Sich seiner (...) zu entledigen ist unmöglich . . .«

Mit Bezug auf unseren früheren Diskussionsgegenstand scheint Monods Beharren auf der Objektivität der Natur als grundlegendes methodologisches Prinzip der Naturwissenschaft unnötig. In Margenaus Schema würde eine solche Aussage ein neues metaphysisches Kriterium bedeuten: Vor die Wahl zwischen *objektiven* und *projektiven* Konstrukten gestellt, entscheiden wir uns für erstere. Ein solches metaphysisches Kriterium wird nicht eingeführt, denn es ist uns in zahlreichen Fällen nicht möglich, im voraus zu wissen, ob ein Konstrukt projektiv ist oder nicht. Erst nach Entwicklung einer zusammenhängenden fortgeschrittenen Wissenschaft ist es uns möglich, Fragen nach Zweck oder Sinn zu stellen. Huxleys Suche nach der Freiheit führte dazu, daß Monod der Naturwissenschaft ein schweres metaphysisches Joch auferlegt hat, indem er auszuschließen versuchte, daß uns diese Disziplin beim Verständnis bedeutender Aspekte unseres Daseins behilflich ist.

Kurz gesagt bedeutet das Postulat nach Objektivität einen geschickten Schachzug, mit dessen Hilfe die Naturwissenschaftler einen Abstand zwischen sich und die Theologen bringen können, doch gibt es keinen plausiblen philosophischen Grund dafür, es als Grundvoraussetzung in der Naturwissenschaft anzunehmen. Wir können unsere Naturphilosophie formulieren und später Sinnfragen stellen, ohne uns auf die eine oder andere Weise im Hinblick auf die Objektivität der Natur festlegen zu müssen.

Monod bestreitet keineswegs einfach auf methodologische Weise den Zweck, er geht darüber hinaus und kennzeichnet jeden Versuch, in der naturwissenschaftlichen Untersuchung des Universums einen Sinn zu finden, als ›Animismus‹. Diese gewollte Herabsetzung der Suche nach dem Zweck durch die Verwendung eines als Schmähung gedachten Begriffs zeigt, wie tief er Menschen verachtet, die sich mit seiner Philosophie nicht einverstanden erklären. Damit richtet er sein schweres Geschütz in einem tückischen und gehässigen Angriff gegen Pierre Teilhard de Chardin und dessen Ansatz zu einer auf der Evolution gründenden Sehweise.

In seinem letzten Versuch, Menschen davon zu überzeugen, daß das Universum keinen Zweck verfolgt, behauptet Monod, alles, was wir in der lebenden Welt sehen, sei zufällig entstanden und das Auftreten von Leben lasse sich nach den Gesetzen der Physik nicht voraussagen. Da die Theorie von der sich weit entfernt vom Zustand des Gleichgewichts befindlichen Thermodynamik, den sich auflösenden Strukturen, der Synergetik und andere Theorien sich selbst organisierender Systeme noch keineswegs vollständig formuliert waren, als Monod seine Monographie verfaßte (sie sind es auch heute noch nicht vollständig), behauptete er etwas, was bis dahin noch nicht bestehende Zweige der Physik nicht zu leisten vermochten. So sehr lag ihm daran, alles als Ergebnis des Zufalls hinzustellen, daß er die Vorsicht in den Wind schlug, die einen Naturwissenschaftler üblicherweise davon abhält, Voraussagen über das zu machen, wozu die spätere Wissenschaft imstande sein wird oder nicht. Kurz gesagt war der Autor von *Zufall und Notwendigkeit* so darauf bedacht, den Gedanken eines Zwecks mit der Wurzel auszurotten, daß er sich eine Auffassung von Naturwissenschaft und Philosophie zurechtbog.

Was als Thomas Huxleys Versuch begann, die Wissenschaft von der Religion zu befreien, endete hundert Jahre später mit Jacques Monods Behauptung, die Biosphäre sei »ein einmaliges, aus den ersten Prinzipien nicht ableitbares Ereignis«. Genau das würden auch bestimmte Theologen von ihr behaupten und sie anschließend als heiliges Mysterium definieren, das nur durch das Auge des Glaubens gesehen werden könne. Sobald ein Ereignis im Sinne Monods einmalig ist, ist eine Erläuterung so plausibel wie die andere; das Ereignis wird damit wirksam der Methodologie der Wissenschaft entzogen und muß als historisch betrachtet werden.

Die von Monod befürwortete völlig Willkürlichkeit stellt eins der Extreme dar, die sich aus diesem ›hundertjährigen Krieg‹ ergeben, doch wurde 1974 von anderer Seite eine ähnlich energisch vorgehende Theorie veröffentlicht. *The Troubled Waters of Evolution* (Die getrübten Wasser der Evolution) heißt ein auf den neueren Stand gebrachter ausgegrabener Bericht des Fundamentalismus, den Henry M. Morris verfaßt hat. Er spiegelt die Ansicht der Creation Research Society (Gesellschaft zur Erforschung der Schöpfung). »Wer stimmberechtigtes Mitglied werden möchte, muß entweder den Magister- oder Doktorgrad auf einem naturwissenschaftlichen Gebiet besitzen und darüber hinaus eine Glaubenserklärung abgeben, die eine Verpflichtung einschließt, an die besondere Schöpfung und eine die ganze Welt erfassende Sintflut zu glauben wie auch Widerstand gegen jede Art von Evolutionslehre zu leisten – einschließlich einer theistischen.« Man beachte, daß diese ›Forschungsgesellschaft‹ eine Vorausverpflichtung auf ein unverändertes Wissen verlangt, bevor dieses experimentell überprüft wurde und ohne daß künftige Entwicklungen bekannt sind – während alle wissenschaftsphilosophischen Schulen darin übereinstimmen, daß Wissen vorläufig und durch Versuchsergebnisse veränderbar ist.

Wohl bedienen sich die fundamentalistischen Naturwissenschaftler der Sprache der Wissenschaft, um ihre Argumente zu formulieren, nicht aber deren Geistes. Sie verstehen sich darauf, Schwächen in unserem Verständnis der Evolutionsmechanismen herauszugreifen, und nach allgemeine Auffassung gibt es zahlreiche solcher Schwächen. Sie bieten den zweiten Hauptsatz der Thermodynamik und das Streben der Materie zum Zustand der Unordnung als Argumente gegen die Evolution auf, scheinen aber wie Monod die Fülle neuzeitlichen Materials über die Selbstorganisation in Systemen nicht zu kennen, die einem Energiefluß unterliegen. (Auf diese Gedanken wird später noch näher eingegangen.) Morris erklärt unumwunden: »Ordnung entsteht nie spontan aus Unordnung.« Diese Behauptung widerspricht der experimentellen Erfahrung in eklatanter Weise. Man sehe nur aus dem Fenster – von welcher Wohlgestalt sind die aus ganz und gar ungeordneten Wassermolekülen in der Gasphase kondensierten Schäfchenwolken! Nach hundertneunzig Seiten läßt Morris endlich die Katze aus dem Sack: »Wir müssen daher schließen, daß die Evolutionstheorie mitsamt ihrem geologischen System der Erdzeitalter vollständig falsch ist, sofern die Bibel tatsächlich das Wort Gottes darstellt (wie jene erklären, die sie niedergeschrieben

84

haben, und wie wir glauben).« Zuvor hat er angemerkt: »In dem Fall ist Satan selbst der Urheber des Begriffs Evolution.«

Morris sagt auch klipp und klar, was die zukünftige Naturwissenschaft nicht tun wird: »Aus der Biochemie und der Untersuchung der irdischen Umwelt läßt sich der Ursprung des Lebens unter keinen Umständen erklären.« Das kommt nahe an Monods Behauptung heran, die Biosphäre sei »ein einmaliges, aus den ersten Prinzipien nicht ableitbares Ereignis«. Die Erzfeinde haben eigentümlicherweise zum selben Ergebnis gefunden, der eine, weil er sicher ist, daß er die Lösungen weiß, der andere, weil er ebenso sicher ist, daß man sie nicht wissen kann.

Jacques Monod und Henry M. Morris sind wichtig als Vertreter dessen, was die Öffentlichkeit als naturwissenschaftliche und religiöse Polarisationspunkte ansieht. Wer den einen akzeptiert, lädt sich unnötige metaphysische Kriterien auf den Hals, die die Wissenschaft von der Suche nach dem Sinn entfernen; wer den anderen gelten läßt, leugnet die erkenntnistheoretischen Grundlagen, auf denen die Naturwissenschaft errichtet ist, und setzt an ihre Stelle eine vorwissenschaftliche Glaubenserklärung. Sofern wir Besseres nicht zustande bringen, möchte ich gern in den verölten Motorraum des Bootes zurückkehren und noch etwas nachdenken.

5
Felsgestein der Zeiten

Heute habe ich das von meinen Vorbildern gegebene Beispiel mißachtet. Mir fehlt ihre Selbstzucht, die es ihnen ermöglichte, über lange Zeit hinweg an einem Ort zu verharren. Meine Entschuldigung dafür – minder nachsichtige Menschen würden sagen, ich suchte nach einem als Ausrede nutzbaren Vernunftgrund – ist, daß ich über die Lithosphäre nachdenken möchte, und das geht besser, wenn ich Verbindung mit der Materie aufnehme, aus der jene Geosphäre besteht. So stapfe ich also an diesem Sonntagmorgen bei Ulupalakua über die westlichen Hänge des Berges Haleakala, das ›Haus der Sonne‹.

Da alle vier Geosphären stark aufeinander einwirken und auf unserem Planeten Leben ein Merkmal ihrer aller ist, hätte ich an den Anfang meiner Darstellung irgendeine von ihnen setzen können. Für die Lithosphäre habe ich mich entschieden, weil sie die älteste und weitreichendste der vier ist und weil mich einige Mitglieder der Wandergruppe eingeladen haben, ich möge mich ihnen anschließen. Außerdem beschäftigt sich mein Denken viel mit der Lithosphäre, denn auf die Plattentektonik geht ein Großteil meiner Arbeit dieses Jahres zurück.

Aus etwa achthundert bis tausend Metern Höhe fällt der Blick hinab zum tiefen Blau der La-Perouse-Bucht. Die beim jüngsten Vulkanausbruch vor etwa zweihundert Jahren dort hinabgeflossene Lava hat schwarze Flecken in der Landschaft hinterlassen. Sie sind noch immer sichtbar, denn in der Trockenheit des südwestlichen Maui verwittert der Basalt nur sehr langsam. Unter unseren Füßen ist ältere Lava zerkrümelt, rot von Oxidation und den auf lebende Organismen zurückgehenden Säuren. Betrachtet man die schwarze Lava gründlicher, merkt man, daß die hier und da auf ihr wachsenden Pflanzen und Kleinlebewesen Hinweise auf den ökologischen Zyklus liefern, der eines Tages aus diesem harten Fels fruchtbaren Boden machen wird.

Wenn ich mich nach Süden wende, sehe ich den Umriß der großen Insel Hawaii scharf aus dem Meer steigen. Deutlich erkennt man die Hauptgipfel Mauna Kea und Mauna Loa, die mehrere tausend Meter hoch in die Atmosphäre ragen. Unsichtbar hinter ihnen liegt der Vulkan Kilauea, wo der Legende der Inseln zufolge Pele, die Feuergöttin, ihre Heimstatt gefunden hat. Die Kahuna-Priester berichten, gelegentlich sende Frau Pele aus Wut oder einfach zum Zeitvertreib flüssige Lava von den Gipfeln oder Flanken der Berge hinab. Geologen begründen das Phänomen damit, daß sich als Folge eines Austritts von Magma (Gesteinsschmelzfluß aus dem Erdinneren) eine Basaltkruste bildet. Mit welchen Ausdrücken auch immer man einen Vulkanausbruch beschreibt, er ist stets ein eindrucksvolles Naturschauspiel, das bei den Menschen Furcht und Zittern hervorruft. Seit ich vor vielen Jahren, an den Hängen des Kilauea am Rand eines der als ›Caldera‹ bezeichneten Explosionskrater stehend, in ein Meer brodelnder Lava sah, will mir die Welt weniger dauerhaft vorkommen.

Nach Norden zu liegt an dem gewundenen Gebirgspfad eine alte, winzige, weiße Kirche der Kongregationalisten, zwar in gutem Zustand, aber nur selten benutzt. Diese Inseln sind mit Kirchen förmlich übersät, da man einst die Kirchspielgrenzen entsprechend der Fußgängerentfernung zum jeweiligen Gotteshaus festlegte. Doch ist die Zahl der Gemeinden zugleich ein Maß für die nachdrücklichen

Bekehrungsversuche der Missionare. Der unverhohlene Hedonismus, der auf Hawaii im Vergleich zur Missionszeit heute herrscht, mag zum Teil mit den Auswirkungen zusammenhängen, die die Reise der *Beagle* auf den Geist der Menschen gehabt hat.

Während auf dem Pfad die Füße schlackentief in die Lithosphäre eintauchen, kann der Wanderer in aller Ruhe über das nachdenken, was er von den harten Bestandteilen unseres Planeten weiß. Es ist eine Binsenweisheit, zu sagen, daß im geologischen Denken der vorigen Generation eine Revolution stattgefunden hat. Diese Veränderung unseres Bildes von Kontinenten und Gebirgen bedeutet für die Geologie einen ebenso radikalen Einschnitt wie einst die kopernikanische Wende für die Astronomie, bei der sich plötzlich herausstellte, daß sich die Erde um die Sonne drehte und nicht etwa umgekehrt. Die Geologie hatte die Erde mit Bezug auf die Kontinente als starr und unveränderlich betrachtet, erkannte dann aber, daß sie erregend dynamisch ist und sich in ständiger Bewegung befindet. Der Fortschritt geht in der Geophysik mit so atemberaubender Geschwindigkeit vor sich, daß eine Aussage, die wir heute machen, morgen oder in der nächsten Woche womöglich schon revidiert werden muß, so daß man nicht umhin kann, alle Meinungen mit einer gewissen Zurückhaltung zu betrachten.

Um der Lithosphäre ihren richtigen Platz zuzuweisen, beginnt man am besten im Inneren der Struktur, also der heißen Mitte der Erde, die reich an Eisen und Nickel ist. Diese metallene Innenkugel liegt mit ihrem Durchmesser von rund sechstausendfünfhundert Kilometern wie eine große Höhlung in einer runden Frucht im Erdball; ähnlich wie der Stein in einer Avocado. Auch dieser Teil des Planeten besitzt eine Struktur, sie aber braucht uns jetzt nicht zu kümmern. Allerdings sollten wir wissen, daß eine Art geodynamischer Strom aus geschmolzenem Eisen im stark eisenhaltigen Kern der Erde für ihr Magnetfeld verantwortlich ist. Diesen Kern umgibt eine zweitausendsiebenhundert Kilometer starke Schale, die als Erdmantel bezeichnet wird. Dessen beide Schichten bestehen aus teilweise geschmolzenem Silikatgestein, geschmolzenem Ergußgestein und festem Gestein. Den Erdmantel umgibt eine weitere, weit weniger dicke Schale von unterschiedlicher Stärke, die eigentliche Erdkruste. Sie besteht aus zweierlei Material, der ozeanischen Kruste, die vergleichsweise dünn, aber recht dicht ist, sowie dem Material der Kontinente, das dicker und weniger dicht ist. Auf dieser äußeren Kugelschale der Erde befindet sich der größte Teil der Hydrosphäre, der Biosphäre sowie der Atmosphäre.

Die Erdkruste und der obere Erdmantel zusammen bilden bis zu einer Tiefe von etwa hundert Kilometern das, was die heutige Geophysik als Lithosphäre bezeichnet. Unmittelbar darunter finden wir im Erdmantel bis zu einer Tiefe von rund siebenhundert Kilometern die Asthenosphäre (ein äußerst wenig ästhetisches Wort). Da in ihr eine so hohe Temperatur herrscht, daß sie über einen langen Zeitraum hinweg sehr langsam fließt, kann die Lithosphäre über sie hinweggleiten.

Die neuere geologische Theorie geht von dem Grundprinzip aus, daß die gesamte starre Lithosphäre aus einer kleinen Zahl sich im Verhältnis zueinander bewegender riesiger Platten besteht. Als Ergebnis dessen befindet sich die Erdoberfläche in einem dynamischen Zustand, und die Kontinente wandern (›driften‹) hin und her. Diese Vorstellung hat die Grundlagen der zeitgenössischen Geophysik erschüttert und uns ein neues Bild unseres alten Planeten geliefert. Die festgefügte Welt der Theologen des neunzehnten Jahrhunderts ist dahin, und noch der Boden unter unseren Füßen hat teil an einem geradezu unfaßbaren Wandlungsprozeß.

Mir ist die Vorstellung, daß sich Kontinente bewegen können, so fremd, daß ich mir das immer wieder vorsagen muß. Im *Scientific American* gab es eine faszinierende Artikelsammlung, die unter dem Titel ›Ozeane und Kontinente‹ in Buchform vorliegt und in der es heißt, die Oberfläche unseres Erdballs bestehe aus einem unregelmäßigen Muster starrer Platten mit einer Stärke von etwa hundertfünfzig Kilometern, die auf einer flüssigen Schicht teilweise geschmolzenen Felsgesteins ruhen. Die größte von ihnen liegt unter dem Pazifik und nimmt nahezu dessen gesamte Fläche ein. Platten schieben sich auseinander, nähern sich einander an oder gleiten aneinander vorbei, und jede dieser Bewegungen führt zu einer Tätigkeit des Planeten, was sich in Erdbeben, Vulkanausbrüchen und Gebirgshebungen äußert.

Die Theorie von der Wanderung der Kontinente (›Kontinentaldrift‹) stammt aus dem ersten Drittel des zwanzigsten Jahrhunderts und geht auf den deutschen Meteorologen Alfred Wegener zurück, ihren glühenden Vorkämpfer. Er vertrat die Ansicht, da die Küstenlinien zu beiden Seiten des Atlantiks so gut übereinstimmen, müßten die an ihn stoßenden Kontinente auch die gleiche erdgeschichtliche Vergangenheit aufweisen; es müsse einst eine riesige zusammenhängende Landmasse gegeben haben, deren Teile später auseinandertrieben.

Diese Theorie von der Kontinentaldrift haben die Geologen erst in den sechziger Jahren unseres Jahrhunderts akzeptiert, nachdem Untersuchungen des Magnetismus auf dem Boden des Atlantiks und anderen unterirdischen Flächen neues Material geliefert hatten. Eine Vielzahl von Hinweisen zeigte, daß das Magnetfeld der Erde, das auch die Nadel im Kompaß meines Bootes beeinflußt, seine Richtung etwa alle dreißigtausend Jahre umkehrt. Beim Erstarren frischer Lava werden die in ihr enthaltenen Magnetitkristalle in der Position fixiert, die sie aufgrund der zum Zeitpunkt des Vulkanausbruchs herrschenden Richtung des Erdmagnetfeldes einnehmen. Führt man ein Magnetometer mit einer Aufzeichnungsvorrichtung hinter einem Boot über den Meeresboden, erhält man genaue Angaben über den an den einzelnen Stellen herrschenden Magnetismus.

Solche Messungen haben Wissenschaftler davon überzeugt, daß der Ozeanboden durch unterseeische Vulkantätigkeit an Gebirgsrücken in der Mitte der Meere entsteht. Anschließend breitet er sich im rechten Winkel zum Kammbereich dieser Gebirge aus. So trennt die Vulkantätigkeit am mittelatlantischen Rücken die beiden amerikanischen Kontinente von Europa und Afrika. Inzwischen steht eine überwältigende Menge geomagnetischer Angaben zur Verfügung, und nahezu alle Geologen sind davon überzeugt, daß Plattentektonik und Kontinentaldrift eine Erklärung für die Mehrzahl der geologischen Großstrukturen der Erdoberfläche liefern. All das hat die Geologie auf eine völlig neue Grundlage gestellt mit allen sich daraus ergebenden Folgerungen.

Ein allgemeingültiges Axiom der Physik besagt, daß dynamischen Prozessen Energie zugeführt werden muß, damit sie ablaufen können, und davon macht die Plattentektonik keine Ausnahme. Kern und Mantel der Erde enthalten große Mengen radioaktiven Materials, in erster Linie Thorium, Uran und Kalium vierzig (^{40}K). Die bei ihrem radioaktiven Zerfall sowie bei der Verdichtung durch Gravitation freigesetzte Energie wird in Wärme umgewandelt, so daß es im Inneren des Planeten heißer ist als an seiner Oberfläche. Da Wärme stets zum kälteren Pol fließt, wird sie durch den Kern und den Mantel zur Kruste hin weitergeleitet.

Zu einem Wärmefluß, so hat es uns vor vielen Jahren unser Naturkundelehrer eingehämmert, kommt es auf dreierlei Weise: durch Leitung, durch Konvektion und durch Strahlung. Bei der Konvektion steigt weniger dichtes heißes Material entgegen der Schwerkraft auf, und kälteres, dichteres Material sinkt dementsprechend ab. Etwas in der Art geschieht irgendwo im Erdmantel. Obwohl dessen Material kaum flüssig ist, steigen durch Konvektion alljährlich gut hundert Millionen Kubikkilometer davon in die Lithosphäre auf, und dementsprechend sinken hundert Millionen Kubikkilometer kälteren Gesteins zurück in den Erdmantel. Die an die Oberfläche gelangende Wärmeenergie gelangt in die Atmosphäre, von wo aus sie in den Weltraum abstrahlt.

Hier haben wir ein wunderbares und faszinierendes Beispiel für die Thermodynamik, auf das wir später noch einmal zurückkommen müssen. Einem physikalischen Gesetz zufolge organisiert *der Energiefluß durch ein System dies System*. Diesen Satz habe ich zum erstenmal 1968 formuliert. Er wurde im *Whole Earth Catalogue* zitiert und bildete im Lauf der Zeit eine Art Brücke zwischen Dichtung, Physik und Ökologie. Ich freue mich darüber. In diesem Fall fließt (als Massenenergie in radioaktiven Kernen und als Gravitationspotential gespeicherte) Energie aus einer Quelle zu einem Sammelbecken (die Kälte des Weltraums). Der Fluß dieser Energie durch das dazwischenliegende System (die Lithosphäre) organisiert dies System zu Platten, Kontinenten, Gebirgen und zahlreichen der weiteren interessanten Ausprägungen, die ich um mich herum sehe und unter meinen Füße spüre. Diese überaus feste Erde zeigt weit mehr Tätigkeit, als wir angenommen hatten. Man muß die Sache nur im richtigen Zeitmaßstab betrachten.

Dort, wo die Platten aufeinandertreffen, kommt es entweder zu einem Auseinandertreiben (Spreizung), zur Subduktion oder zu einem Aneinandervorbeigleiten (Übergangs- oder Transformverwerfungen). Am gründlichsten untersucht ist die Loslösung von Platten bei gleichzeitiger Ausbreitung des Meeresbodens. Die charakteristischste Ausbreitungslinie ist der bereits oben erwähnte mittelatlantische Rücken, der von Island bis zum südlichen Feuerland verläuft, und der Grund dafür ist, daß sich die amerikanischen Kontinente von Europa und Afrika gelöst haben. Vor einigen hundert Millionen Jahren bestand die Landmasse der Erde größtenteils aus einem einzigen Großkontinent. Ein Gebirgsrücken entstand und löste die amerikanische Scholle ab, die seither beständig nach Westen treibt. Dies Abtreiben geht nach menschlichen Zeitvorstellungen überaus langsam vor sich, mit einer Geschwindigkeit von etwa zwei Zentimetern pro Jahr. Nach geologischen Maßstäben allerdings handelt es sich dabei um eine durchaus beträchtliche Bewegung, denn sie summiert sich in einer Million Jahren immerhin auf fast zwanzig Kilometer. Bei dieser Ausbreitungsgeschwindigkeit kann sich eine Störung in einer Milliarde Jahren um die halbe Welt fortpflanzen.

Am mittelatlantischen Rücken entlang steigt im Erdmantel Magma auf und schiebt die links und rechts des Rückens befindlichen Platten zur Seite, wodurch neuer Meeresboden entsteht. Dies neue unterseeische Material wirkt auf die Platte der Neuen Welt (amerikanische Platte) ein und entfernt sie immer weiter von der der Alten Welt (eurasisch-afrikanische Platte). Da Meeresboden ständig neu entsteht, während die gesamte Ozeanfläche mehr oder weniger gleichbleibt, muß das Material, aus dem der Meeresboden besteht, irgendwo wieder in den Erdmantel hinab verschwinden. Eine Bestätigung für dies ›Verschlucktwerden‹ zeigt sich bereits in der auf der Untersuchung fossiler Sedimente gründenden Beobachtung, daß nirgendwo der Ozeanboden älter ist als zweihundert Millionen Jahre bei einem Alter der Erde von 4,5 Milliarden Jahren.

Die Erklärung dafür ist einfach und aufsehenerregend zugleich. Wo sich zwei Platten einander annähern, gleitet eine über die andere. Die untere wird in den Erdmantel hinabgeschoben (Subduktion) und wird zu seinem Bestandteil. So wie Material aus dem Mantel aufsteigt, wird in einem für alle langfristigen dynamischen Systeme kennzeichnenden Kreislauf Gestein in jenen Bereich zurückgeführt.

Westlich von Südamerika erstreckt sich von Kolumbien bis Südchile die im Westen vom ostpazifischen Rücken begrenzte Nazca-Platte. Durch die von diesem untersee-ischen Rücken ausgehende Ausbreitung wandert sie ost-wärts, bis sie an die große südamerikanische Platte stößt, die durch die Tätigkeit des mittelatlantischen Rückens nach Westen gedrängt wird. Die südamerikanische Platte schiebt sich über die Nazca-Platte und drückt sie in den Erdmantel hinab. Der Westrand Südamerikas wird durch die Subduktion gehoben, ein Prozeß, in dessen Verlauf die Anden entstanden sind. So kommt es, daß sich auf der *alta plana*, der auf knapp viertausend Meter liegenden Hoch-fläche, zahlreiche Fossilien von Meeresweichtieren fin-den, ein Überbleibsel aus der Zeit vor dem Anstieg jener Gesteinsmassen, als dieser Teil der Erdkruste noch Konti-nentalschelf war. Ich erinnere mich, daß ich gesehen habe, wie Gassenjungen in den Straßen der bolivianischen Stadt La Paz Scherben von Inkakeramik sowie Versteinerungen von Schalentieren feilboten, die entstanden waren, als die dortige Gegend Meeresboden war. Für ein paar Pfennige konnte man echte Überreste der archäologischen wie der paläontologischen Vergangenheit jener bedeutenden Stadt erwerben.

Die (bisweilen auch als australische Platte bezeichnete) indische Platte verläuft in einem sich von Nordwesten nach Südosten schwingenden Bogen von Pakistan nach Neuseeland und erstreckt sich im Süden weiter bis zur antarktischen Platte. Am Carlsberg-Rücken breitet sich der Meeresboden so stark aus, daß die indische Platte nach Norden und zugleich ein wenig nach Osten gescho-ben wird. Wo sie an einer gut zweitausendzweihundert Kilometer langen Linie in Berührung mit der eurasischen Platte kommt, schiebt sie sich unter diese. Das hat zur Entstehung des Himalaja geführt, des höchsten Gebirges der Welt. Weiter im Osten, dort, wo sich die indische Platte unter die pazifische schiebt, ist die Inselgruppe der Neuhebriden und der Salomonen entstanden. In all diesen Fällen sinkt das ›subduzierte‹ Erdmaterial in den Mantel hinab, wird geschmolzen und wieder in Material umgewandelt, aus dem sich später die Lithosphäre erneuert.

An der Westküste Nordamerikas entlang bewegt sich die pazifische an der nordamerikanischen Platte in einer Gleitbewegung nach Norden, bei der es weder zu einer Ausbreitung noch zu einer Subduktion kommt. Die Grenzlinie zwischen ihnen ist die San-Andreas-Verwerfung, an der sich von Zeit zu Zeit in heftiger seismischer Tätigkeit der Druck entlädt, der sich durch die mit zwei Zentimetern pro Jahr erfolgende Nordverschiebung der großen Ozeanplatte aufbaut. Ein Beispiel dafür war das große Erdbeben, das im Jahre 1906 San Francisco heimgesucht hat, und man rechnet in jenem Weltteil beständig mit weiteren größeren Erdbebenausbrüchen.

Die Lithosphäre, über die ich bei Ulupalakua wandere, verdankt ihre Entstehung offenkundig einem Ausbruch, der dadurch erfolgte, daß sich eine Platte über einen ›hot spot‹ schob, wo sich Material auf dem Weg ins Erdinnere befand. Denselben Prozeß kann man an zahlreichen Orten auf der ganzen Welt hundertfach beobachten. Dabei steigt Magma aus dem Erdinneren, sammelt sich oben auf der Platte an und erstarrt beim Abkühlen zu dem festen Material, das die Herzen von Grundstücksmaklern höher schlagen läßt.

Da mich Lava und aus Lava entstandenes Material umgeben, kommen hier die anderen Möglichkeiten, wie feste Bestandteile der Erdoberfläche entstehen können, zu kurz. Steigt aus dem Erdinneren Magma auf und kühlt sich unter Druckeinwirkung unterhalb der Erdoberfläche ab, bildet sich vulkanisches Gestein wie beispielsweise Granit. Vulkane entstehen dadurch, daß Magma durchbricht und sich in Form von Basalt ergießt, und andere Berge gehen auf Hebung zurück. Dabei drückt das Magma von unten und erstarrt. Je nach den bei der Abkühlung jeweils herrschenden Bedingungen und der genauen chemischen Zusammensetzung des Materials können sich dabei Tausende unterschiedlicher Mineralien bilden, deren Vielzahl und Schönheit sich in Museen und anderen Gesteinssammlungen bewundern läßt.

Nicht einmal Gestein ist von Dauer. Wind, Regen, Pflanzenwurzeln und von Lebewesen abgesonderte organische Säuren fressen daran, lösen Chemikalien heraus und spalten riesige Gesteinsbrocken, bis von ihnen nichts übrig ist als Sandkörner und Kiesel. Diese kleinen Stückchen können als Ablagerungen wieder nach unten gelangen und werden unter der Einwirkung hoher Drücke und Temperaturen erneut zu Sedimentgestein verdichtet. Beispiele dafür sind Schiefer und alle anderen Fossilien enthaltenden Gesteinsablagerungen, also solche, in die Überreste lebender Organismen eingeschlossen sind. Durch sie erlangen wir Kenntnis von dem, was sich in früheren Erdzeitaltern abgespielt hat. Dies ›Archiv der Natur‹ bereitete religiösen Denkern des neunzehnten Jahrhunderts große Kopfschmerzen und belebt noch heute die Diskussion um die Evolution. Die Bedeutung dieser Sedimentablagerungen für den Streit zwischen Naturwissenschaft und Religion verleiht dem bedeutsamsten Gerichtsverfahren, das im Zusammenhang mit diesem Streit in den letzten fünfzig Jahren stattfand, ebendem in Little Rock, ein eigentümlich symbolisches Gewicht.

Gesteinsbrocken kann auch ein anderes Geschick vorbestimmt sein: In Gebieten mit starken Regenfällen verbinden sich die Bruchstücke erkalteten Magmas mit Wurzeln und zerfallendem organischem Material sowie auch mit Bakterien, Insekten, Würmern und allerlei unter der Erdoberfläche lebenden Geschöpfen zu einer Bodenschicht. Hier auf der Insel Hawaii gibt es Gebiete, in denen neue Lavaströme ursprünglich steril sind, da sie wegen der ungeheuren Hitze der flüssigen Lava keinerlei Leben zulassen. Wer zehn Jahre später wiederkommt, sieht, wie in den feuchten Rissen, die sich beim Abkühlen der Lava gebildet haben, Algen und Flechten wachsen. Nach zwanzig Jahren entsprießen den Spalten winzige Farne, die Oberfläche des Steins beginnt zu verwittern, die Wachstumszonen breiten sich um die Spalten herum weiter aus, und so setzt sich das Ganze fort. Wo sich vor vierhundert Jahren ein Lavastrom ergossen hat, stehen jetzt Eisenholzwälder, und aus der harten schwarzen Lava ist der für Vulkaninseln kennzeichnende rote Boden geworden. Boden gehört weder der Biosphäre noch der Lithosphäre an, er ist eine dynamische Vermischung beider, ein System aus Wechselwirkungen. Diese gegenseitige Beeinflussung ist überall anzutreffen, aber am leichtesten läßt sie sich dort erkennen, wo sich nach einem Vulkanausbruch auf einem einst leblosen Lavastrom ein ganzer Wald erhebt.

Die neuere Geologie spricht nicht nur von der durchaus erheblichen Bewegung der Kontinente und der tektonischen Platten, sondern erinnert uns auch daran, daß der gesamte Erdball Konvektionsströmungen unterliegt, die überall auf der Erde die Lithosphäre auffrischen und altes, ausgelaugtes Sedimentgestein wieder in den Kreislauf der Gesteine einspeisen. Man hat den Erdmantel als eine Schale aus Silikatgestein bezeichnet, die über dem metallischen Kern liegt und durch den Zerfall der radioaktiven Isotope erwärmt wird. Innerhalb der obersten sechshundertfünfzig Kilometer führt die Wärme zu bedeutenden Konvektionsströmungen, die Material aus dem Erdmantel in die Kruste hochdrücken und zugleich absinkendes Material aus ihr aufnehmen. Bedingt durch die langen Zeiträume, um die es dabei geht, fällt es uns schwer, zu erfassen, auf einem wie dynamischen Planeten wir in Wirklichkeit leben, aber gerade dessen Dynamik ist die Erkenntnis der heutigen Naturwissenschaft. So wie die großen ökologischen Zyklen das biologische Material unseres Planeten immer wieder erneuern, so erneuern die bedeutenden Konvektionsabläufe des Erdmantels die Lithosphäre unablässig. Beide Zyklen hängen aufs engste mit der Bewohnbarkeit des Himmelskörpers zusammen, auf dem wir uns befinden.

Während ich auf dem scheinbar festen Boden unter mir einen Fuß vor den anderen setze, fallen mir einige Verse Walt Whitmans über den beständigen Kreislauf in der Biosphäre ein.

Jetzt erschrecke ich, wie ruhig und geduldig die Erde ist,
Auf ihr entstehen aus Fäulnis so wunderbare Dinge,
Harmlos und unschuldig kreist sie um ihre Achse, mit
einer so unendlichen Abfolge kranker Leichname,
Wie liebliche Winde gewinnt sie aus wie entsetzlichem
Gestank,
Wie erneuert sie mit so unschuldiger Miene ihre reiche
alljährliche Erntefülle,
Gibt den Menschen so göttliches Ausgangsmaterial und
nimmt von ihnen am Ende
Solche Überreste zurück.

Ich werde mich jetzt eine Weile keinen weiteren Gedanken über die Lithosphäre hingeben; man braucht Zeit, um sich an die Vorstellungen von Plattentektonik und Bewegungen im Erdmantel zu gewöhnen. Da sich diese gewaltigen Bewegungen vergleichsweise langsam abspielen, müssen wir uns an eine ganz neue Denkweise gewöhnen.

Die Wanderung nähert sich ihrem Ende, und wir erreichen, indem wir einen Hang hinabsteigen, die Straße. Auf dem Weg zum Auto kommen wir an einem Weinbaubetrieb vorbei und können der Verlockung nicht widerstehen, den Ananaswein dort zu probieren. Ein Schluck führt zum Kauf einer Flasche, die ich mir mit den Wandergefährten teile. Das nun verlangsamt endgültig alle Gedanken an geophysikalische Abläufe, und ich kehre zum Boot zurück. Dort sitzen wir im Cockpit und sehen zu, wie über der Hydrosphäre, die die pazifische Platte bedeckt, die

Sonne sinkt. Allmählich kommen die Sterne hervor, und bald lassen sich Polarstern wie auch das Kreuz des Südens erkennen. Sie geben uns Gewißheit darüber, wo im Universum wir uns befinden.

6
Energiefluß

Heute schreibe ich nicht auf dem Boot. Ich stehe am Tankanleger und sehe zu, wie mein beweglicher Schreibtisch für einen Törn nach Honolulu seeklar gemacht wird. Ein- oder zweimal im Jahr muß das Boot aus dem Wasser. Es kommt ins Trockendock, wird gesäubert und bekommt einen neuen Anstrich; zumindest die Außenbeplankung unterhalb der Wasserlinie wird dieser Behandlung unterzogen. Erforderlich ist diese mühevolle und kostspielige Arbeit, weil sich Algen, Muscheln und allerlei sonstige Meeresfauna und -flora unterhalb der Wasserlinie ansiedeln. Ließe man sie gewähren, würden sie dafür sorgen, daß sich das Boot in ein Riff oder eine Insel verwandeln und damit auf die eine oder andere Weise ortsfest würde.

Zur Verhinderung dieses unerwünschten Wachstums bekommt die Außenhaut des Bootes den giftigsten und dauerhaftesten Schutzanstrich, den die chemische Industrie herzustellen vermag – im Rahmen der geltenden Gesetze. Es wäre ja wirklich nicht richtig, zuzulassen, daß Menschen ernstlich erkranken, nur weil sie Boote mit dem Schutzanstrich versehen müssen. Zwischen den Forschungsabteilungen der Chemieunternehmen und den Interessengruppen der Seefahrt wogt ein beständiger Kampf. Daß es den Technikern nicht gelingen will, die Lebewesen vollständig zu vernichten, mag denen als gutes Zeichen gelten, die befürchten, unser Planet werde so lange vergif-

105

tet, bis auf ihm kein Leben mehr möglich ist. Solange Chemiker trotz gemeinsamer Bemühungen nicht imstande sind, Lebewesen zu vernichten, die sich in den oberen Wasserschichten der Meere aufhalten, dürfte es äußerst unwahrscheinlich sein, daß unsere eher zufälligen Fehlleistungen den Sieg über die Anpassungsfähigkeit des Lebens insgesamt davontragen. Vom Standpunkt der Ästhetik oder dem der Bewohnbarkeit des Planeten für den Menschen aus betrachtet, mögen wir Schäden anrichten, aber unsere Aussichten, ihn für alle Ökosysteme unbewohnbar zu machen, müssen wohl als äußerst gering eingeschätzt werden. Vielleicht erscheint das jenen nicht als besonders beruhigend, die sich um die atomare Abrüstung und andere drängende Fragen sorgen, mich persönlich aber tröstet die Vorstellung von der ungebrochenen Lebenskraft unserer Mutter Erde.

Während die Segel gehißt werden und das Boot ablegt, denke ich daran, daß ich meinen Arbeitsplatz in die Bibliothek von Lahaina verlegen will. Allerdings ist diese Einrichtung noch geschlossen. Ach ja, welch beträchtlichen Teil meiner Lebenszeit habe ich doch damit verbracht, vor Bibliotheken darauf zu warten, daß sie öffnen! In diesem Zusammenhang fallen mir stets Omars Worte ein:

Beim Krähen des Hahns riefen
Die vor der Taverne Wartenden: Nun öffnet das Tor,
Ist doch dem Zeitvogel nur wenig Raum beschieden,
Mit den Flügeln zu schlagen, und zeigt er sich,
Einmal davongeflogen, womöglich nie wieder.

Dies Gedicht habe ich vor einer Seminarbibliothek in Yale einmal laut rezitiert, als sie mit einigen Minuten Verspätung geöffnet wurde, doch die in ihm enthaltenen Gedanken scheinen leider ihren Eindruck auf die Bibliothekarin verfehlt zu haben.

Wohl kann man die öffentliche Bibliothek von Lahaina nicht gerade eins der Forschungszentren der Welt nennen, doch finden sich dort einige alte Bekannte, Standardwerke, mit denen ich häufig gearbeitet habe. An den Tischen sitzen neue Bekannte wie der junge Mann, der seine Arbeit an der McGill-Universität aufgegeben hat und jetzt von morgens bis abends Lyrik liest, oder die Dame, die die neuesten Zeitschriften ›durcharbeitet‹, während sie darauf wartet, daß ein Segelschiff sie in die Abgeschiedenheit der Line-Inseln bringt. Allerdings bin ich seelisch gewappnet; ich werde mich nicht auf Unterhaltungen einlassen, sondern mich mit Gedanken über Erde, Luft, Feuer und Wasser und dem Zusammenhang zwischen ihnen beschäftigen.

Nachdem wir jetzt einige Fragen der Naturwissenschaft und Religion näher betrachtet haben, ist es Zeit für einen vorläufigen wissenschaftlichen Gesamtüberblick über die Welt, in der wir leben. Wenn das mit einem Mindestmaß an philosophischen Voraussetzungen geschieht, können wir uns erst einmal die angesammelten Informationen einverleiben und später darüber nachdenken, was sie bedeuten.

Nachdem wir uns die Kategorien der Geochemiker zu eigen gemacht haben, heißt der nächste Schritt: zusammenfassen, was jeweils auf diesen vier Gebieten geschieht. Betrachtet man die Lithosphäre flüchtig, könnte man vermuten, daß sich die interessantesten Abläufe auf der Erde beim Materie- und Energiefluß zwischen den Geosphären finden. Beginnen wir damit, den Weg des Wassers näher zu betrachten.

Die von den Ozeanen, Flüssen und Seen auf der Welt fortwährend empfangene und aufgenommene Sonnenenergie heizt das Wasser an der Oberfläche dieser Gewässer so auf, daß es verdunstet und als Dampf in die Atmosphäre aufsteigt. Während die Wassermoleküle in deren obere Schichten übergehen, geben sie Wärme ab, die zum

Teil in Form von Strahlungsenergie in den Weltraum ab-gestrahlt wird. Dabei kühlen sich die Wassermoleküle ab und kondensieren zu Wolken aus Wassertröpfchen. Im Laufe der Zeit werden die Wolken instabil und fallen in Form von Regen oder Schnee zur Erde. Das auf das feste Land gelangende Wasser läuft von der Oberfläche ab, gelangt in die Flüsse und von dort schließlich ins Meer. Wir beschreiben hier zweierlei Zyklen: den vom Wasser in die Luft und zurück ins Wasser sowie den vom Wasser in die Luft, von dort ins Grundwasser und anschließend in Flüsse und Meere. Das Beispiel zeigt zwei im Zusammenhang mit einem beständigen Austausch zwischen den Geosphären wirksame Prinzipien. Erstens müssen die Abläufe zyklisch erfolgen, weil sich sonst eine oder mehrere der ›Abteilungen‹ entleeren würde. Stünde beispielsweise nicht am Ende des Kreislaufs aus ›Übergang von Wasser in die Luft und zurück zum Land‹ das Abfließen von Oberflächenwasser, würde schließlich der feuchte Erdboden alles Wasser aufsaugen, und das System käme zum Stillstand. Das zweite, weniger augenfällige Prinzip besteht darin, daß eine innerhalb des Systems im Umlauf befindliche Energie diese zyklischen Materieflüsse in Gang hält. Im Kreislauf des Wassers wird diese Energie in Gestalt von Sonnenlicht aufgenommen und verläßt die Atmosphäre als in den Weltraum abgestrahlte Wärme. Materie zirkuliert in einem Kreislauf, und Energie fließt: Diese einfache Aussage ist zum Verständnis unserer Welt erforderlich. Ähnliches läßt sich auch für die Ökologie mit Bezug auf den wohlbekannten Kreislauf des Kohlenstoffs nachweisen.

Bei der Photosynthese, für die das Sonnenlicht die Energie liefert, gelangt Kohlendioxid aus der Atmosphäre in Pflanzenmaterial. Die Pflanzen werden von Tieren verzehrt oder zersetzen sich, und durch den Stoffwechsel, der nichts anderes ist als eine langsame Oxidation oder Verbrennung, gelangt Kohlendioxid zurück in die Atmosphäre. Diese biologischen Prozesse setzen Wärme frei, die schließlich als Teil der insgesamt abgestrahlten Energie von unserem Planeten in den Weltraum geht. Auch hier wieder zirkuliert Materie in einem Kreislauf und fließt Energie durch das System.

Naturwissenschaftlich ausgedrückt könnte man sagen, daß die großen Geosphären der Welt beständig Material miteinander austauschen und daß dieser Tausch zu einer gegenseitigen Verjüngung führt. Lebende Organismen übernehmen besonders intensiv Material aus anderen ›Abteilungen‹ und leiten es dorthin weiter. Diese Aktivität führt uns geradezu zum Grundgedanken dessen, worum es bei unserem Thema geht – die dynamischen Aktivitäten der Biosphäre sind so vollständig mit denen der Lithosphäre, Hydrosphäre und Atmosphäre verflochten, daß wir den Fortgang des Lebens auf der Erde eher als allgemeines Merkmal des gesamten Planeten und seines Sterns ansehen müssen statt als begrenztes Merkmal einzelner voneinander losgelöster Organismen. Den grundlegenden Gedanken für diese vollständig integrierende Betrachtungsweise des Planeten hat 1979 J. E. Lovelock in seinem Buch *Gaia* (der griechische Name der – weiblichen – ›Erdgottheit‹) formuliert. Darin heißt es: »Wir haben Gaia als komplexes Wesen definiert, das die Biosphäre, Atmosphäre, die Ozeane und den Boden der Erde einbezieht; die Gesamtheit bildet eine Rückkopplung oder ein kybernetisches System, das eine bestmögliche physikalische und chemische Umwelt für das Leben auf diesem Planeten sucht.« Ich vermag nicht allem zu folgen, was Lovelock über Eigenschaften der Selbstregulierung sagt, erkenne aber die Bedeutung seines Beitrags. Sie besteht darin, daß er den Zusammenhang der Lebensformen auf dem Planeten hervorhebt. Einige dieser Gedanken hat bereits fünfzig Jahre zuvor Lawrence J. Henderson in seinem Buch *Die Umwelt des Lebens* formuliert.

Das sind für die öffentliche Bibliothek von Lahaina

ziemlich hochfliegende Gedanken, aber das ist nun einmal das Hübsche an einer vollständig zusammenhängenden Sehweise der Welt – wo auch immer man steht, man befindet sich mitten im Geschehen.

Ein bei uns stets gegenwärtiges Merkmal, das bisweilen nicht erkannt wird, ist der vorher angesprochene Energiefluß, der die Antriebskraft für alle dynamischen Prozesse liefert und den Kreislauf der Materie ermöglicht. Abgesehen von meinem allmorgendlichen Dauerlauf und vom Tanken des Bootes Atomic 4, habe ich mich in letzter Zeit nicht viel um Energie gekümmert. Aber offenkundig ist die Zeit reif, dies äußerst wichtige Konstrukt näher zu betrachten und zu sehen, wie es in den Zusammenhang paßt. Während einer vor vielen Jahren auf Hawaii verbrachten ›Brachezeit‹ habe ich eine Monographie mit dem Titel *Energy Flow in Biology* (Energiefluß in der Biologie) verfaßt. Es handelt sich also um eine Art sehnsuchtsvollen Rückblick, wenn ich mich jetzt diesem Gegenstand zuwende. Allerdings beschränken sich die Gründe für mein Tun nicht auf diesen sehnsuchtsvollen Rückblick, denn der Energiebegriff ist von zentraler Bedeutung für ein Verständnis von *Erde*, *Luft*, *Feuer* und *Wasser*, ja sogar für die gesamte Physik, Chemie und Biologie.

›Energie‹ gehört zu den am häufigsten Wörtern unserer Zeit, ja sogar zu denen, die geradezu überstrapaziert und falsch angewendet werden. Allerdings scheint in keinem Zusammenhang ein Synonym wirklich imstande zu sein, dieselbe Vorstellung von Kraft und Dynamik zu vermitteln. Seit der Mitte des neunzehnten Jahrhunderts ist Energie der wichtigste Einzelbegriff in der Physik, und das Verständnis für jene Größe wurde zunehmend genauer entwickelt, ebenso wie die Fähigkeit, sie zu messen. Trotz allen heutigen Geredes über Energie geht es bei diesem Gegenstand unter anderem um subtile Vorstellungen, denen man sich äußerst zurückhaltend nähern muß. Ich möchte die Frage so stellen: »Wie würde ich den Leuten auf den Booten neben meinem Energie erklären, wenn sie bereit wären, mir zuzuhören?« Bisher habe ich nicht den Mut aufgebracht, das an Doug oder John auszuprobieren, aber es sähe wohl ungefähr so aus: *Energie* ist ein abstrakter Begriff; man kann sie weder sehen noch spüren, obwohl man für sie bezahlen muß. Es ist völlig ausgeschlossen, sich ohne Abstraktion ernsthaft mit ihr zu beschäftigen. Natürlich können wir, obwohl auch Liebe, Freude und Leid abstrakte Begriffe sind, diese gewöhnlich ohne weiteres verstehen, auch wenn es sich damit ganz anders verhalten mag, wenn sie uns selbst betreffen.

Kraft ist ein mit der Energie verknüpfter, aber leichter zu erfassender Begriff, denn wir haben die Möglichkeit, ihn auf die tägliche Erfahrung von Zug oder Druck zurückführen. In der Mechanik begann die Neuzeit damit, daß Isaac Newton 1690 dem Alltagsleben den Begriff Kraft entnahm und ihn in die formale Sprache der Mathematik dadurch übertrug, daß er sagte, die Stärke einer Kraft lasse sich daran messen, wie rasch sie einen materiellen Gegenstand beschleunigt. Für die Messung dieser Größen wurden ausgeklügelte technische Verfahren entwickelt. Sagen wir einmal, ich übe auf einen Gegenstand eine Kraft aus, indem ich beispielsweise den Spielzeugwagen eines Kindes ziehe. Dabei kann entweder einzeln oder zusammen dreierlei geschehen: Der Wagen beschleunigt; er bewegt sich gegen die Schwerkraft bergauf; die Achslager und Reifen erwärmen sich durch die Reibung.

Aus der Multiplikation der Kraft mit der Entfernung, über die sie einwirkt, ergibt sich die in Zusammenhang mit dem Wagen geleistete *Arbeit*. Sie ist mit der im Schweiße unseres Angesichts geleisteten verwandt, nur handelt es sich hier um eine formale mathematische Art, dem Begriff eine Zahl zuzuordnen. Zu einer Beschreibung dessen, wie ich bergauf einen Wagen hinter mir herziehe, gehört auch, daß ich eine Arbeit leiste, die in Bewegung, Gravitationspotential und Wärme umgewandelt wird. Diese Möglichkeit, das eine in das andere umzuwandeln, bedeutet, daß ein Zusammenhang zwischen Arbeit, Bewegung, Gravitationspotential und Wärme bestehen muß. Die Gemeinsamkeit zwischen ihnen besteht darin, daß sie alle Erscheinungsformen der Energie sind. Diese nicht auf der Hand liegende Schlußfolgerung wurde zwischen 1840 und 1850 mit großem geistigem Aufwand entwickelt. Der erste größere Durchbruch dabei war die Formulierung des Gesetzes von der Erhaltung der Energie (Energiesatz). Es besagt, daß die Menge der Energie in einem geschlossenen System (eines, in das nichts hinein- und aus dem nichts hinausgelangt) konstant ist. Wohl kann sie aus der einen in die andere Form umgewandelt werden, sie läßt sich aber weder erschaffen noch vernichten.

Interessanterweise erinnert mich der Hafen hier daran, daß wie die Evolutionstheorie auch der Satz von der Erhaltung der Energie Ergebnis einer langen Seereise war. Am 22. Februar 1840 stach von Rotterdam aus Julius Robert von Mayer, den manche den ›Propheten der Energie‹ genannt haben, als Schiffsarzt auf dem Segler *Java* nach Indonesien in See. Was dann folgte, hat Robert Bruce Lindsay, ein Biograph Mayers, berichtet.

Drei Monate dauerte die Reise ... der Schiffsarzt hatte nicht viel zu tun und kam nur wenig mit den Schiffsoffizieren zusammen ... Er verbrachte einen großen Teil seiner Zeit mit der Lektüre wissenschaftlicher Bücher, die er mit an Bord genommen hatte. Doch scheint ihn nichts darin auf die Entdeckung vorbereitet zu haben, die er kurz nach der Ankunft auf der Reede von Surabaya vor Ostjava machte. Überrascht stellte er fest, als er einige der Matrosen des Schiffs zur Ader ließ, daß das Blut aus deren Venen von weit hellerem Rot war als erwartet, so daß er zuerst annahm, er habe eine Arterie getroffen. Aus Unterhaltungen mit in Ostindien ansäs-

sigen Ärzten jedoch ergab sich, daß seine Beobachtung richtig war und daß sie in den Tropen häufig gemacht wurde. Diese gegen Mitte Juli 1840 von Mayer gewonnene Erkenntnis bildete den Ausgangspunkt für eine ganze Gedankenkette; sie fand ihren Höhepunkt in der Verallgemeinerung des Energiebegriffs. Der Grad der Rotfärbung des venösen Blutes wies auf eine geringere Verbrennung der verzehrten Nahrung und damit auf eine geringere Wärmeproduktion des Körpers hin. Wer in den Tropen lebt, braucht nicht soviel Wärme und verbrennt daher auch nicht soviel Nährstoffe. Diese Erkenntnis lieferte Mayer den zündenden Funken für ein Gedankengebäude, bei dem auch die körperliche Arbeit eine Rolle spielt... Nachdem er erst einmal auf dies biophysikalische Rätsel gestoßen war, ließ es ihn mit allen sich daraus ergebenden naturwissenschaftlichen Konsequenzen für den Rest seines Berufslebens nicht mehr los.

Nach Europa zurückgekehrt, machte sich Mayer daran, seine Abhandlung über die quantitative und qualitative Bestimmung von Energieformen zu verfassen. In ihr wurde erstmals der Energiesatz in allgemeiner Form niedergelegt.

Würde ich John oder Doug auf diese Weise etwas über Energie berichten, dürften sie wohl allmählich unruhig werden, und ich müßte ihnen ein Bier spendieren, damit sie mir weiter zuhörten. Da ich meinen Lesern kein Bier anbieten kann, muß ich sie an die grundsätzliche Bedeutung eines Verständnisses dessen, was Energie eigentlich ist, erinnern wie auch daran, daß man ohne ein Grundverständnis für die mit der Energie zusammenhängenden wesentlichen Tatsachen nur schwer ernsthaft über irgendeinen wissenschaftlichen Gegenstand nachdenken kann – es sei denn, man sammelte Schmetterlinge. Wer sich mit diesem Gebiet ernsthaft beschäftigt, kommt im übrigen ebenfalls nicht umhin, den Energiehaushalt der Schmetterlinge mit einzubeziehen.

Der Energiesatz läßt sich mit einem Beispiel erläutern. Nehmen wir an, ein Gewicht hängt an einem Seil, das von einem Baum meines Bootes gehalten wird. Hebe ich das Gewicht am straffgehaltenen Seil, leiste ich Arbeit gegen die Schwerkraft. Mithin besitzt das Gewicht Schwerkraftenergie (potentielle Energie). Lasse ich es jetzt los, schwingt es wie ein Pendel hin und her. Am unteren Ende der Pendelbewegung besitzt es keine potentielle Energie über die hinaus, die es ursprünglich besaß, dafür aber hat die Geschwindigkeit ihren Höchstwert erreicht. Mithin ist jetzt die gesamte Energie des Gewichts Bewegungsenergie (kinetische Energie). Am oberen Umkehrpunkt der Pendelbewegung kommt die Bewegung für einen kurzen Augenblick zum Stillstand; es gibt keinerlei kinetische Energie mehr, aber die potentielle Energie hat ihren Höchstwert erreicht. Sie wechselt zwischen diesen beiden Formen hin und her, doch schwingt das Gewicht bei jeder Pendelbewegung etwas weniger hoch als zuvor. Da Reibung in der Luft und am Segelbaum Wärme erzeugt, steht immer weniger potentielle Energie zur Verfügung, bis das Gewicht schließlich aufhört zu pendeln. Nun ist die gesamte Energie im Wärme umgewandelt.

Eine aus einer Batterie, einem Elektromotor, einer Anzahl Seilscheiben, einem Gewicht und einem Generator bestehende Versuchsanordnung soll als zweites Beispiel dienen. Zunächst ist die gesamte Energie ein in der Batterie gespeichertes chemisches Potential, das zum Antrieb des Motors und damit zum Heben des Gewichts genutzt werden kann. Ein Teil der Energie existiert jetzt in der Erscheinungsform eines Gravitationspotentials. Das Gewicht läßt sich so anhängen, daß es beim Herabfallen den Generator in Umdrehung versetzt, wobei die Bewegungsenergie in elektrische Energie umgewandelt wird, die man zum Laden der Batterie nutzen kann. Dieser Zyklus läßt sich mehrfach wiederholen, doch wird jedesmal ein Teil der Energie in Wärme umgewandelt, bis schließlich die Batterie vollständig entladen und das ursprüngliche chemische Potential gänzlich verbraucht ist.

Diese Beispiele belegen eine weitere Eigenschaft der Energie – ihr Bestreben, den Zustand der Wärme aufzusuchen. Es ist vergleichsweise leicht, eine Energieform in eine andere umzuwandeln, aber nur schwer läßt sich Wärme mit hohem Nutzungsgrad in andere Energieformen zurückverwandeln. Selbstverständlich besteht die Möglichkeit der Umwandlung: Das sieht man an Wärmekraftmaschinen. Nur hat es bisher niemand fertiggebracht, einen Motor zu konstruieren, der imstande wäre, mehr als einen vergleichsweise geringen Bruchteil der Wärmeenergie eines Systems in potentielle oder andere Energie umzuwandeln. Ein Physiker kann diesen Bruchteil mit Hilfe einer mathematischen Formel berechnen, die vor mehr als hundertfünfzig Jahren entdeckt wurde.

Bei der Wärme handelt es sich insofern um etwas Besonderes, als es dabei um eine Energie im Zusammenhang mit der Bewegung von Atomen und Molekülen auf einer dem Mikroskop nicht mehr zugänglichen Ebene geht. Die nicht für Arbeit verfügbare Energiemenge wird mittels einer weiteren abstrakten Größe genau gemessen, der Entropie. Sie war ursprünglich eingeführt worden, um den Wirkungsgrad von Maschinen darzustellen, aber inzwischen wissen wir, daß es sich bei ihr um etwas ganz Besonderes handelt, denn mittels ihrer kann man das Ausmaß an Unordnung von Materie auf der atomaren und molekularen Stufe messen.

Das Bestreben jeglicher Energie, sich dem Zufall gehorchend in Gestalt kinetischer Energie unter Molekülen zu verteilen, ist die Grundlage des berühmten zweiten Hauptsatzes der Thermodynamik. Es gibt nahezu ebenso viele Darstellungen dieses Satzes wie Vertreter der Thermodynamik, aber jedem von ihnen ist klar, daß die Entropie in einem isolierten System zunimmt. Das bedeutet, von einem Körper mit höherer Temperatur fließt Wärme zu einem solchen mit geringerer Temperatur, und die Moleküle gelangen aus einem Zustand höherer Konzentration in den einer geringeren. In einem dem Gleichgewicht zustrebenden System befinden sich die Moleküle im Zustand der höchsten Unordnung, die sich mit den Bedingungen, unter denen er beibehalten wird, vereinbaren läßt. Sobald das Gleichgewicht eintritt, ist alles vollständig homogen, und nichts Aufregendes kann mehr passieren.

An dieser Stelle würde ich Doug oder John erst einmal ein weiteres Bier einschenken, bevor ich weitermachte. Die herkömmliche Thermodynamik gründet sich auf zwei große Verallgemeinerungen, die Erhaltung der Energie (der erste Hauptsatz) und die Zunahme der Entropie (der zweite Hauptsatz). Mit Hilfe dieser Grundsätze läßt sich viel über im Gleichgewicht befindliche Systeme erfahren. Entweder befinden sie sich in einem Wärmebad von gleichbleibender Temperatur (isothermes System) oder voneinander getrennt in Behältern, die so isoliert sind, daß keinerlei Wärmefluß möglich ist (adiabatisches System). Gestützt auf eine begrenzte Menge von Angaben über diese Systeme, ermöglicht es die Thermodynamik, zusätzliche Informationen über Größen wie Druck, Temperatur, Dichte, Konzentration, Oberflächenspannung und Elektrodenpotentiale zu berechnen und damit vorherzusagen.

Seltsamerweise wurden die hier angesprochenen Hauptsätze der Thermodynamik etwa zu der Zeit formuliert, als auch die Evolutionstheorie veröffentlicht und diskutiert wurde. Das führte zu einem offenbaren Widerspruch zwischen Physik und Biologie, dessen Auswirkungen heute spürbar sind. Die für die unbelebte Materie geltenden Gesetze besagen, daß sich die Welt hin zu einem Zustand höchster Unordnung bewegt, während sich in der Geschichte des Lebens ein Fortschreiten von der Stufe der Einfachheit zu immer komplexeren Formen bis hin zum *homo sapiens* zeigt, eine Gruppe von Objekten, deren Auftreten physikalisch gesehen äußerst wenig wahrscheinlich ist. Die Evolution spricht von Fortschritt und Aufstieg, während der zweite Hauptsatz ein Absinken hin zur Unordnung bis zum schließlichen Hitzetod unseres Universums voraussagt.

Diese Diskrepanz hat der Physiker Ludwig Boltzmann vor über hundert Jahren überdacht und gelöst. Da sonderbarerweise viele seine Lösungen nicht zur Kenntnis genommen haben, entwickeln noch heute zeitgenössische Autoren phantastische und abenteuerliche Vorstellungen über Entropie und Evolution. Verkünder von Gottes Wort, Anhänger der Evolutionstheorie, Umweltschützer und Wirtschaftsfachleute verstehen häufig das Problem der Thermodynamik falsch und gelangen hinsichtlich des Lebens und des zweiten Hauptsatzes zu seltsam anmutenden Schlußfolgerungen. Die Lösung ist weit einfacher, als die Mehrzahl der Zukunftsforscher und entropiegläubigen Pessimisten annimmt, und weit weniger wunderbar als das, was Fundamentalisten zu akzeptieren bereit sind.

Der zweite Hauptsatz der Thermodynamik besagt, daß isolierte Systeme mit eigenem Energiehaushalt ebenso wie von einem gleichförmigen Wärmebad umgebene (isotherme) Systeme zu einem Höchstmaß an Unordnung der Moleküle streben. Es scheint kein Anlaß zu bestehen, daß wir diesen Satz in Frage stellen. Alle diesbezüglichen experimentell gewonnenen Hinweise lassen ihn heute als ebenso gültig erscheinen wie in der Mitte des neunzehnten Jahrhunderts, als er zum erstenmal formuliert wurde. Nur hat die Sache einen Haken: Wir haben es außer unter Laborbedingungen fast nie mit isolierten oder isothermen Systemen zu tun, so daß dieses Gesetz lediglich eine begrenzende Annäherung für eine bestimmte und recht beschränkte Anzahl von Situationen bedeutet. Die Thermodynamik liefert zwar tiefgehende Erkenntnisse, doch müssen wir stets Vorsicht walten lassen, wenn wir sie auf

Situationen anwenden, für die ihre Gültigkeit nachgewiesen ist.

In der Alltagswelt geht es nicht um Gleichgewichtszustände, sondern um Objekte, bei denen Energie aus den Quellen, denen diese wunderbare Sache entstammt, zu Stellen fließt, die man Endlager oder auch salopp analog zur Müllkippe ›Energiekippe‹ nennen könnte. Als eine solche muß man sich ein Objekt mit niedriger Temperatur vorstellen, bei dem die Energie nur in einer Richtung fließt: hinein, aber nicht wieder hinaus. Für Strömungssysteme ergibt sich eine neue qualitative Regel, die man als vierten Hauptsatz der Thermodynamik bezeichnet hat. Sie besagt, daß sich Vermittlersysteme mit einem Energiefluß von einer Quelle zu einer ›Kippe‹ selbst organisieren. Der Energiefluß bewirkt eine Ordnung in dem System, durch das er hindurchgeht. Obwohl dem vierten Hauptsatz die mathematische Genauigkeit abgeht, mit der sich die anderen Hauptsätze der Thermodynamik formulieren lassen, ist er um nichts weniger gültig und ebenso fest wie jene in den Gesetzen der Physik verwurzelt, auf die sich sowohl die Biologie wie auch die Erdwissenschaft gründen. Unmöglich vermögen wir genau vorauszusagen, welche Art der Organisation sich auf einem Planeten ergeben wird, da sie von molekularen Einzelheiten abhängt, doch dürfen wir sicher sein, daß sich unter der Einwirkung eines Energieflusses die Oberflächen von Planeten oder jedes andere System eher zu organisierteren Zuständen hin entwickeln werden. Der vierte Hauptsatz ist eine für unsere Zeit neue Erkenntnis, und er macht all die Ordnung, die wir um uns herum sehen, zu einer natürlichen Sache.

Diese neue Regel der Thermodynamik verstößt in keiner Weise gegen deren zweiten Hauptsatz. (Falls sich jetzt jemand fragt, wieso wir uns nicht um den dritten Hauptsatz kümmern – bei ihm geht es um etwas gänzlich anderes, nämlich um die Entropie reiner Substanzen beim absoluten Nullpunkt. Das aber ist für die hier behandelte Frage nicht von zentraler Bedeutung.) Wenn wir die Quellen und Endlager der Energie mit einbeziehen, bilden alle Teile gemeinsam ein isoliertes System, und die Gesamtentropie des Ganzen nimmt zu. Es kann also ohne weiteres eine an gewissen Stellen eintretende Ordnung geben, eine örtliche Abnahme der Entropie zu Lasten einer Entropiezunahme an der Quelle und an der Deponie. Da das bekannte Universum einerseits Energiequellen wie die Sterne enthält und andererseits die riesige Energiekippe des interstellaren und intergalaktischen Raumes, unterliegen andere Gegenstände wie beispielsweise Oberflächen von Planeten einem beständigen ordnenden Einfluß und werden fern dem Zustand des Ungleichgewichts gehalten, bei dem die Entropie ihren höchsten Grad erreichen würde.

Der Planet Erde verfügt über drei Hauptenergiequellen und eine große Kippe. Der größte Energiefluß kommt von der Sonne. Damit, daß sie uns täglich in einer ungeheuren Menge elektromagnetischer Strahlung badet, setzt sie alle Prozesse in Gang, die in der Atmosphäre, Hydrosphäre und Biosphäre stattfinden, und trägt auf diese Weise auch zu denen in der Lithosphäre bei. Die zweite Hauptenergiequelle ist die Wärme, die durch den Zerfall radioaktiver Kerne im Inneren des Planeten entsteht. Sie liefert die Antriebskraft für einen großen Teil der dynamischen Prozesse, die in den festen Bestandteilen des Planeten ablaufen: der Kreislauf der Lithosphäre und die tektonische Bewegung. Als dritte Energiequelle fungieren die Mechanik des Sonnensystems und die Schwerkraftwechselwirkung zwischen allen Himmelskörpern. Deren Auswirkungen erlebe ich täglich, wenn ich von unterschiedlich hoch gelegenen Stellen am Ufer ins Boot steige, weil die Flut die am Hafen vertäuten Wasserfahrzeuge regelmäßig hebt und senkt. Die Hydrosphäre wird am stärksten von dieser Schwerkraftwechselwirkung betroffen, aber auch die anderen Bereiche spüren die Auswirkungen der Anziehungskraft, die von Sonne und Mond ausgeht.

Die Kippe für die Energie von der Erde bildet die kalte Schwärze des Weltraums, die aus der oberen Atmosphäre einen beständigen Strom infraroter Strahlen (Wärmestrahlung) aufnimmt. Alle Arten von eingesetzter Energie werden letztlich zu Wärme, die dann in Form infraroter Strahlung von der Erde auf die kosmische Kippe gelangt. Der Durchfluß von Energie führt zur Organisation aller Geosphären und gewährleistet mithin, daß es auf dem Planeten zu einer chemischen und physikalischen Organisation kommt. Diese wiederum liefert die Antriebskraft für die jeweiligen Zyklen und stellt eine Beziehung zwischen den Abläufen in einer ›Abteilung‹ und denen in allen anderen her. Die Art und Weise, wie das geschieht, bedarf ebenso wie die Bedeutung jener durch Energie bewirkten Organisation weiteren Nachdenkens und weiterer Untersuchung.

Vor vielen Jahren schrieb ich auf einer Nachbarinsel:

Der Zweck dieses Buches besteht darin, Nachweise für die allgemeine These zu behandeln und vorzulegen, daß der durch ein System gehende Energiefluß zu einer Organisation dieses Systems führt. Die Begründung für diese Sehweise entstammt der Biologie und geht auf den Versuch zurück, eine physikalische Erklärung für den ungeheuer hohen Grad molekularer Ordnung zu finden, dem wir in lebenden Systemen begegnen. Beginnend mit der Untersuchung des Energieflusses in einer Anzahl einfacher Systemmodelle, werden wir uns bemühen, den Nachweis zu führen, daß sich die Entwicklung der molekularen Ordnung aus bekannten Grundsätzen der heutigen Physik herleiten läßt und ohne die Einführung neuer Gesetze auskommt.

Zwar stehe ich nach wir vor hinter diesen Worten, doch erstrecken sich diese Gedanken inzwischen auch auf den Kosmos. Universum und Leben stehen in engerer Beziehung zueinander, als mir damals klar war.

Für diesen Tag ist meine Schreibarbeit zu Ende. Die Bibliothekarin sieht zur Uhr hin, der Zeitvogel ist davongeflogen. Da es ein wunderschöner sonniger Nachmittag ist, schlendere ich die Hafenstraße entlang, ohne auf die Touristen zu achten. Ich bin inzwischen eine Art Einheimischer und habe Zutritt zum Allerheiligsten, dem Yachtclub. Dort sitze ich auf der Veranda und lasse genußvoll die Sonnenenergie auf mich einwirken, die verschwenderisch auf Lahaina herniedergeht. Ein Bekannter kommt und überredet mich zu einer Partie Poolbillard. Dabei werde ich daran erinnert, daß mein theoretisches Wissen über den Momentansatz größer ist als meine Fähigkeit, ihn anzuwenden.

7
Angepaßtheit und planvoller Entwurf

Für meine geistige Odyssee nach Lahaina fand als erstes Buch Lawrence J. Hendersons *Die Umwelt des Lebens* Aufnahme in meiner beweglichen Bibliothek. Gerade habe ich diese klassische Monographie wieder gelesen und würde gern die Gründe dafür anführen, warum ich sie für dies Jahr auf den Spitzenplatz meiner weltlichen Habe setze. Dazu ist ein Ausflug in die Geschichte erforderlich.

Die Suche nach einem spirituellen Sinn innerhalb der Naturwissenschaft ist keineswegs neueren Datums. Die Vorstellung eines solchen Sinns war im achtzehnten und neunzehnten Jahrhundert, dem Zeitalter zwischen Newton und Darwin, recht weit verbreitet. Eins der besten Beispiele dafür, wie eifrig man danach suchte, waren die schon früher angesprochenen Bridgewaterbücher aus dem ersten Drittel des vorigen Jahrhunderts. Diese Werke zur Naturtheologie wurden von herausragenden Naturwissenschaftlern mit der Absicht verfaßt, die Existenz des Schöpfers aus einer Untersuchung seiner Schöpfung heraus nachzuweisen.

Diese Literatur stützte sich im wesentlichen auf die Vorstellung, es gebe einen planvollen Schöpfungsentwurf, und daher brauche nur die Welt um uns herum näher in Augenschein zu nehmen, wer erkennen wolle, daß ihre Entstehung keinesfalls auf einen blinden Zufall zurückgeht, sondern das Ergebnis einer schöpferischen Intelligenz ist. Doch führten die frühen Anhänger dieser Sehweise ihr Argument stets mindestens einen Schritt über diese ursprüngliche Annahme hinaus und stellten eine Kette von Folgerungen auf, die in etwa so aussah: Die beobachtete Welt setzt eine schöpferische Intelligenz voraus – sprich: einen Schöpfer – sprich: den jüdisch-christlichen Gott – sprich: die etablierte Kirche.

Diejenigen unter den Naturwissenschaftlern, die die zweite, dritte oder vierte dieser Schlußfolgerungen ablehnten, wollten von der gesamten Gedankenkette nichts wissen und unterließen es damit zugleich, dem ersten Schritt, der die Existenz eines planvollen Entwurfs behauptet, die Beachtung zu schenken, die er verdient.

Mit Bezug auf die Ergebnisse Darwins wie auch die der Geologen des neunzehnten Jahrhunderts taten zahlreiche Naturwissenschaftler die in den Bridgewaterbüchern enthaltenen Argumente als theologische Sophisterei ab. Das auf die Pläne des ›Geschaffenen‹ gestützte Argument für einen ›Schöpfer‹ wurde in Bausch und Bogen mit der Begründung zurückgewiesen, die Angepaßtheit oder Eignung im Darwinschen Sinne (›fitness‹) bewirke dieselbe bemerkenswerte Anpassung von Organismen an die Gesetze der Natur und die auf dem Planeten herrschenden Grenzbedingungen. Wissenschaftler führten einen erbitterten Grabenkrieg mit etablierten Religionen und wandten sich instinktiv von allen Aussagen ab, in denen es um Fragen der Ordnung oder des Zwecks ging. Doch enthielten die eingeführten Begriffe ›Überlebenswille‹ oder ›Drang nach Anpassung‹ eine von Evolutionsbiologen wie Thomas Huxley und Ernst Haeckel absichtlich übergangene teleologische Komponente. Sie setzten an die Stelle einer religiös geprägten eine naturwissenschaftlich bestimmte Metaphysik, ohne sich über diese Auswechslung klarzuwerden.

Dann aber wurden 1913 die Begriffe ›Eignung‹ und ›planvoller Entwurf‹ aus einer neuen wissenschaftlichen Perspektive noch einmal überprüft. Der herausragende Philosoph Lawrence J. Henderson, Professor in Harvard, ist der Verfasser des in die Tiefe gehenden Buchs über diese kontroversen Fragen, das gerade jetzt vor mir liegt. Vierundsechzig Jahre zuvor hatte Charles Darwin mit seinem Werk *Über den Ursprung der Arten* den Begriff der ›fitness‹, also Eignung oder Angepaßtheit, als Kriterium für den Erfolg beim Kampf ums Überleben in der Natur eingeführt. Neue Spielarten, die im Pflanzen- oder Tierreich auftreten, vermehren sich oder gehen unter, je nachdem, ob sie mehr oder weniger angepaßt waren als die Wettbewerber. Diese ›fitness‹ ist kein absoluter Begriff, sondern mißt das relative Überleben verschiedener biologischer Unterarten unter bestimmten Bedingungen in einer bestimmten Umwelt (Habitat). Generationen von Anhängern der Evolutionstheorie hatten bereits darauf hingewiesen, daß der Begriff von ›Überleben der am besten Angepaßten‹ als Argument für die Evolution eine Art Zirkelschluß bedeutet, da uns zum Feststellen des Grades der Angepaßtheit häufig keine anderen Kriterien zu Gebote stehen als das des bloßen Überlebens. Dennoch bildeten Darwins Gedanken einen einheitlichen Rahmen für das biologische Denken, so daß 1913 die Biologie durch und durch von der Evolutionstheorie beherrscht war.

Gleichzeitig mit dem Aufstieg und Triumph der Evolutionstheorie Darwins entwickelte sich die Physiologie als hochkomplizierte Wissenschaft. Sie nutzte die Erkenntnisse von Physik und Chemie, um die Mechanismen biologischer Aktivitäten auf allen Ebenen zu erklären. Henderson ist in diesem Zusammenhang als einer der führenden Köpfe anzusehen, und einige seiner Arbeiten über biophysikalische Chemie gelten noch heute als Standardwerke. Er beschäftigte sich unter Rückgriff auf das neue Wissen der physikalischen Chemie und der sich allmählich entwickelnden Atomtheorie erneut mit der Frage der »fitness« und untersuchte das Argument eines planvollen Entwurfs nicht von einem theologischen Stand-

127

punkt aus, sondern aus einem tief wurzelnden Verständnis der Naturwissenschaft, wobei er sich der Konstrukte Materie, Energie, Raum und Zeit bediente. Er schrieb, und zwar im Jahre 1913, lange bevor es eine Ökologie im allgemeinen Sinne gab:

Doch obwohl zu Darwins Begriff von der ›fitness‹ ebenso das gehört, was anpaßt, wie das, was angepaßt wird, oder genauer gesagt, eine Gegenseitigkeitsbeziehung, pflegen Biologen seit Darwin lediglich darauf zu achten, in welcher Weise lebende Organismen an eine Existenz in ihrer Umwelt angepaßt sind. Sie sehen die Umwelt in ihrer Vergangenheit, Gegenwart und Zukunft nicht als unabhängige Variable, und in keine der neueren Erwägungen hat der Gedanke Eingang gefunden, daß man überlegen müsse, ob nicht zufällig das materielle Universum gleichfalls Gesetzen unterliegt, die im weitesten Sinne bei der organischen Entwicklung von Bedeutung sind. Es muß im Organismus selbst Angepaßtheit wie auch in seiner Umwelt geben.

Er wies nicht auf das Ausmaß hin, in dem sich Organismen ihrer Umwelt anpassen. Das tat später J. E. Lovelock in seinem Buch *Gaia*, in dem er zeigt, daß Organismen ihre Umwelt beeinflussen und stabilisieren. Dieser Hinweis erweitert Hendersons Argument und liefert eine vernünftige Begründung für den Zustand der Angepaßtheit zwischen beiden.

Henderson trägt seine Argumente in der Sprache der Naturwissenschaft vor und beschwört uns, nicht nur die Fähigkeit von Organismen bei ihrer Anpassung an die Umwelt zu untersuchen, sondern auch die Merkmale dieser Umwelt, die ein Leben möglich machen. Um diese Erkenntnisse richtig einzuschätzen, bedenke man, daß er sein Buch vor der Veröffentlichung von Niels Bohrs Quantentheorie verfaßte und vier Jahre vor der Valenztheorie, die eine Erklärung für die Bindung der Atome in den Molekülen liefert. Die Biochemie steckte noch in den Kinderschuhen und wartete auf Anstöße aus der organischen Chemie. Die Mehrzahl der Geologen hielt Kontinente und Ozeane für unveränderliche Bestandteile der Erdoberfläche, und Ökologie war nichts als ein Wort; sie hatte bei weitem noch nicht den Status einer Wissenschaft erreicht. So sah der Rahmen aus, in dem Henderson seine Ansichten zur ›fitness‹ vortrug.

Materie begriff man im Jahre 1913 so, wie sie sich in der Periodentafel der Elemente findet mit ihrer wohlgeordneten Aufzählung chemischer Merkmale. Man sah als deren Grundbausteine die Atome an und klassifizierte diese entsprechend dem Atomgewicht – die Darstellung der Ordnungszahlen der Atome wurde gerade erst erarbeitet. Worum es bei der Energie ging, war ziemlich klar, denn die Gesetze der klassischen Thermodynamik lagen bereits zu Hendersons Studententagen im wesentlichen vollständig vor. Von der Atomenergie wußte man noch nichts, und die Quelle für die von der Sonne ausgehende Kraft bezeichenete Henderson in seinen Büchern bescheiden als ›unbekannt‹. Die Vorstellungen von Raum und Zeit waren noch die der Physik des neunzehnten Jahrhunderts.

Inwiefern der Ausgangspunkt dieses Physiologen eher naturwissenschaftlich als philosophisch war, läßt sich an seinen Worten erkennen: »Aber wir können kaum annehmen, daß unsere gegenwärtigen Vorstellungen für unseren gegenwärtigen Zweck unzulänglich sind oder daß die Materie, was das Leben betrifft, etwas anderes ist als die Elemente der Periodentafel und die Energie etwas anderes als jene Anzahl von Größen, auf die wir die Gesetze der Thermodynamik und das anwenden, was wir seit Euklid wissen.«

Mit Hilfe physikalischer Kriterien betont Henderson die Sehweise des Biologen vom Organismus, eine durch das Hindurchfließen von Materie und Energie erhaltene dauerhafte und komplexe Gestalt. Er formuliert die Aufgabenstellung: »In welchem Ausmaß begünstigen die Eigenschaften von Materie und Energie sowie die kosmischen Prozesse die Existenz von Mechanismen, die komplex, in hohem Maße geregelt sein und mit geeigneter Materie und Energie als Nahrung versorgt werden müssen? Sofern sich zeigt, daß die zur Erfüllung dieser Forderungen des Lebens nötige Angepaßtheit der Umwelt groß ist, können wir fragen, ob sie so groß ist, daß wir sie vernünftigerweise nicht für zufällig halten dürfen, und schließlich untersuchen, welche Art von Gesetz eine solche Angepaßtheit der Natur der Dinge zu erklären vermag.«

Die Frage heißt, ob das Leben mit all seinen Verwicklungen und Komplexitäten eine durch blind waltende Ereignisse ins Leben gerufene zufällige Erscheinungsform oder eine grundlegendere Erscheinungsform der natürlichen Welt ist. Müssen wir bei der Beschäftigung mit den komplexen und miteinander verflochtenen Aspekten des Lebens auf dem Planeten alles einfach auf zufällige Ereignisse zurückführen, oder sollen wir mit Bezug auf uns und den Kosmos nach einem tieferen Sinn suchen? Angesichts des vorliegenden Materials entschied sich Henderson für die letztere Vorgehensweise. Auch ich tue das, aber diese Bindung an den Sinn wird erst deutlich, nachdem man sich intensiv um unser heutiges Verständnis der Physik und Chemie des Lebens und der daraus resultierenden Anwendungen in der Biologie bemüht hat.

Mit Henderson als Mentor beginnt man, die frühen Grundlagen der Naturwissenschaft zu erkunden. Auch wenn diese Einzelheiten für unsere Betrachtungsweise nicht unbedingt erforderlich sind, so zeigen sie doch die Klugheit der im Kosmos wirkenden Intelligenz. Die Hypothese ist weit überzeugender, wenn wir sehen, wie alle Teile des Zusammensetzspiels an ihren Platz passen. Das Universum ist in einzelnen Abläufen wie auch im großen Zusammenhang äußerst eindrucksvoll.

Das Werk *Die Umwelt des Lebens* beschäftigt sich mit dem Sonnensystem, den Besonderheiten des Wassers, den Eigenschaften des Kohlendioxids, der Gestalt und den Strömungsmustern der Ozeane und der Chemie der verschiedenen Kohlenstoff-, Wasserstoff- und Sauerstoffverbindungen. Nach einer ins einzelne gehenden Analyse dieser Gegenstände im Licht der Naturwissenschaft seiner Epoche wendet sich Henderson der Frage zu, ob ausschließlich die Erde Leben zuläßt oder ob sich andere Arten der Umwelt als gleichermaßen bewohnbar erweisen könnten. Er konzentriert sich insbesondere auf das Auftreten großer Mengen von Wasser und Kohlendioxid außen auf der festen Kruste von Himmelskörpern. Nach einer ziemlich langen und detaillierten Behandlung der besonderen Merkmale der Erde kommt er zu dem Ergebnis, daß »die oben aufgeführten Eigenschaften der Umwelt Komplexität, Regelung und Stoffwechsel fördern und begünstigen, welche drei grundlegende Kennzeichen des Lebens sind«.

Henderson vergewissert sich, daß er den Gegenstand erschöpfend behandelt und kein wichtiges physikalisches Merkmal vernachlässigt hat, daß keine anderen chemischen Verbindungen die Aufgabe erfüllen könnten und keine anderen Kombinationen aus Elementen des Periodensystems so gut zusammenwirken würden. Schließlich kommt er zu dem Ergebnis, daß das Leben auf die eine oder andere Weise ein Merkmal des sich entwickelnden Universums sei und »daß genetische und evolutionäre Eigenschaften kosmischer wie auch biologischer Art, wenn man sie unter gewissen Aspekten betrachtet, eine einzige geordnete Entwicklung bedeuten, die nicht einfach zufällige Ergebnisse bewirkt, sondern solche, die den von uns im menschlichen Tun als zweckgerichtet betrachteten ähneln«.

Hendersons Argumentationskette begann mit den seinerzeit gängigen Theorien und Beobachtungen der Naturwissenschaft. Er akzeptierte die Betrachtungsweise seiner Zeit voll und ganz und fragte dann: »Können wir durch eine Untersuchung dieser Ergebnisse eine Metatheorie formulieren, die uns eine erweiterte Sicht ermöglicht?« Nachdem er diese Frage bejaht hatte, begann er, tastend nach dieser Metatheorie zu suchen, mit deren Hilfe wir mehr über uns selbst und den uns zugewiesenen Platz im Universum erfahren sollten. Die Kenntnis der materiellen Welt braucht uns nicht von eher spirituellen Erwägungen abzubringen; sie kann uns sogar zu ihnen hinführen.

Es ist jetzt über siebzig Jahre her, daß der bedeutende Physiologe seine Ansichten formuliert hat. Unser Wissen auf dem Gebiet der Biologie und Biochemie ist unendlich breiter gefächert als zu seiner Zeit und erstreckt sich bis hinab auf die Organisationsstufe der Atome und Elektronen. Unser Verständnis vom Planeten und vom Universum unterscheidet sich grundlegend von allem, was man sich zu Anfang des Jahrhunderts vorstellte. Mit all diesen wissenschaftlichen Durchbrüchen scheint sich unser Sinn für die Wechselbeziehung oder gegenseitige Angepaßtheit immer stärker zu vertiefen. Das Zusammensetzspiel besteht inzwischen aus weit mehr Teilen als zuvor, doch ist die Art, wie sie zusammenpassen, so verblüffend wie eh und je.

In gewissem Maße ist die Vorgehensweise in diesem Buch eine Neubetrachtung von Hendersons Gedanken im Licht der modernen Naturwissenschaft, modifiziert durch Lovelocks Vorstellungen über die von Organismen auf ihre Umwelt ausgeübten Einflüsse. Ich schließe mich Hendersons Ansicht an, daß weder Naturwissenschaftler noch Philosophen die bemerkenswerte Wechselbeziehung zwischen Organismen und ihrer Umwelt übergehen dürfen.

Unter heutigen Naturwissenschaftlern ist die Kenntnis von *Die Umwelt des Lebens* nicht besonders verbreitet, und viele von ihnen lehnen aus methodologischen Gründen die Vorstellung einer Zielgerichtetheit ab. Doch wahrscheinlich ist das voreilig. Mein Exemplar von Hendersons Werk bleibt hier in der Hauptkabine als Ansporn, in dieser Angelegenheit fortzufahren.

8
Propädeutik

Auf einer bestimmten Stufe wird das Leben mit Hilfe seiner Urbestandteile beschrieben; am anderen Ende der Skala geht es um Bäume, Vögel, Insekten, Bakterien sowie die anderen Vertreter der faszinierenden Flora und Fauna, die sich überall auf unserem Planeten in einer Vielzahl von Habitats finden. Auf beiden Ebenen, der molekularen wie der ökologischen, geht es um dasselbe Leben, und eine unserer Aufgaben bei der Darstellung von ›Erde, Luft, Feuer und Wasser‹ besteht darin, zu zeigen, wie deren Beziehung zueinander aussieht. Auf der ökologischen Stufe steht die Biosphäre in einer Wechselbeziehung mit den anderen geochemischen Sphären, aber eine Angepaßtheit auf der makroskopischen Ebene muß letztlich Vorgänge auf der molekularen Ebene spiegeln. Ein eindrucksvolles Merkmal des Lebens auf der Erde ist die Art, wie in großem Maßstab ablaufende Gesamtprozesse und Wechselwirkungen zueinander passen. Dies Zueinanderpassen führt uns zu einigen unserer philosophischen Erwägungen, und um es richtig einzuschätzen, ist ein gewisses Verständnis naturwissenschaftlicher Grundlagen unerläßlich.

Eines der Wörter, für die ich schon immer eine Schwäche hatte, ist ›Propädeutik‹. Es trägt mir viel Ärger ein, weil sich Angehörige des akademischen Lehrkörpers leicht über jemanden ärgern, der ein Wort verwendet, das sie nicht kennen. Sie können nichts dazu; sie verfügen nun einmal *per definitionem* über einen hohen Bildungsstand, und so erscheint es ihnen als ungewöhnlich, daß jemand ihnen unvertraute Begriffe verwendet. Der Grund, warum mir das Wort ›Propädeutik‹ trotzdem gefällt, liegt in seiner Bedeutung, denn es heißt ›vorbereitender Unterricht, Einführung in eine Kunst oder Wissenschaft‹. Die Propädeutik vermittelt also die Grundlagen, die jedes weitere Verständnis erst ermöglichen. Hinter diesem kraftvollen Wort erahnt man die Möglichkeit, das Denken rational zu entwickeln.

Doch bevor ich im Hinblick auf künftige Darlegungen einige der Grundlagen der neueren Naturwissenschaft behandele, möchte ich gern ein ›Garn spinnen‹, wie einige meiner Bekannten aus dem Hafen sagen.

Vor einiger Zeit theoretisierten bei einem Kongreß in Europa Theologen über Probleme im Zusammenhang mit der Geburtenkontrolle. Mechanischen Verhütungsmitteln gegenüber regte sich erheblicher Widerstand, die ›Pille‹ hingegen wurde weit wohlwollender betrachtet. Ein junger Geistlicher erhob sich und sagte: »Meine Herren, wir machen uns zum Gespött des Jahrhunderts, wenn wir behaupten, daß man mit Hilfe der Chemie in den Himmel kommt, bei Rückgriff auf die Physik hingegen in die Hölle.« Wäre dieser Mann der Soutane einer des Laborkittels gewesen, hätte er mit seinem Argument wahrscheinlich auf den Unterschied abgezielt, der zwischen den makroskopischen Vorstellungen besteht, um die es bei mechanischen Verhütungsmitteln geht, und der submikroskopischen molekularen Betrachtung der Natur, auf die sich die chemisch-pharmazeutische Methode zur Geburtenkontrolle stützt. Diese beiden Standpunkte beherrschen die moderne Naturwissenschaft, und aus den Beziehungen zwischen ihnen ergibt sich der für die Wahl theoretischer Vorgehensweisen so wichtige Zusammenhang.

Das Vorgehen der modernen Naturwissenschaft wird

als Reduktionismus bezeichnet, das heißt, es ist der Versuch, Erscheinungen auf der einen Organisationsebene mit Hilfe von Mechanismen zu verstehen, die auf einer grundlegenden Ebene zu finden sind. Ein Geologe bemüht sich bei der Untersuchung von Gestein, dessen Aufbau auf die Kristalle zurückzuführen, aus denen es besteht. Sie wiederum werden im Hinblick auf die Atome des Sauerstoffs, Siliziums, Aluminiums und anderer Bestandteile untersucht. Die Anordnung dieser Atome sieht man unter dem Aspekt von Kernen, Elektronen und den quantenmechanischen Gesetzen, die deren Wechselwirkung bestimmen. Wollte man einen Schritt weitergehen, könnte man die Atomkerne in Abhängigkeit von ihren Elementarteilchen untersuchen. Gewöhnlich aber hört der Reduktionismus an einer bestimmten Grenze auf, so daß das Verständnis makroskopischer Phänomene auf die Elektronen und Kerne von Atomen zurückgeführt wird.

Diese Gegenstände wissenschaftlicher Forschung zeigen, welch großartiger Plan der Welt zugrunde liegt. Darüber hinaus müssen naturwissenschaftliche Denkmodelle wie beispielsweise die Quantenmechanik letzten Endes unsere philosophische Sehweise beeinflussen. Die Väter der Quantentheorie verfaßten philosophische Werke, in denen sie die neue Wissenschaft für die humanistisch denkende Welt erklärten. Atomtheorie und Quantentheorie geben der Weltsicht des zwanzigsten Jahrhunderts eine gänzlich neue Richtung.

Am erregendsten ist, aus der heutigen Perspektive betrachtet, die Art und Weise, wie durch die Gesetze, die die Atome bestimmen, ein System in großem Maßstab erzeugt wird, woraus Erde, Luft, Feuer und Wasser entstehen. Auf der submikroskopischen Ebene müssen die Dinge einfach stimmen, damit sie das Universum hervorbringen, das wir kennen und lieben. Und das tun sie auch! Als nächstes sind die atomaren Konstrukte zu behandeln, die der neuzeitlichen Geologie und Biologie als

Grundlage dienen. Obwohl die Atomtheorie erst im zwanzigsten Jahrhundert endgültig akzeptiert wurde, geht sie auf die Griechen der Antike und insbesondere auf Demokrits im Jahre 400 v. Chr. entwickelte Lehre zurück. Ludwig Boltzmann, um die Jahrhundertwende der überragende Vertreter der Atomtheorie der Materie, nahm sich 1906 das Leben. Die Depressionen, die dazu führten, sollen zum Teil darauf zurückgegangen sein, daß einige Kollegen von seinen Gedanken über die Wirklichkeit von Atomen nichts wissen wollten. Sollte das stimmen, hätte er unglücklicherweise übereilt gehandelt, denn einige Jahre später setzten sich seine Theorien vollständig durch. Die Moral heißt also: Nie verzweifeln; vielleicht ist man seiner Zeit einfach nur voraus.

Bevor die vom Atom ausgehende Sehweise Allgemeingut wurde, waren sich die Chemiker darüber einig, daß jegliche Materie aus rund neunzig in der Natur vorkommenden Elementen bestand; und der Russe Dmitri Mendelejew hatte damit, daß er die Elemente einander (entsprechend ihrem Atomgewicht) auf einer zweidimensionalen Tafel in etwa zuordnete, für die chemischen Eigenschaften auffällige periodische Abhängigkeiten nachgewiesen. Diese Tafel des Periodensystems, die heute an der Wand aller Chemieräume prangt, zeigt uns, daß den Strukturmerkmalen der atomaren Bestandteile aller Materie eine Ordnung innewohnt. Als man Boltzmanns Behauptung, daß die Atome wirklich existierten, erst einmal ernst nahm, war die Rückkehr zu Demokrits Ansicht möglich, derzufolge die Unterschiede zwischen den Elementen darauf beruhten, daß sie aus Grundbestandteilen unterschiedlicher Struktur zusammengesetzt waren. Der Ordnung halber sei noch erwähnt, daß der Chemiker Mendelejew, der Biologe Darwin und der Physiker Rudolf Clausius, der den zweiten Hauptsatz der Thermodynamik formulierte, Zeitgenossen waren. Jeder für sich und miteinander hatten sie Anteil an der gewaltigen Umwälzung, die das

Selbstverständnis der Gesellschaft ebenso grundlegend änderte wie die für die Zeit um die Mitte des vorigen Jahrhunderts so kennzeichnende Art, das Universum zu betrachten. Ihre Gedanken wirken noch heute nach.

Das zwanzigste Jahrhundert brachte die Wissenschaft der Kernphysik herauf, und mit ihr kam die Entdeckung, daß Atome aus kleinen, dichten, positiv geladenen Kernen bestehen, die von Elektronen mit einer entsprechenden negativen Ladung umgeben sind. Von der Anordung dieser Elektronen hängen ihre chemischen Eigenschaften ab, die das Periodensystem widerspiegelt. Niels Bohr vermutete, daß Elektronen, diese unvorstellbar winzigen elektrischen Teilchen, auf dieselbe Weise um den Kern des Atoms kreisen wie die Planeten um die Sonne; der Unterschied bestehe darin, daß alle Elektronen mit Bezug auf Ladung und Masse identisch und entsprechend den quantisierten Energiestufen bestimmte Umlaufbahnen zulässig seien. Anzahl und Verteilung der Elektronen innerhalb der möglichen Umlaufbahnen bestimmten dann alle chemischen Eigenschaften eines Atoms.

Um die Jahrhundertwende erklärte Max Planck, Lichtenergie könne von Atomen nur in bestimmten, genau umrissenen und als Quanten bezeichneten Mengen abgegeben oder aufgenommen werden. Albert Einstein hatte ein Gesetz formuliert, das das Verhalten von Elektronen bei photoelektrischen Versuchen bestimmt, in denen Licht auf Metallflächen fällt und Elektronen aus dem Metall gelöst werden. Für ein Verständnis dieses Phänomens war die Quantisierung der Lichtenergie erforderlich. Das Kriterium des Zusammenhangs, das für eine in die Tiefe reichende Theorie so wichtig ist, konnte sich auf Hinweise aus vielen Zweigen der Physik und Chemie stützen, und es konzentrierte sich schließlich auf die Vorstellung, daß Energie und ihre Veränderungen auf der atomaren Ebene voneinander unterschiedene Größen sind. Das war vom Standpunkt der klassischen Physik aus, die sich mit

Phänomenen in großen Systemen beschäftigte, ein überraschendes Ergebnis und führte zu Erstaunen. Weitere Überraschungen standen den Menschen jedoch noch bevor.

Das erste Unerhörte geschah, als man Bohrs Theorie zu verbessern und eine detaillierte Darstellung von anderen als Wasserstoffatomen zu liefern versuchte, d.h. von solchen, die mehr als ein Elektron enthalten. Diese Bemühungen erbrachten nicht nur neue Angaben über das Abprallen von Elektronen an Kristallen, sie führten auch zur modernen Quantenmechanik, eine zutiefst mathematische und kaum auf Intuition gegründete Theorie darüber, wie sich Elektronen in Atomen verhalten. Die Quantenmechanik arbeitet mit einer Reihe ungewöhnlicher Konstrukte, die durch die metaphysischen Kriterien und den Verifikationsnachweis gerechtfertigt sind, d.h., man akzeptiert sie, weil ihre Verwendung zu richtigen Lösungen führt. Die Theorie erläutert in eleganter Weise Sinnesdaten oder Versuchsergebnisse und sagt sie voraus, und zwar besser als jede andere gegenwärtig existierende Theorie, die Anspruch auf dieselben Kriterien für wissenschaftliche Gültigkeit erheben kann. Um ihr Ziel zu erreichen, behauptet die Quantenmechanik, ein Elektron verhalte sich bisweilen wie eine Welle und bisweilen wie ein Teilchen. Da sich Lage und Geschwindigkeit eines atomaren Teilchens unmöglich gleichzeitig messen lassen, kann man zu keinem Zeitpunkt genau wissen, wo in einem Atom sich ein Elektron jeweils aufhält. Wir können äußerstenfalls die Wahrscheinlichkeit nennen, mit der wir es an einem jeweiligen Punkt aufzufinden vermögen.

All das ist recht seltsam. Die üblichen Vermutungen, die sich in der Physik der großen Systeme bewährt haben, nützen auf der atomaren Ebene nichts. Es machte die Begründer der Quantenmechanik stutzig, daß in diesem Bereich eigene Gesetze gelten sollten. Die führenden Leute bei der Entwicklung der neuen Wissenschaft lieferten eine Vielzahl an theoretischen Erwägungen, denn die von ihnen selbst gewonnenen Ergebnisse verblüfften sie so sehr, daß sie es für erforderlich hielten, ihre Arbeit vor einer größeren Öffentlichkeit zu rechtfertigen. Einstein weigerte sich bis zu seinem Tode, das auf Wahrscheinlichkeit gegründete Wesen der Quantentheorie hinzunehmen, und sagte: »Gott würfelt nicht mit dem Universum.« Erwin Schrödinger, einer der Begründer der Theorie, reagierte auf sie, indem er sich zuerst Aldous Huxleys auf ewige Werte zielender Philosophie und später dem Mystizismus der Vedanta zuwandte. Die Neigung, die Physik mit östlicher Philosophie zusammenzubringen, findet ihre Fortsetzung in den für eine breitere Leserschaft bestimmten Büchern *Das Tao der Physik* und *Die tanzenden Wu-Li-Meister.* Max Planck und Werner Heisenberg verfaßten auf der Grundlage der neuen Physik humanistische quasireligiöse Arbeiten, Wolfgang Pauli arbeitete mit C. G. Jung an einer Psychologie, die einen mystischen Beigeschmack hatte, und Walter Elsasser machte sich auf die Suche nach biogenen Prinzipien. Eugene Wigner reagierte, indem er eine mentalistische Philosophie entwickelte, die von zahlreichen Quantentheoretikern akzeptiert wird. Noch nie hat sich eine so hochbegabte Gruppe von Physikern bei der Suche nach einer Antwort auf die Sinnfrage mit so vielen philosophischen Überlieferungen beschäftigt.

Wer sich nicht gründlich mit der Geschichte der Naturwissenschaft in der ersten Hälfte unseres Jahrhunderts auseinandersetzt, wird nur mit Mühe erfassen, wie sehr sich die Gedankenmuster verändert haben. In keiner anderen geschichtlichen Epoche gibt es etwas, das sich dem vergleichen ließe, und so rasch sind die Veränderungen eingetreten, daß keine Zeit blieb, neues Wissen dadurch aufzunehmen, daß eine nachwachsende Generation an die Stelle der alten trat. Diese Beschleunigung des Wissenszuwachses scheint sich fortzusetzen, und auf den neuen Gebieten der künstlichen Intelligenz und der Molekulargenetik folgen die Entdeckungen einander mit so atemberaubender Geschwindigkeit, daß es Jahrzehnte oder noch länger dauern kann, bis aus dem neuen Wissen philosophische Folgerungen gezogen sind.

Es hat zu allen Zeiten einen Gedankenstrom von der Naturwissenschaft hin zur Philosophie und von dort hin zur Welt des politischen Handelns und öffentlichen Tuns gegeben. Wir bemühen uns, die Welt zuerst mit Hilfe der uns verfügbaren objektiven Kriterien zu erfassen. Anschließend beschäftigen wir uns mit dem diesem Verständnis innewohnenden tieferen Sinn, und darauf folgt schließlich der Versuch, aus diesem tieferen Verständnis heraus zu handeln, eine Gesellschaft zu errichten, die die philosophischen Grundsätze verkörpert.

Das habe ich als Student in F. S. C. Northrops Seminar über Wissenschaftsphilosophie gelernt. Er sagte:

All diese Erwägungen weisen darauf hin, daß die ideologischen Unterschiede in den Sozialwissenschaften und den Geisteswissenschaften in Unterschieden der diesen Ideologien zugrunde liegenden philosophischen Ansichten wurzeln und daß diese Ansichten wiederum mit den Ergebnissen wissenschaftlicher Forschung zusammenhängen. Menschen, die sie vertreten, betrachten sie stets als etwas durch die wissenschaftliche Kenntnis, die sie mit einbeziehen, Hervorgerufenes. Konkreter gesagt heißt das, daß sich viele Menschen durch solche Tatsachen aus ihrer Erfahrungswelt beeindrucken lassen, auf die ihr Augenmerk fällt. Aus ihnen leiten sie, ob bewußt oder unbewußt, eine besondere wissenschaftliche Theorie her. Deren Analyse nach der Art, wie Locke die Physik Galileis und Newtons analysiert hat, führt zu einer expliziten philosophischen Aussage. Gemäß ihrer definieren sie ihre wirtschaftlichen, politischen, religiösen und sonstigen Lehrmeinungen und zugehörigen gesellschaftlichen Einrichtungen. Als gut wird ein Zu-

*stand angesehen, der es dem Menschen gestattet, die Art
Mensch zu sein, die ihm eine solche naturwissenschaftlich verifizierte Philosophie zuweist.*

Kennzeichnend für das zwanzigste Jahrhundert ist, daß
eben die Menschen, die die naturwissenschaftlichen Voraussetzungen entwickelten, auch den Versuch unternom-
men haben, deren philosophische und gesellschaftliche
Konsequenzen herauszuarbeiten. Die Naturwissenschaft
selbst ist so schwierig, daß mit ihr nicht unmittelbar beschäftigte Philosophen lange gebraucht haben, sich ein
Verständnis davon anzueignen, das hinreichte, um einen
tieferen Sinn darin zu suchen. Wir befinden uns jetzt im
Zustand einer gewissen Verwirrung, weil noch nicht genug Zeit war, über die gesellschaftlichen Folgen nachzudenken, die das Auftreten des auf Quantenmechanik und
Relativitätstheorie gegründeten Menschen mit sich bringen wird.

Die Art, wie die Begründer der neuen Physik durch
Herausbildung eines Denksystems reagierten, liefert ein
gutes Beispiel dafür, wie die Sehweisen der Naturwissenschaft unsere persönlichen und religiösen Begriffe zutiefst
beeinflussen. Zwar berührt es die Wissenschaftler ein wenig peinlich, aber ich sehe nicht ein, warum es das sollte.
Unsere voneinander abweichenden Beschreibungen beziehen sich für den Dichter, den Theologen wie den Physiker auf ein und dieselbe Welt. Wenn sie einander Erkenntnisse mitteilen, sollten wir uns darüber freuen; letztlich
müssen ihre Ansichten übereinstimmen, oder wir erreichen nichts als ein bruchstückhaftes Verständnis. Gewiß
scheint die erste der beiden Möglichkeiten wünschens-
werter. Die Quantenmechanik hat vom Elfenbeinturm
aus der Allgemeinheit zugängliche Denksysteme noch
nicht vollständig erobert. Für die daran Beteiligten war
ihre Entdeckung ein eindrucksvolles Erlebnis, und es läßt
sich unmöglich voraussagen, wie tiefgehende Auswirkun-

gen es haben wird, wenn die Ergebnisse dieser Physik erst einmal in die Allgemeinbildung einfließen. Jedenfalls freue ich mich schon jetzt darauf.

Da die Quantenmechanik mit so unvergleichlichem Erfolg so vieles in der Physik, der Chemie und der Biologie erklärt, leuchtet ein, daß sie in unsere allgemeinere Sehweise der wirklichen Welt einbezogen werden muß, auch wenn wir uns äußerst unbehaglich fühlen, da wir sie intuitiv nicht so recht zu erfassen vermögen. Noch mehr hat sie die großen Denker aufgewühlt, die das Gebäude errichtet haben und anschließend betroffen vor ihrem Werk standen.

Unwillkürlich wird man an die Sage vom Bildhauer Pygmalion aus der griechischen Antike erinnert. Einer seiner Mädchenstatuen hauchte die Göttin der Liebe den Odem des Lebens ein, er nannte die junge Frau Galatea und heiratete sie. In ähnlicher Weise scheinen Physiker mit dem Erzeugnis ihres schöpferischen Geistes vermählt zu sein. Die Quantenmechanik ist Bestandteil unseres Lebens geworden, eine Göttergabe, die wir bei unserer Suche nach der Wahrheit so akzeptieren wie Pygmalion bei seiner Suche nach der Liebe Galatea.

Ich hoffe, daß damit die Quantenmechanik zu einem für Alltagsunterhaltungen akzeptableren Gegenstand wird. Wenn auch den Gleichungen im Zusammenhang mit ihr Galateas Wärme abgeht, sind sie doch in den Augen des Physikers von großer Schönheit und waren insofern fruchtbar, als sie zu einem neuen naturwissenschaftlichen Verständnis geführt haben.

Wer die Gleichungen der Quantenmechanik für ein Atom löst, stellt fest, daß die zutreffende Beschreibung für den Zustand eines Elektrons jeweils in vier Zahlen gefaßt ist. Daß es vier sein müssen, hängt mit der in der Relativitätstheorie dargestellten vierdimensionalen Raum-Zeit zusammen. Hier werden die beiden großen physikalischen Theorien unseres Jahrhunderts zusammengefaßt, und so beschreiben die Zahlen das Elektron innerhalb der Grenzen der Theorie vollständig. Sie verlangt auch, daß es sich ausschließlich um ganze Zahlen wie beispielsweise 0, 1, 2, 3, 4, 5 usw. handelt. Mithin beschreiben (4, 3, 2, 0), (3, 1, 0, 0) und (2, 1, 1, 1) drei verschiedene Zustände eines Elektrons. Diese ganzzahligen Werte heißen Quantenzahlen, weil es für jeweils eine Vierergruppe einen genau festgelegten quantisierten Energiewert gibt. Der klassischen Physik entsprechend müßten wir damit rechnen, daß alle Elektronen eines Atoms den geringstmöglichen Energiezustand aufweisen. Hier erwartet uns die nächste Überraschung.

Ein von Wolfgang Pauli 1925 entdecktes ziemlich verblüffendes Naturgesetz besagt, daß *keine zwei Elektronen in einem Atom dieselbe Gruppe von vier Quantenzahlen besitzen können.* Als erstes Ergebnis dieser simpel klingenden Aussage läßt sich auf alle Regelmäßigkeiten schließen, die im Periodensystem der chemischen Elemente enthalten sind. So wie sich die Zahl der Elektronen in aufeinanderfolgenden Elementen erhöht, muß jedem zusätzlichen Elektron der Quantenzustand ›unbesetzt‹ zugewiesen werden; es ist von den bereits besetzten Quantenzuständen ausgeschlossen. Diese Besetzungsregel legt die chemischen Eigenschaften von Atomen fest, die durch die Elektronenzahlen in unvollständigen Schalen bestimmt werden. Die Vorstellung von Schalen geht auf die Anordnung der Elektronen in Gruppen entsprechend dem Pauli-Prinzip zurück. Kurz gesagt ergeben sich alle Aspekte der chemischen Struktur aus diesen Erwägungen.

Ohne eine gründlichere Beschäftigung mit der Quantentheorie läßt sich die tiefgreifende Bedeutung des Pauli-Prinzips kaum erfassen. Sie ist für das Verständnis von der Beschaffenheit der Welt um uns so wesentlich, daß ihre Begriffe einer größeren Öffentlichkeit verständlich sein sollten. Das zu erreichen will ich mich bemühen.

Als ich kürzlich auf der Sonnenterrasse des Yachtclubs

aß, unterhielt ich mich mit einem Bekannten über die Besprechung eines meiner Bücher, die er schreiben wollte. Er erhob Einwände dagegen, daß ich den Begriff ›Paulis Ausschließungsprinzip‹ darin benutzt hatte, weil er nichts damit anfangen konnte. Das erinnerte mich daran, daß mir erst wenige Wochen zuvor der Herausgeber einer bekannten populärwissenschaftlichen Zeitschrift einen Hinweis auf eben dies physikalische Prinzip mit der Begründung gestrichen hatte, daß es der Mehrzahl der Leser nicht bekannt sei. Eine Blitzumfrage erschien angezeigt, und als ich einen Bekannten mit einem Studienabschluß in Zoologie erspähte, fragte ich ihn: »Jack, weißt du, worum es bei Paulis Ausschließungsprinzip geht?«»Nie von gehört«, kam wie aus der Pistole geschossen die Antwort.

Bevor ich fortfahre, muß ich darauf hinweisen, daß die physikalische Theorie, um die es hier geht, eine der großen wissenschaftlichen Entdeckungen des zwanzigsten Jahrhunderts ist. Um die Herausgeber der amerikanischen Ausgabe von Paulis *Gesammelten wissenschaftlichen Schriften* zu zitieren: »Sein Ausschließungsprinzip, für das er 1945 den Nobelpreis bekam, ist einer der Hauptpfeiler der Quantenmechanik, und auf ihm gründet sich das gesamte quantenmechanische Verständnis vom Aufbau der Materie.« Ich möchte hinzufügen, daß dies Prinzip die solideste Grundlage liefert, die wir für das Verständnis eines großen Teils der Chemie und Biochemie besitzen.

Das wirft eine Reihe von Fragen auf. Wer war dieser Pauli? Wie sieht das von ihm formulierte Prinzip aus? Wieso ist ein so bedeutender Grundsatz der Physik nicht nur der breiten Öffentlichkeit unbekannt, sondern sogar naturwissenschftlich vorgebildeten Menschen?

Zuerst die zweite Frage. Das meist einfach als Pauli-Prinzip oder auch Pauli-Verbot bezeichnete Ausschließungsprinzip läßt sich zwar leicht formulieren, ist aber wegen seines hohen Abstraktionsgrades und der ungewohnten Art seiner Darstellung nur schwer zu erfassen. Es unterscheidet sich in grundlegender Weise von den meisten anderen Naturgesetzen, und wer es verstehen will, kommt ohne ein gewisses Hintergrundwissen auf dem Gebiet der Atomphysik nicht aus. Meine Umfrage im Yachtclub und unter Passanten auf der Straße hat gezeigt, daß sie von Pauli in der Schule nichts gehört haben – vermutlich, weil den meisten Lehrern die unterrichtliche Darstellung seiner Forschungsergebnisse zu schwierig erscheint. Unbestritten ist es sehr mißlich, daß im heutigen naturwissenschaftlichen Unterricht hierzulande eine so wichtige Frage einfach mit Stillschweigen übergangen wird. Um so wichtiger ist es, die beiden ersten der drei weiter vorn gestellten Fragen zu beantworten.

Wolfgang Pauli war ein Genie und entsprechend exzentrisch. Er wurde im Jahre 1900 in Wien als Sohn eines Kolloidchemikers geboren. Sein Patenonkel war Ernst Mach, der wegen seiner Ablehnung der Atomtheorie häufig mit Boltzmann aneinandergeriet. Als Albert Einstein seinen ersten Aufsatz über die spezielle Relativitätstheorie veröffentlichte, war der kleine Wolfgang Pauli fünf Jahre alt. Einige Jahre später las er, den die Schule langweilte, Einsteins Arbeit, zwischen die Seiten seines Schulbuchs gelegt. Dies Lernverfahren zahlte sich aus, denn im reifen Alter von zwanzig Jahren verfaßte er einen zweihundertseitigen Lexikonartikel über die Relativitätstheorie, der nach wie vor als Standarddarstellung jenes schwierigen Gegenstandes gilt.

Fünf Jahre darauf untersuchte Pauli den Aufbau des Atoms und beschäftigte sich mit der im Entstehen befindlichen Quantenphysik. Aus Bohrs planetarer Atomtheorie ergaben sich äußerst schwierig nachzuvollziehende Formeln und Vorstellungen, denn es war erforderlich, daß die Umlaufbahn eines jedes Elektrons von drei ganzzahligen Quantenzahlen bestimmt wurde. Sie entsprachen den drei Dimensionen des gewöhnlichen Raums. Versuche mit Atomen in Magnetfeldern zeigten, daß eine vollständigere Beschreibung von Elektronenumlaufbahnen die Hinzunahme einer vierten Quantenzahl erforderlich machte, die die Dimension der Zeit einbezog. Durch Überprüfung einer Vielzahl von experimentellen Ergebnissen kam Pauli schließlich zu dem Ergbenis, daß keine zwei Elektronen in einem Atom dieselbe Gruppe aus vier Quantenzahlen gemeinsam haben können.

Drei Jahre nach der Entdeckung des Ausschließungsprinzips wurde Pauli 1928 an die Eidgenössische Technische Hochschule in Zürich berufen, wo er bis zu seinem Tode 1958 lehrte. Seine Rolle unter den Physikern war geradezu charismatisch, und er hoffte beständig, aus der Physik werde sich die mysteriöse Harmonie von Gott und Natur herleiten lassen. Das 1952 von ihm gemeinsam mit dem Psychoanalytiker C. G. Jung verfaßte Buch trägt den Titel *Naturerklärungen und Psyche*.

Das Prinzip des bemerkenswerten Dr. Pauli unterscheidet sich von den üblichen physikalischen Gesetzen, die verlangen, daß ein System die Zuordnung der geringsten Energiemenge ansetzt, die mit den Umfeldbedingungen im Grenzbereich vereinbar sind. Nehmen wir beispielsweise das Lithiumatom mit drei Elektronen. Die ersten beiden besetzen eine gefüllte Schale, das dritte ist von dieser inneren Bahn ausgeschlossen, da keine weiteren Gruppen aus vier Quantenzahlen zur Verfügung stehen, die ein Elektron in dieser Schale festlegen. Daher geht es in eine äußere Schale, obwohl das Prinzip des geringsten Energiewertes verlangen würde, daß alle Elektronen den niedrigsten Energiezustand haben. Es ist geradezu, als wisse das dritte Elektron, was die beiden anderen tun. Diese mentalistische Art des Pauli-Prinzips macht es so merkwürdig und so schwer zu begreifen. Es ist, als erfaßten Elektronen ihre Umgebung auf einer anderen Ebene als derjenigen der reinen Energie – eine sonderbare Art der Wahrnehmung. Der Wissenschaftsphilosoph Henry Margenau beschreibt Paulis Prinzip als »Möglichkeit, zu verstehen, warum für Einheiten andere Verhaltensgesetze gelten als jene, die sie bestimmen, wenn sie voneinander isoliert sind«. Er meint, daß eben deshalb das Pauli-Prinzip eine Verbindung zwischen Biologie und Physik herstellen kann, vielleicht sogar zwischen Geist und Materie. Es erhellt das Verständnis dafür, warum das Ganze etwas anderes sein kann als die Summe seiner Teile.

Ich hoffe, meine Leser davon überzeugt zu haben, daß das Pauli-Prinzip zum Allgemeinwissen eines jeden gehören sollte. Seine Bedeutung läßt sich mit der des zweiten Hauptsatzes der Thermodynamik vergleichen, und bestimmt hat jeder im Yachtclub davon gehört, wenn auch manche mit dem Archimedischen Prinzip Schwierigkeiten haben mögen, bei dem es bekanntlich um den Auftrieb geht. Das aber ist eine andere Geschichte.

Wir wollen es noch einmal deutlich sagen: Das hier behandelte Prinzip beschäftigt sich nicht mit Energie-, sondern mit Informationsfragen, es hat gewissermaßen einen geistigen Anstrich. Frühere physikalische Gesetze ließen sich stets in Form von Energiebeziehungen darstellen. Wohl ist auch das Pauli-Prinzip ein physikalisches Gesetz, aber von gänzlich anderer Art. Seit es formuliert wurde, gilt für Atome der Grundsatz des geringsten Energieaufwandes nicht mehr. Außerdem muß man fragen: Wenn es an dem ist, daß keine zwei Elektronen dieselbe Gruppe von Quantenzahlen haben können, woher kennt ein Elektron die Quantenzahlen der anderen? Zwar läßt sich das Prinzip aus tieferen Symmetriebedingungen herleiten, es geht aber stets über reine Energieerwägungen hinaus. Die Ausschließung führt ein Merkmal des Zusammenspiels von Elektronen ein, über das kein einzelnes Elektron verfügt. Ohne das Pauli-Prinzip würde Materie einfach eine homogene Masse bilden; mit ihm entsteht das Potential für all die wunderbare chemische Ordnung, die wir in Erde, Luft, Feuer und Wasser erkennen.

Die zweite Überraschung, die die Quantenmechanik für uns bereithält, ist die Tiefe und Reichweite der Erklärungen, die sie zur Verfügung stellt, sobald das Pauli-Prinzip angewendet wird. Erstens wird das gesamte periodische System, bedingt durch die Systematik der zulässigen Elektronenanordnungen, von Grund auf vorhersagbar. Nicht nur läßt sich die Tafel voller Angaben über die chemischen Elemente rational verstehen, aus ihr ergibt sich auch die Erklärung für die kovalente Bindung der Atome. Da aus dem periodischen System und den Regeln der Bindungsentstehung die Kenntnis der chemischen Zusammensetzungen folgt, lassen sich Molekularstrukturen verstehen und voraussagen. Ein Naturgesetz, das sich auf Informationen gründet, bedeutet den Unterschied zwischen einer trägen und eher unstrukturierten Welt und der uns umgebenden hochorganisierten molekularen Ordnung. Ein solches Forschungsergebnis macht das Nachdenken über die schöpferische Intelligenz, die hinter den Naturgesetzen steht, richtig aufregend und liefert uns außerdem die Fähigkeit, diese Intelligenz letztlich zu verstehen. Mir als Naturwissenschaftler ist es ein wenig peinlich, daß ich mich für eine solche geheimnisvolle kosmische Intelligenz stark mache, aber die Sache scheint unausweichlich in diese Richtung zu gehen. Auf jeden Fall hängen alle Gesetze, die Lithosphäre, Hydrosphäre, Atmosphäre und Biosphäre bestimmen, in entscheidendem Maße vom Pauli-Prinzip ab. Möglicherweise finden wir in ihm auch Ansätze zur Lösung des Widerstreits zwischen Geist und Materie.

Der verblüffende Erfolg des Pauli-Prinzips beim Nachweis dessen, wie sich aus einer in der Physik gefundenen Lösung eine Struktur auf dem Gebiet der Chemie ergeben kann, veranlaßt uns zu der Frage, ob ein ähnliches Prinzip das Auftreten der biologischen Ordnung auf chemische Grundlagen zurückführen könnte. An dieser Stelle ist die Frage noch rein spekulativ, wenn auch überaus interessant. Zumindest ermöglicht das Bestehen einer solcher Beziehung die Frage nach weiteren. Sofern ein solches, bisher unentdecktes Prinzip existierte, wäre es biogen, aber keinesfalls vitalistischer als das Pauli-Prinzip, sondern einfach ein weiteres Beispiel für ein physikalisches Prinzip, das auf einer bestimmten Komplexitätsstufe auftritt. Mit dem Begriff Vitalismus beschreiben Biologen von anderen aufgestellte Theorien über das Leben, die sich nicht unmittelbar aus bekannten physikalischen Grundsätzen herleiten lassen. Eine solche Sehweise ist zu eng.

Wenn ich mit Bezug auf die Möglichkeiten der Gesetze der Physik einen besonders optimistischen Eindruck mache, hat das seinen guten Grund. Gerade habe ich den gesamten Stromkreis zur Helligkeitsregelung der Kompaß- und Geschwindigkeitsmesserbeleuchtung erneuert, und alles funktioniert bestens. Daß mir das ausschließlich mit Hilfe von Grundlagenkenntnissen und ohne Zuhilfenahme irgendwelcher Spezialfertigkeiten gelungen ist, hat mein Vertrauen in die Grundgesetze der Elektrizität bekräftigt. Da ich bereits auf dem Gebiet der Hydrodynamik ein entsprechendes Erfolgserlebnis durch das Auswechseln einer Bilgenpumpenmembran hatte, scheint es zumindest für heute mit einem ganzen Wissenschaftszweig seine gute Ordnung zu haben.

Da gerade alles so glattgeht, sollten wir uns am besten gleich die Strahlungsgesetze ansehen. Sie brauchen wir für ein Verständnis der Atmosphäre und der Beziehung zwischen Erde und Sonne. Der größte Teil der Energie, mittels deren auf unserem Planeten Prozesse ablaufen, gelangt in Gestalt von Strahlung hierher, deren Menge und Art gleichfalls Bestandteil der Angepaßtheit (›fitness‹) unseres Planeten ist.

Alle Körper strahlen Wärme an ihre Umgebung ab und nehmen aus ihr Wärmestrahlung auf. Wir leben in einem Meer aus elektromagnetischer Energie, die gewöhnlich nicht wahrgenommen wird, da wir in etwa ebensoviel abgeben wie aufnehmen. An einem kühlen, windstillen Abend frösteln wir, weil unsere bloße Haut mehr Wärme an die Umgebung abgibt, als sie aus ihr aufnehmen kann. Dieser Tatsache wurde ich mir vor einer Weile eiskalt bewußt, als ich in den Bergen in über dreitausenddreihundert Metern Höhe biwakierend die Nacht verbringen und feststellen mußte, daß der Treibhauseffekt der Atmosphäre dort nur wenig Schutz gegen Wärmeverlust gewährt.

Schon vor der Jahrhundertwende hatte man erkannt, daß die Menge der von einer Oberflächeneinheit eines beliebigen Objekts abgestrahlten Wärme zur vierten Potenz von deren absoluter Temperatur proportional ist (mithin: abgestrahlte Wärme = Konstante × T × T × T × T). Die absolute Temperaturskala bietet die Möglichkeit, diese Menge vom absoluten Nullpunkt aus zu messen, an dem jegliche Molekularbewegung aufhört. Er liegt bei −273° C und wird als 0 K (für Kelvin, grundsätzlich ohne Gradangabe, bezeichnet). Die aufgenommene Wärmemenge ist proportional zur vierten Potenz der absoluten Umgebungstemperatur. Die hier angesprochene Beziehung wird im Stefan-Boltzmannschen Gesetz formuliert. Der Physiker Josef Stefan entdeckte sie im Experiment, und sein Mitarbeiter und Student Boltzmann fand eine theoretische Begründung dafür. Es fällt auf, daß der Name Ludwig Boltzmann beständig wieder auftaucht. Diesem bemerkenswerten Wissenschaftler verdanken wir einen Großteil unseres Verständnisses der physikalischen Welt, und wir stoßen auf seine Beiträge, wo auch immer wir uns mit den Grundlagen beschäftigen.

Ein Gesetz, das mit der vierten Potenz operiert, ist, auch wenn es mathematisch recht harmlos aussieht, in der Tat äußerst potent. Es bedeutet, daß wir die abgegebene Strahlungsmenge um das Sechzehnfache (2 × 2 × 2 × 2) steigern, wenn wir die Temperatur eines Objekts von beispielsweise Raumtemperatur, das sind 300 K, auf 600 K erhöhen. Bei Sonnentemperatur, neunzehnmal so heiß wie die Erde, gibt eine Oberflächeneinheit das 140000fache an Energie ab. Diese Strahlungsgesetze gewinnen Bedeutung, wenn wir überlegen, warum unser Planet keine unfruchtbare Eiswüste oder kein dürrer Schlackebrocken ist.

Diese von allen Objekten abgegebene elektromagnetische Energie heißt schwarze Strahlung und wird sowohl durch eine Spektralverteilung wie durch eine Menge gekennzeichnet. Die Spektralverteilung ist die Lichtmenge, die bei jeder Wellenlänge abgegeben wird. Wir neigen dazu, an die Farbe sichtbarer Strahlung zu denken, wenn wir von Spektren sprechen, doch gehören ultraviolette sowie infrarote Strahlung (Wärme), Röntgenstrahlen und Funkwellen gleichfalls dazu.

Frequenz und Wellenlänge sind Größen, die in einer Beziehung zueinander stehen – wenn die eine zunimmt, nimmt die andere ab. Für die Wellentheorie des Lichts haben wir folgende Beziehung:

$$\text{Frequenz} \times \text{Wellenlänge} = \text{Ausbreitungsgeschwindigkeit}.$$

Da uns Einstein davon überzeugt hat, daß es sich bei der Vakuumlichtgeschwindigkeit, das ist die Geschwindigkeit des Lichts im leeren Raum, um eine physikalische Grundkonstante handelt, verhalten sich Frequenz und Wellenlänge umgekehrt proportional zueinander.

Unterschiedliche Arten der Strahlung haben sehr unterschiedliche Auswirkungen, wenn sie auf Materie treffen. Niederfrequente Infrarot-, Mikrowellen- und Rundfunkstrahlung erwärmt Gegenstände lediglich. Wegen ihres hohen Ionisierungsvermögens durchdringen Gamma- und Röntgenstrahlen Materie, lösen schemische Strukturen auf und zerstören Moleküle. Die zwischen diesen beiden Bereichen liegende sichtbare Strahlung (Rot, Gelb und Blau) regt Moleküle an, ohne sie zu zerstören, so daß sie photochemisch reagieren können. Der größte Teil des auf unseren Planeten fallenden Sonnenlichts gehört diesem mittleren Bereich an und ist auf eine für die Energieversorgung entscheidende Weise genau das richtige für die Photosynthese.

Mit Hilfe einer von Max Planck entwickelten Formel können wir die bei verschiedenen Wellenlängen von Gegenständen unterschiedlicher Temperatur pro Flächeneinheit abgegebene Energiemenge berechnen. Die Gesamtenergie aller Wellenlängen ist die Größe, die sich in Abhängigkeit von der vierten Potenz des Temperaturwerts verändert. Im Versuch hat sich gezeigt, daß sich die Frequenz, bei der die größte Energiemenge abgestrahlt wird, in direkter Abhängigkeit von der Temperatur verändert. Dieser Tatbestand fällt unter den sogenannten Verschiebungssatz und ermöglicht es uns, die Temperatur eines fernen Himmelskörpers mittels einer auf der Spektroskopie basierenden Analyse zu untersuchen und festzustellen, welcher Frequenzbereich die größte Energiedichte aufweist. Dabei fällt mir ein Lied von einer wunderbaren Schallplatte zum naturwissenschaftlichen Unterricht ein, das meine Kinder immer gesungen haben: »Die Farbe eines Sterns, glaub's nur, hängt ab von seiner Temp'ratur.« Haargenau so ist es. Davon einmal abgesehen, kann man nur darüber staunen, daß wir imstande sind, die Temperatur von Gegenständen zu messen, die sich ungeheuer weit von unserem Planeten entfernt befinden – viel weiter, als sich das die meisten von uns vorzustellen vermögen.

Das theoretische Verständnis von der Spektralverteilung der Schwarzkörperstrahlung war der Anfang der Quantenmechanik. Die Geschichte der Strahlungstheorie von Josef Stefan bis hin zu Max Planck ist eine der faszinierenden Epochen. Sie begann mit sorgfältigen Messungen und ergab eine Theorie, die unser Weltbild auf den Kopf gestellt hat. So etwas ist in der Naturwissenschaft häufig, doch selten kommt es dabei zu so tiefgreifenden Veränderungen unserer Sehweise.

Während wir uns gerade an den Gesetzen der Physik freuen, könnten wir unseren Blick auf die Größe der Atome und auf das Chaos richten, das im Reich der Moleküle herrscht. Wie groß ist ein Atom? Beginnen wir mit dem Motorblock des Bootes Atomic 4. Bei seiner Länge von etwa sechzig Zentimetern liegen rund zwei Milliarden Eisenatome nebeneinander. Vielleicht probieren wir es mit einem kleineren Gegenstand – wie wäre es beispielsweise mit dem Gewinde der Zündkerze, dessen Durchmesser etwa zwanzig Millionen Atome ausmacht? Das kleinste, was ich an Bord habe, ist ein dünner Draht im Werkzeugkasten. Ich weiß nicht, wie er dahin gekommen ist, und auch nicht, wozu er gebraucht wird, aber Captain Bobbie wirft nicht gern etwas fort. Auf jeden Fall fänden auf dem Radius dieses knapp ein zehntel Millimeter starken Drahtes ungefähr zweihunderttausend Kupferatome nebeneinander in einer Reihe Platz. Um noch kleinere Gegenstände zu betrachten, habe ich mein kleines Taschenmikroskop parat. Wenn ich es auf das Lineal richte, erkenne ich zu beiden Seiten der Millimeterstriche, die jeweils etwa ein zehntel Millimeter stark sind, Tintenfleckchen von vielleicht einem Zehntel der Linienbreite. Ihre Größe dürfte also etwa ein hundertstel Millimeter betragen. Das entspräche einer linearen Anordnung von etwa sechzigtausend Kohlenstoffatomen. Die kleinsten Objekte, die ich im Labor daheim gewöhnlich mit meinem knapp tausendfach vergrößernden Mikroskop betrachte, sind bakterienähnliche Zellen mit einer Größe von etwa tausendfünfhundert Atomdurchmessern. Wenn auch Atome und Moleküle so winzig sind, daß man sie nicht zu sehen vermag, so kann man doch die Auswirkungen ihres Verhaltens mit dem bloßen Auge wahrnehmen.

Ein Botaniker namens Robert Brown betrachtete im Jahre 1827 durch sein Mikroskop einige winzige Pollenkörner auf einer Wasserfläche. Sie sausten völlig regellos durcheinander, und Brown entdeckte bald, daß alle in

Flüssigkeiten suspendierten winzigen Teilchen das tun. Etwa fünfundsiebzig Jahre später gelang es Einstein und anderen, diese Brownsche Molekularbewegung restlos zu erklären. Es handelt sich dabei um eine statistische Schwankungsbewegung, die durch den Anprall unterschiedlich großer Mengen von Flüssigkeitsmolekülen an den Seiten des suspendierten Objekts hervorgerufen wird. Die dort wahrgenommene Zitterbewegung ist das sichtbare Ergebnis der molekularen Natur der Materie. Diese Möglichkeit, das statistische Ergebnis der Bewegung von Molekülen und Atomen zu sehen, setzte den französischen Physiker Jean-Baptiste Perrin im Jahre 1913 in den Stand, die Atomgrößen aufgrund der Brownschen Molekularbewegung zu messen.

Das von Brown entdeckte Phänomen weist darauf hin, daß sich Moleküle in einer beständigen Bewegung befinden, die bezüglich ihrer Geschwindigkeit und Richtung willkürlich abläuft. Tatsächlich hängt die absolute Temperatur von der durchschnittlichen Geschwindigkeit der Atome in den jeweiligen Substanzen ab. Wäre Materie von Molekülgröße für uns sichtbar, würden wir erkennen, wie Moleküle endlos hin und her tänzeln und schwänzeln. Die Wärme ist die großmaßstäbliche Manifestation jener willkürlichen Molekularbewegung.

Diese Willkürlichkeit bei kleinen Einheiten führt uns zu der Frage, wie es angesichts einer beständigen, chaotischen Unordnung zu den wunderschön genauen Molekularstrukturen der Biologie kommt, die wir in allen Pflanzen und Tieren um uns herum finden. Es ist geradeso, als hätte ein Feinmechaniker seine Werkstatt in einem beständig von Erdbeben erschütterten Gebäude. Die Frage nach Ordnung und Unordnung stellte in dieser Form erstmals der Physiker Erwin Schrödinger im Jahre 1942. Wir kennen noch nicht alle Lösungen, aber allmählich kommen die Biophysiker der Sache auf die Spur. Gerade jetzt lenkt lautstarkes Gebrüll meine Aufmerksamkeit von der

Biologie ab. Wie es scheint, wurde am Gasanleger ein über zweihundertfünfzigpfündiger Fächerfisch angelandet. Es fällt schwer, der Versuchung zu widerstehen und sich die Sache nicht anzusehen.

Etwas mehr als zweihundertsiebzig Pfund bringt der Fisch auf die Waage – der richtige Kontrast zur Betrachtung von Organismen auf der submikroskopischen Ebene. Aus dem Blickwinkel heutiger Molekularbiologen hat das Leben mit Grundbegriffen der Physik und Chemie zu tun. Auch Henderson hatte sich, ausgehend von den Grundgrößen Raum, Zeit, Materie und Energie, mit diesen Wissenschaften beschäftigt. Raum und Zeit darf ein Biologe als gegeben annehmen, auch wenn sich Kosmologen gerade jetzt besonders gründlich mit diesen Aspekten der Physik beschäftigen müssen. Wir können uns auf Materie und Energie konzentrieren und nehmen eine weitere Größe hinzu, die Information. Obwohl sie nicht losgelöst von Materie und Energie existiert, stellt sie gemäß dem Pauli-Prinzip und den Regeln der Quantenmechanik einen hinreichend abweichenden Aspekt jener Grundgrößen dar, der es verdient, gesondert untersucht zu werden. Information ermöglicht uns die Konzentration auf den molekularen Aufbau der Atome lebender Systeme.

Das Material unserer auf der Erde gründenden biologischen Systeme ist größtenteils Kohlenstoff, Wasserstoff, Stickstoff, Sauerstoff, Phosphor und Schwefel. Wenn wir uns lediglich mit Kohle-, Schwefel- und Phosphatstücken sowie mit Wasser und gasförmigem Stickstoff beschäftigten, ginge es nicht um Information, sondern wir würden einfach die für große Einheiten geltenden Gesetze der Chemie und Thermodynamik anwenden. In lebenden Zellen jedoch sind die Atome dieser sechs Stoffe in äußerst feingefügten Molekularstrukturen angeordnet, beispielsweise als Proteine, Nukleinsäuren, Fette und Kohlehydrate. Die Makromoleküle selbst sind Bestandteile noch komplexerer Einheiten, der Zell-Organellen. In diesen Systemen mit hoher Ordnung mißt die Information die jeweiligen spezifischen molekularen Zustände (Lage der Atome) lebender Organismen und vergleicht sie mit allen möglichen Zuständen. Je genauer ein System spezifiziert werden muß, desto höher ist das Maß an in ihm enthaltener Information. Die Fähigkeit, auf atomarer Ebene Ordnung zu erhalten und zu reproduzieren, ist eins der für die Definition von Leben, wie wir es kennen, erforderlichen Merkmale.

Wer über ein detailliertes Verständnis der Abläufe auf dem Gebiet der Molekularbiologie verfügt, kann sich nur schwer Leben vorstellen, dessen Bestandteile nicht in hohem Maße auf der atomaren Ebene geordnet sind. Für ein Wachstum werden aus einer ungeordneten Lösungsphase in der Umwelt Chemikalien entnommen und die Atome in genaue Strukturen eingebunden.

Materie im Sinne des Biologen betrachtet man am besten vom Standpunkt des Periodensystems aus, aus dessen rund neunzig in der Natur vorkommenden Elementen die Oberfläche der Erde besteht. Die Art, wie die Materie angeordnet ist, erfordert trotz ihrer Einschränkung durch das Pauli-Prinzip eine beständige Zufuhr von Energie, da sich selbst überlassene Systeme dem Zustand der höchsten Entropie und geringsten Information zustreben. Das aber ist mit dem Leben nicht vereinbar. Auch diese Aussage steht im Zusammenhang mit dem berühmten zweiten Hauptsatz der Thermodynamik.

Energie gelangt vorwiegend über den Photonenfluß von der Sonne in die Biopshäre der Erde und verläßt sie in Form von Photonen infraroten Lichts als abgestrahlte Wärmeenergie. Dieser Durchfluß von Sonnenenergie organisiert den Planeten sowohl auf der mikroskopischen wie auch auf der makroskopischen Ebene. Der zweite Durchfluß organisierender Energie stammt vom radioaktiven Zerfall innerhalb der Erde selbst. Diese beiden Quellen sind verantwortlich für nahezu jegliche Organisationsform, die um uns herum auftritt.

160

Die an der Temperatur eines Gegenstandes meßbare Wärmeenergie spielt in der Thermodynamik bei allen Abläufen chemischer Reaktionen bis hin zur Kernverschmelzung eine besondere Rolle. Das Temperaturkonzept überbrückt die Kluft zwischen der makroskopischen Ebene, wo es entsprechend dem Wirkungsgrad von Wärmekraftmaschinen definiert ist, und dem submikroskopischen Bereich, wo es sich als Maß für die durchschnittliche kinetische Energie von Atomen erweist. Das Verständnis des Energiekonzepts über den gesamten Bereich von Maschinen bis hin zu Atomen gehört zu den Triumphen der klassischen Physik. Die naturwissenschaftliche Behandlung der Temperaturfrage begann mit den einfachen Vorstellungen von heiß und kalt im Alltagsleben. Inzwischen ist Temperatur in Physik wie Chemie eine genau definierte Größe von überragender Bedeutung, und eine Erklärung für sie existiert sogar auf der atomaren Ebene.

In jeder Materie befinden sich alle Atome in beständiger willkürlicher Bewegung. Diese Sehweise des mikroskopischen Reiches stammt aus einer Zeit vor mehr als hundert Jahren, als Graf von Rumford die Erwärmung von Metall bei der Herstellung von Geschützläufen untersuchte. In seiner mechanischen Wärmetheorie torkeln die Moleküle von Gasen und Flüssigkeiten wie betrunken durcheinander und schwingen die Atome von Feststoffen um ihre unveränderlichen Positionen, aus denen sich von Zeit zu Zeit einige lösen. Durch Zusammenprall und Strahlung kommt es zwischen den Atomen zu fortwährendem Energieaustausch, und die Energie aller Moleküle schwankt beständig. Die einem Atom aufgrund all dieser willkürlichen Bewegung eigene Energie wird in Abhängigkeit vom Quadrat der Geschwindigkeit gemessen, mit der es sich bewegt.

Wie schnell chemische Reaktionen ablaufen, hängt wesentlich von der Temperatur ab. Für eine chemische Veränderung ist der Zusammenstoß von Molekülen erforderlich, die hinreichend energiehaltig sind, um eine Neuanordnung von Atomen zu bewirken. Je höher die Temperatur ist, desto schneller bewegen sich die Moleküle, desto häufiger stoßen sie zusammen, und desto größer wird die Wahrscheinlichkeit, daß dabei genug Energie für eine chemische Veränderung anfällt. So steigt im allgemeinen die Geschwindigkeit chemischer Reaktionen mit zunehmender Temperatur deutlich an. Im Zusammenhang mit bestimmten biologischen Abläufen erhöhen sich diese Geschwindigkeiten bei einem jeweiligen Anstieg von zehn Grad Celsius um etwa das Zweifache. Diese Wirkung gilt auch für so verschiedene Dinge wie die Zirpgeschwindigkeit von Zikaden und die Geschwindigkeit, mit der von Enzymen gesteuerte Reaktionen ablaufen.

Der Temperaturbereich, innerhalb dessen die Mehrzahl der organischen Reaktionen stattfindet, liegt zwischen 200 und 600 K (-73 bis $+327°$ C). Jenseits des unteren Grenzwerts gehen Reaktionen gewöhnlich so langsam vor sich, daß sie in einem normalen Zeitrahmen als uninteressant gelten dürfen, und jenseits des oberen Extremwerts werden viele organische Moleküle instabil. Bei höheren Temperaturen werden andere chemische Zustände wichtig als Moleküle, beispielsweise freie Radikale, Ionen sowie mehrfach ionisierte Atome und Molekülionen. Oberhalb 1000 K finden sich nur wenige Moleküle, die Materie hat in diesem Bereich die Gestalt von Atomen und Ionen. Bei noch höheren Temperaturen kommt es zu einer vollständigen Ionisation, und Materie geht in den Plasmazustand über. Zwar ist die Temperatur nach wie vor proportional zur durchschnittlichen kinetischen Energie pro Teilchen, doch sind die Teilchen, um die es nunmehr geht, Elektronen und nackte Atomkerne.

Bei sehr hohen Temperaturen werden die Atomkerne hinreichend stark angeregt, um in thermonuklearen Prozessen miteinander zu reagieren. Um einen solchen handelt es sich beispielsweise auch bei der Verschmelzung

von Atomkernen (Fusion), die zusätzliche Energie frei-
setzt. Diese Art von Kernreaktion, die tief im Inneren
von Sternen stattfindet, liefert große Mengen an Energie,
die von diesen Körpern abgestrahlt wird. Die Sonne ist
das uns zunächst befindliche Beispiel für einen Prozeß
und ein Gestirn dieser Art. Zur Erforschung der Kernver-
schmelzungsreaktionen gehört auch der Versuch, diesen
Vorgang zur Energielieferung für alltägliche Anwendungs-
zwecke in Kraftwerken nutzbar zu machen. Unseren Ausgangspunkt betreffend, nämlich die Frage von Erde, Luft,
Feuer und Wasser, interessieren uns vor allem zwei Tem-
peraturbereiche: der für chemische Reaktionen geeignete
untere und der für atomare Reaktionen geeignete obere.
Ersterer ermöglicht es uns, einen vernünftigen Tempera-
turrahmen für das Leben festzulegen, und letzterer liefert
über auf der Sonne ablaufende Prozesse einen Großteil
der Energie für unseren Planeten.

Von grundlegender Bedeutung für all die hier behandelten Naturgesetze ist die Welt des Physikers, die aus Quarks,
Baryonen, Leptonen und dem gesamten Bereich von Elementarteilchen und Feldern besteht. Diese Beschreibungs-
ebene hat ihr eigenes Vokabular und ihre eigene Vorstellung dessen, was grundlegend ist. Auf jeden Fall gelangen
wir über die Elementarteilchen zu Atomkernen, Elektronen und deren Wechselwirkungen. Was das Gebiet der
Geologie und Biologie betrifft, scheint eine Beschreibung
auf der atomaren Ebene zum Verständnis der meisten
Abläufe zu genügen. Daher setzen wir unsere Betrachtung
auf dieser Ebene fort, sind aber ständig bereit, zu Grund-
strukturen zurückzukehren oder uns auf eine höhere Stufe
in der Hierarchie hinaufzuschwingen, wie sie beispielsweise das Pauli-Prinzip beschreibt, oder gar darüber hinaus. Bei der Suche nach einer philosophischen Sehweise
muß jedem Wissenschaftszweig sein Recht werden.

9
Eine ungewöhnliche Substanz

Wieder einmal muß ich an Coleridges ›Alten Seefahrer‹ denken. Unter den Menschen im Hafen gibt es einen obdachlosen alten Stromer, der mit seinen hageren Armen und tiefliegenden Augen dem Dichter als Modell hätte dienen können. Ich habe frühmorgens gesehen, daß er hinter der öffentlichen Bedürfnisanstalt auf dem Erdboden nächtigt, aber das gehört nicht hierher. Was gegenwärtig meine Aufmerksamkeit fesselt, ist der Vers »Wasser, Wasser, überall Wasser«. Wir müssen uns der nächsten Geosphäre zuwenden, doch dazu ist es erforderlich, daß wir uns Klarheit über die Eigenschaften von Wasser sowohl in Gestalt von Molekülen wie auch oberhalb dieser Ebene verschaffen. Dabei geht es nicht nur um die Hydrosphäre, denn auch Atmosphäre und lebende Materie werden durch die Eigenschaften des Wassers entscheidend mitbestimmt. Das alles führt zu einigen kniffligen Fragen: Ist Leben auf einem vorwiegend trockenen Planeten vorstellbar? Lassen sich lebende Systeme denken, die nicht weitgehend aus Wasser bestehen, oder ist Leben so spezifisch an das Auftreten von Molekülen geknüpft, daß Wasser dafür unabdingbar ist? Wenn auch möglicherweise unsere Vorstellungskraft die Antworten auf diese Fragen eingrenzt, hängen sie doch weitgehend von den bemerkenswerten Eigenschaften des Wassers und der Rolle ab, die es spielt. Das einzige Leben, das wir kennen, ist dem Wasser als Lösungsmittel, als chemischer Bestandteil und

als Aufenthaltsort so sehr angepaßt, daß es uns schwerfällt, die Dinge anders zu sehen.

In seinem Buch *Die Umwelt des Lebens* bezeichnet Henderson die Eigenschaften des Wassers als unter allen möglichen Bestandteilen so wahrhaft einzigartig, daß klar wird,
in welchem Ausmaß das Leben ans Wasser und umgekehrt dieses ans Leben angepaßt ist. Eine von ihm heraus-
gegriffene Gruppe von Eigenschaften, die für die Hervor-
bringung der Angepaßtheit an die Umwelt besonders
wichtig ist, verdient, näher betrachtet zu werden.

Ich stelle mir vor, wie ich voller Begeisterung für die
Eigenschaften des Wassers in einer Bar an den Filmschau-
spieler W. C. Fields herantrete und ihn von der Wichtig-
keit dieser Substanz zu überzeugen versuche. Man wird
sich erinnern, daß er gesagt haben soll: »Ich trinke nie
Wasser, denn Fische kopulieren darin.« Schön, er hat nicht
das Wort ›kopulieren‹ benutzt, aber ich gehöre nicht zu
den neuzeitlichen Autoren, die mit unanständigen Wörtern um sich werfen – nicht einmal dann, wenn ich zitiere.
Jedenfalls würde ich ihm den Weg ins Freie mit einem
Barhocker verstellen und anfangen.

Da die Wärmekapazität des Wasser höher ist als bei den
meisten anderen Substanzen – diese Kapazität drückt das
Verhältnis der einem Körper zugeführten Wärmemenge
zur dadurch hervorgerufenen Temperaturänderung aus –,
sind Organismen wie Ozeane, da beide größtenteils aus
Wasser bestehen, gegen in ihrer Umgebung stattfindende
rasche Temperaturänderungen stabilisiert. Die Ozeane
wiederum sorgen dafür, daß sich die Temperatur des gesamten Planeten um einen Mittelwert einpendelt und keinen zu starken Schwankungen unterliegt.

Unter allen gewöhnlichen Substanzen besitzt Wasser
auch einen der höchsten Werte an latenter Wärme (oder
Umwandlungswärme). Das bedeutet, eine große Energiemenge ist erforderlich, um eine bestimmte Menge Eis zum
Schmelzen zu bringen. Das wiederum heißt, daß auch

eine beträchtliche Wärmemenge eingesetzt werden muß, damit eine bestimmte Wassermenge gefriert. Da bei kaltem Wetter die Temperatur von Systemen nahe dem Gefrierpunkt stabilisiert ist, kommt es nur ganz allmählich zum Übergang zwischen dem flüssigen und dem festen Aggregatzustand. Es wird berichtet, daß manche Eskimos ihre Iglus damit warm halten, daß sie Eimer voll Wasser hineinstellen, das sie bekommen haben, indem sie Löcher ins Eis geschlagen haben. Die Umwandlungswärme sorgt dafür, daß die Temperatur im Inneren des Iglus nicht unter den Gefrierpunkt sinkt. Zu Eis erstarrtes Wasser wird hinausgetragen und durch frisches ersetzt.

Auch mit Bezug auf die Verdunstung spielt die Umwandlungswärme eine bedeutende Rolle. Da der Wert für Wasser so hoch liegt, wird verhindert, daß die Ozeane einfach verdunsten, so daß der Planet zum größten Teil von Wasser bedeckt bleibt. Auch bewirkt der hohe Wert an latenter Wärme (durch Schweißausbruch), daß sich ein Körper nicht zu stark erwärmt, denn für die Verdunstung des Schweißes werden große Energiemengen aufgewendet.

Wasser unterscheidet sich von allen Substanzen dadurch, daß es beim Gefrieren eine starke Ausdehnung erfährt. Weil Eis zehn Prozent weniger dicht ist als Wasser von null Grad, ragen Eisberge und Eiswürfel mit einem Zehntel ihres Volumens aus dem Wasser und gefriert Wasser von oben nach unten statt umgekehrt. Das hat nicht nur bedeutenden Einfluß auf das Wetter unseres Planeten, sondern stellt auch sicher, daß im Wasser lebende Organismen die Kälte des Winters überdauern können.

Im Zusammenhang damit steht eine Eigenschaft des Wassers, die als anomales Ausdehnungsverhalten vor dem Gefrieren bekannt ist. Wie bei den meisten Flüssigkeiten nimmt auch bei Wasser die Dichte mit sinkender Temperatur immer mehr zu – hier allerdings nur bis hinab zu 4° C. Dann kehrt sich die Sache um, die Dichte nimmt –

ganz im Gegensatz zu anderen Flüssigkeiten – allmählich ab, bis sich das Wasser schließlich beim Gefrieren ausdehnt. So kommt es, daß in einem kalten Gewässer nicht die unterste Schicht die kälteste ist, sondern sich an seinem Boden eine Schicht bei einer Temperatur von 4° C stabilisiert.

Ganz offensichtlich ist Wasser ein ausgezeichnetes Lösungsmittel für alle Arten von Molekülen mit einer bestimmten Verteilung der elektrischen Ladung. Diese Eigenschaft ist von besonderer Bedeutung bei der Funktion des Wassers als Grundbaustoff der Zelle, denn es ist seine Aufgabe, die verschiedenen Moleküle gelöst zu halten, die für die Zellaktivität erforderlich sind. Die Lösungsfähigkeit spielt gleichfalls eine Rolle im Kreislauf des Wassers, bei dem der fallende Regen den Boden auslaugt und herausgelöste Moleküle ins Meer trägt.

Die Dielektrizitätszahl eines Materials (auch: relative Dielektrizitätskonstante) gibt das Ausmaß an, in dem sich im elektrischen Feld eines Kondensators in Abhängigkeit vom Material dessen Kapazität vergrößert. Als Ergebnis bricht das elektrische Feld in Substanzen mit einer hohen Dielektrizitätszahl wie beispielsweise Wasser um geladene Teilchen herum sehr rasch zusammen – nicht nur eine günstige Ausgangssituation dafür, daß sich Salze in einer Flüssigkeit lösen können, sondern auch eine Möglichkeit für gelöste Säuren und Basen, sich in geladene Ionen aufzuspalten.

Oberflächenspannung ist die Energie, die benötigt wird, um dort, wo sich Luft und Wasser oder feste Materie und Wasser berühren, Oberflächen zu vergrößern. Sie ist beispielsweise mitbestimmend bei der Größe von Regentropfen wie auch für die Höhen, bis in die Wasser steigt. Darüber hinaus beeinflußt sie die Zellen. Wasser hat, verglichen mit anderen normalen Flüssigkeiten, einen hohen Wert der Oberflächenspannung.

Die in *Die Umwelt des Lebens* aufgeführten Eigenschaften des Wassers sind für dessen Rolle in der Biologie wie auch für den ganzen Planeten von Bedeutung, und immer wieder findet man beim Wasser im Vergleich mit anderen Substanzen Extremwerte oder solche, die ihnen nahe kommen. Zu Hendersons Zeit konnte man mit Bezug auf die Gründe für das merkwürdige Verhalten des Wassers in seiner Ausdehnungsphase lediglich Vermutungen anstellen, aber inzwischen verfügen wir über ein Verständnis von vielen Einzelheiten seiner Mokekularstruktur in festem, flüssigem und gasförmigem Zustand. Da wir jetzt imstande sind, für alle seine Eigenschaften oberhalb der Molekularebene gute physikalisch-chemische Erklärungen zu liefern, wirkt es weniger geheimnisvoll als zuvor, wenn auch keineswegs weniger bemerkenswert.

Das Verfahren, bei dem an Chemikalien oder Zellen beobachtete Eigenschaften entsprechend den ihnen zugrunde liegenden atomaren und molekularen Merkmalen erläutert werden, heißt Reduktionismus, und wir können uns seiner bei der Erforschung des Verhaltens von Wasser bedienen. Es bietet ein gutes Beispiel für die Denkweise der Naturwissenschaft und liefert einen äußerst zufriedenstellenden Nachweis, denn wir sind mit seiner Hilfe imstande, alle Henderson so wichtigen Eigenschaften, auf eine äußerst geringe Zahl von molekularen Merkmalen gestützt, zu erläutern. Wer die Natur des Wassers versteht, den kann die Beschäftigung damit auf dieselbe Weise in ihren Bann schlagen wie bei Coleridge der Alte Seefahrer den Erzähler. So wird es mich wohl erst loslassen, wenn ich alles berichtet habe, was ich zu diesem Thema weiß.

Wir wollen damit beginnen, daß wir uns ein Wassermolekül vorstellen, wie es im Dampf existiert – von anderen Molekülen weit entfernt und unbeeinflußt. Es besteht aus einem Sauerstoffkern (S), zwei Protonen (also Wasserstoffkernen, N) und acht Elektronen. Die drei Kerne bilden ein Dreieck mit einem Kern an jedem Eckpunkt, und die beiden Protonen sind gleich weit vom Sauerstoffkern entfernt. Die Lage der Elektronen läßt sich nicht genau ausmachen, doch befinden sich meist zwei von ihnen entlang der Linie S-W, im großen und ganzen näher am Sauerstoffkern. Zwei weitere Elektronen werden gewöhnlich an der anderen Linie S-W aufgefunden. Die übrigen vier Elektronen neigen dazu, sich paarweise nahe dem Sauerstoffkern aufzuhalten. Der Winkel W-S-W beträgt etwa 105°. Die Kerne sind nicht statisch, sondern schwingen mit Bezug aufeinander. All das ist inzwischen ziemlich geläufig und unterscheidet sich nicht sehr von dem, was mir meine Naturkundelehrerin, Mrs. Thatcher, nachdrücklich beigebracht hat. Allerdings ist sie merkwürdigerweise nie auf Wolfgang Pauli zu sprechen gekommen.

Die Elektronen in der Sauerstoff-Wasserstoff-Bindung halten sich länger in der Nähe des Sauerstoffkerns als in der des Wasserstoffkerns auf. Das bewirkt insgesamt eine positive elektrische Ladung um den Wasserstoffkern herum und eine negative in der Nähe der Sauerstoffkerne.

Besteht in einer gewissen Entfernung eine gleich große positive und negative elektrische Ladung, spricht man von einem elektrischen Dipol. Er ist bekannt, seit Benjamin Franklin und seine Kollegen ermittelt haben, daß es zweierlei elektrische Ladungen gibt. Ein Großteil der elektrischen Wechselwirkung zwischen Molekülen wird heute mit Bezug auf Kräfte zwischen Ladungen und Dipolen oder zwischen Dipolen und Dipolen dargestellt. Wassermoleküle haben doppelten Dipolcharakter, wobei sich die Dipole jeweils entlang einer Bindung zwischen Sauerstoff und Wasserstoff erstrecken.

Während ich diese Beschreibung von Wassermolekülen auf einen gelben Block notiere, fällt mir auf, daß ich sie ziemlich dogmatisch vorbringe. Sie klingt wie Verkündigungen vom Sinai herab, die ich weiterleite. So aber, das haben wir bereits gesagt, geht die Naturwissenschaft nicht vor. Die oben vorgestellten Merkmale des Wassers wurden aus Brechungsversuchen mit Röntgenstrahlen hergeleitet, aus Experimenten zur dielektrischen Dispersion sowie aus spektroskopischen Messungen. Eine ausgeklügelte Theorie, die in sich stimmig ist und zu anderen Theorien paßt, gestattet es, von diesen und anderen Experimenten ausgehend das hier vorgestellte Wassermodell anzusetzen. Diese Vorgehensweise ist inzwischen Naturwissenschaftlern so vertraut, daß wir von dem Modell sprechen, ohne wegen der methodologischen Schwächen, die bei unserem Sprachgebrauch auftreten, um Entschuldigung zu bitten. Auch ich habe in dieser Hinsicht gesündigt; all diese dogmatisch klingenden Aussagen sind nichts als verkürzte Erklärungen, mit deren Hilfe ich rasch zu einigen Besonderheiten der modernen Naturwissenschaft vordringen möchte, die von allgemeinem Interesse sind, um von ihnen aus eine philosophische Position einnehmen zu können. Es besteht immer die Möglichkeit, eine Sache gründlicher und in mehr Einzelheiten zu behandeln. Besonders treffend findet sich das bei Herman Melville ausgedrückt, der ehemaligen Hafenratte aus Lahaina. Er schrieb einmal: »Dies ganze Buch ist lediglich ein Entwurf – ach was, der Entwurf eines Entwurfs. Oh, Zeit, Kraft, Geld und Geduld!«

Als nächstes wollen wir das Liebesspiel zweier Wassermoleküle beobachten. Nähern sie sich einander mit der richtigen Orientierung an, kommt es zwischen dem positiv geladenen Wasserstoffatom des einen Moleküls und dem neagtiv geladenen des anderen zu einer elektrischen Anziehung (ungleiche Ladungen ziehen sich an).

Diese mehr oder weniger schwache Anziehung zwischen Wassermolekülen wird gewöhnlich als Wasserstoffbrücke bezeichnet. Elektrische Anziehungen dieser Art bestimmen in grundlegender Weise die Struktur von Wasser im flüssigen Zustand wie von Eis und erklären die Besonderheiten jener Aggregatzustände. Die elektrostatische Wechselwirkung der Energie zwischen zwei nahe beieinanderliegenden Wassermolekülen beträgt etwa ein Zwanzigstel des Wertes der starken Atombindung zwischen Sauerstoff- und Wasserstoffatomen innerhalb des Moleküls. Die starken Bindungen bestimmen das Auftreten einzelner Wassermoleküle (H_2O) und die schwächeren elektrischen Bindungen die Art der Wechselwirkung zwischen Molekülen mit Bezug auf die Entstehung einer Flüssigkeit oder eines festen Stoffes.

Das viele Schreiben über Wasser macht mir Durst, und ich hole mir eine Dose Diätsodawasser aus dem Kühlfach. Diese wässerige Lösung dürfte eine der teuersten Erscheinungsformen von Wasser sein, die es überhaupt gibt. Der Alte Seefahrer allerdings wäre vermutlich selig gewesen, hätte er einen Vorrat davon an Bord gehabt. Mit einemmal gemahnt mich das Eis im Kühlfach, das rasch dahinschmilzt, während die auf das Boot herniederbrennende Sonne meinen kleinen Arbeitsraum in unbehaglicher Weise aufheizt, an weniger wissenschaftliche Dinge. Ich könnte in unmittelbarere Wechselbeziehung zum Wasser treten, indem ich ein wenig schwimme, und mich danach mit kühlerem Kopf wieder der Sache widmen.

Einige Stunden sind vergangen. Jetzt bin ich bereit, erneut an Eis zu denken. Es besteht aus Kristallen, deren dreidimensionale Struktur sich aus einem regelmäßigen Netz von Wasserstoffbrücken und Atombindungen ergibt. Jedes Sauerstoffatom im Eis ist chemisch fest mit zwei Wasserstoffatomen und elektrisch etwas schwächer mit zwei Wasserstoffatomen aus benachbarten Molekülen verbunden. Die Winkel zwischen den vier Bindungsrichtungen sind so angeordnet, daß ein Sauerstoffatom im Mittelpunkt eines aus benachbarten Sauerstoffatomen gebildeten Tetraeders liegt. Ein Tetraeder ist ein interessanter geometrischer Körper, bei dem jeweils vier Punkte in der Weise gleich weit voneinander entfernt liegen, daß stets drei von ihnen ein gleichseitiges Dreieck bilden. Man braucht sich nur die Pyramiden der Pharaonen vorzustellen, um zu sehen, was ich meine. Die offene Struktur des Eises erklärt seine geringe Dichte: etwa zehn Prozent weniger als bei Wasser am Gefrierpunkt. In der Flüssigkeit werden die Moleküle nicht so weit voneinander entfernt gehalten und haben mehr Möglichkeiten, sich einander anzunähern und dichter aneinanderzulegen. Als Ergebnis schwimmt Eis auf dem Wasser, und eine Wassersäule gefriert von oben nach unten. Diese Eigenschaft ist von besonderer Bedeutung bei der Entstehung von Gletschern, in der Ozeanographie sowie für die Struktur von Seen und Bächen. Es ist ein interessantes Beispiel für die Eigenschaft einer in großen Mengen vorkommenden Materie von globaler Bedeutung, das jetzt anhand molekularer Eigenschaften verstanden werden kann. Nur wenige andere chemische Verbindungen weisen im festen Zustand eine geringe Stoffdichte auf, sie ist eine seltene Eigenschaft. Das Wasser ist, wir sehen es, ein extremer Sonderfall.

Um zu verstehen, welche Bedeutung das Phänomen der Ausdehnung beim Gefrieren hat, stelle man sich einen Planeten in einem Universum vor, in dem das Eis von größerer Dichte als das Wasser ist. Die kälteste Flüssigkeit würde beständig zu Boden sinken und dort gefrieren. Das Eis ließe sich, einmal entstanden, nicht ohne weiteres schmelzen, da das wärmere Wasser oben bliebe. Jahrein, jahraus würde sich im Winter Eis bilden und auch über den Sommer hinweg halten. Ein Leben am Grunde von Gewässern wäre nicht möglich, und die Gewässer selbst bestünden größtenteils aus – von einer dünnen Flüssigkeitsschicht bedecktem – Eis. Die Art unseres Planeten mit seinem Wetter, den Eiszeiten und so weiter geht auf die offene Struktur des kristallinen Wassers mit geringer Dichte zurück.

Die schwache elektrische Bindung zwischen Wasserstoffatomen ist in Einzelheiten untersucht worden, weil diese Art Wechselbeziehung auch für die Bestimmung der Gestalt von Nukleinsäuren und Proteinen eine Rolle spielt und für die Umwandlung der Energie in der Zelle von Bedeutung ist. Ein Sauerstoffatom ist mit zwei Wasserstoffatomen verbunden, und zwar mit dem einen fest durch eine Atombindung (auch als kovalente Bindung bezeichnet), mit dem anderen schwach durch eine Wasserstoffbrücke. Zwar sind die Abstände unterschiedlich, aber im großen und ganzen scheinen die Merkmale Allgemeingültigkeit zu haben. Das Proton in einer Wasserstoffbrücke befindet sich im Zustand des Gleichgewichts, da es auf der einen Seite von einer Atombindung gehalten wird und auf der anderen Seite eine elektrostatische Ladung an ihm zieht. Gelegentlich irrt es sich, springt aus seiner Lage und verbindet sich über eine Atombindung mit dem benachbarten Sauerstoffatom.

Sehen wir uns doch einmal ein schmelzendes Eisstück in meinem Kühlfach an. Bei Wärmezufuhr beginnt die Energie, Wasserstoffbrücken aufzulösen. Ist das zu etwa fünfzehn Prozent geschehen, kann der Kristall seine Gestalt nicht mehr beibehalten und zerfällt in winzige mikrokristalline Einheiten, die sich einerseits freier bewegen können als die gleichförmige offene Struktur reinen Eises und zum anderen dichter aneinanderdrängen lassen. Die Mikrokristalle bilden sich wiederholt, lösen sich auf und bewegen sich durcheinander. All diese Neuanordnungen führen dazu, daß gewöhnliches Wasser bei null Grad flüssig wird und es bis hundert Grad bleibt. Unterhalb null Grad ist H_2O kristallförmig und verdampft oberhalb des Siedepunktes zu einzelnen Gasmolekülen. Die Temperatur, bei der diese Phasenumwandlung stattfindet, wie man den Übergang von einem Aggregatzustand zum anderen nennt, hängt in diesem Fall vom Druck ab.

Die zum Schmelzen des Eises aufgewendete Wärme ist die Energie, die erforderlich ist, um fünfzehn Prozent der Wasserstoffbrücken aufzulösen und somit die Struktur des Kristalls zu zerstören. Der anschließende Zusammenbruch der Struktur zu einem dichteren Zustand erklärt die Volumenzunahme beim Schmelzen. Diese Umwandlungswärme ist beim Wasser, verglichen mit anderen Substanzen, ebenfalls hoch. Daß dem Wasser, will man es zum Gefrieren bringen, eine große Wärmemenge entzogen werden muß, schützt Pflanzen und Kaltblüter vor Erfrierungen, dem Gewebeschaden, der bei großer Kälte auftritt. Der hohe Wert der latenten Wärme stabilisiert außerdem die Umgebungstemperatur im Meer und an den Küsten.

Steigt die Wassertemperatur vom Gefrierpunkt aus an, kommt es zu miteinander widerstreitenden Wirkungen. Je stärker die Kristallstruktur aufgelöst wird, desto dichter rücken die Moleküle aneinander (man vergleiche das mit einem Müllverdichter; die zerkleinerten Teile nehmen weniger Platz ein), doch je rascher sich die Moleküle bewegen, desto weiter streben sie auseinander. Diese beiden Faktoren führen dazu, daß Wasser zwischen 0 und 4° C eine hohe, bei Temperaturen darüber aber eine immer geringere Dichte aufweist, weil dann die zweite Wirkung eintritt. Da bei 4° C Wasser die größte Dichte hat, ist das natürlicherweise die Temperatur, die in den tiefen Wasserschichten der Meere herrscht. Diese Tiefseewasserschicht von gleichbleibender Temperatur stabilisiert die im Meer stattfindenden Prozesse in mancherlei Hinsicht.

Eine Energiezufuhr bewirkt bei im flüssigen Zustand befindlichem Wasser zwei Reaktionen: Durch die Temperatursteigerung nehmen Geschwindigkeit und kinetische Energie der Atome und Moleküle zu, was zu einer beständigen Unordnung der verbleibenden Mikrokristalle führt. Damit aber wird erneut Energie zugeführt, und das bewirkt die Auflösung weiterer Wasserstoffbrücken. Die Energiemenge, die zugeführt werden muß, um die Temperatur eines Gramms Wasser um 1° C zu erhöhen, nennt man die spezifische Wärme. Bedingt durch die Zahl und Stärke der Wasserstoffbrücken, hat Wasser einen der höchsten spezifischen Wärmewerte gewöhnlicher Substanzen; er liegt lediglich bei flüssigem Ammoniak höher.

Da lebende Organismen größtenteils aus Wasser bestehen, schützt sie die hohe Wärmekapazität vor raschen Temperaturänderungen in der Umwelt. Aus demselben Grund ist auch eine Umwelt stabilisiert, in der es große Gewässer gibt. Die beträchtlichen Temperaturunterschiede, die zwischen Tag und Nacht in der Wüste eintreten, geben eine Ahnung von den Tag-Nacht-Schwankungen, zu denen es auf einem trockenen Planeten kommen könnte; an einer Meeresküste sind sie weit geringer.

Eis hat eine bedeutend niedrigere Wärmekapazität als Wasser, weil zur Erhöhung der Temperatur des kristallinen Materials keine Wasserstoffbrücken aufgelöst werden müssen und eine Energiezufuhr lediglich nötig ist, damit zwischen den Schwingungen der Atome in den kristallinen Festkörpern Energie verteilt werden kann.

Eine weitere Phasenumwandlung findet statt, wenn Wasser aus dem flüssigen in den gasförmigen Zustand übergeht. Bei Temperaturen unterhalb des Siedepunktes und bei einer relativen Luftfeuchtigkeit unterhalb des Sättigungspunktes kommt es zu normaler Verdunstung. Die zum Verdunsten eines Gramms Wassers erforderliche Energie heißt Verdunstungswärme. Da dieser Wert für Wasser extrem hoch liegt, ist die Verdunstung ein so wirksames Mittel zur Wärmeabfuhr und Beibehaltung einer bestimmten Temperatur. Wir kennen diesen Vorgang als Schwitzen, aber ein ähnliches Phänomen, bei dem Pflanzen Wasser durch die Wurzeln aufnehmen und durch die Blätter abgeben, ist ein für die Ökologie und Meteorologie weitaus bedeutsamerer Vorgang. Organismen wie Umwelt werden durch Verdunstung abgekühlt, ein weiteres Beispiel für die Angepaßtheit einer auf Wasser gründenden Welt.

Der Grund für die hohe Verdunstungswärme von Wasser liegt in der Notwendigkeit, vier Wasserstoffbrücken aufzulösen, um aus dem im flüssigen Zustand befindlichen Wasser ein Molekül herauszulösen und es in die

Gasphase zu überführen. Auch hier wieder bewirken die Wasserstoffbrücken und die glänzende Angepaßtheit eine elektrostatische Haftung zwischen den Molekülen und verleihen dem Wasser seine besonderen Eigenschaften. Je mehr man erfährt, desto klarer schält sich die Überzeugung heraus, daß es sich beim Wasser in der Tat um eine einzigartige Substanz handelt. Schritt für Schritt werden am Molekül alle Eigenschaften deutlich, die für eine detaillierte Erklärung erforderlich sind.

Um zu erkennen, einen wie ungewöhnlichen Stoff wir hier vor uns haben, können wir ein Wassermolekül mit einem ähnlich aufgebauten Molekül des Schwefelwasserstoffs (H_2S) vergleichen, eine Verbindung, die wohl am besten durch ihren durchdringenden Geruch nach faulen Eiern bekannt ist. Im gasförmigen Zustand haben die Moleküle ähnliche Strukturen, aber da Schwefel deutlich weniger negativ elektrisch geladen ist als Sauerstoff, ergibt sich für die Wasserstoff-Schwefel-Bindung im Vergleich mit der Wasserstoff-Sauerstoff-Bindung ein weit geringeres Dipolmoment. Wird das auf die Eigenschaften der Substanzen im flüssigen Zusatnd übertragen, erkennen wir, daß beim Schwefelwasserstoff Siedepunkt und Gefrierpunkt niedriger liegen und er eine geringere Verdunstungswärme aufweist.

	H_2O	H_2S
Siedepunkt	100° C	− 61,8° C
Schmelzpunkt	0° C	− 82,9° C
Verdunstungswärme	540 kal/gm	131,9 kal/gm

Beim Vergleich der jeweiligen Werte für die Verdunstungswärme sehen wir, daß die den Schwefelwasserstoff zusammenhaltenden Kräfte lediglich etwa ein Viertel so stark sind wie die beim Wasser. Als Ergebnis schmilzt und siedet H_2S bei weit geringeren Temperaturen. Alle Eigenschaften des Wassers, über die wir bisher gesprochen haben, sind ein Ergebnis der starken intramolekularen Kräfte zwischen benachbarten Molekülen.

Die Mehrzahl der anderen Eigenschaften des Wassers ergibt sich aus den elektrischen Eigenschaften sowohl der Moleküle wie auch der Substanz oberhalb der molekularen Ebene. Bekanntlich bestehen alle Moleküle aus schweren positiv geladenen Kernen und diese umgebenden weit leichteren Elektronen. Die gesamte negative elektrische Ladung der Elektronen ist gleich der gesamten positiven elektrischen Ladung der Kerne. Die Elektronen finden sich, mit den Mitteln der Quantenmechanik ausgedrückt, in einer Wahrscheinlichkeitswolke um den Kern herum angeordnet. Bei einer symmetrischen Verteilung besitzt das Molekül ein sehr geringes Dipolmoment und wird als unpolar bezeichnet. Diesem Typus gehört die Mehrzahl der organischen Lösungen an. Äußerst symmetrisch aufgebaut ist beispielsweise das Molekül des Methans, CH_4. Sein Kohlenstoffkern befindet sich in der Mitte eines Tetraeders, an dessen vier Eckpunkten die Wasserstoffkerne liegen. Die Elektronen sind gleichmäßig zwischen Kohlenstoff- und Wasserstoffkernen verteilt.

In Wassermolekülen sind, anders als in Methanmolekülen, die elektrischen Ladungen durchaus asymmetrisch. Die Elektronen auf der äußeren Schale neigen dazu, sich um das Sauerstoffatom herum zu drängen, so daß es eine insgesamt negative Ladung bekommt, während die Protonen (Wasserstoffkerne), die ein Elektronendefizit aufweisen, eine insgesamt positive Ladung haben, was zu einer deutlichen Ladungsasymmetrie führt. Wir haben das bei der Behandlung des Dipolmoments gezeigt. Moleküle mit dieser Art von Ladungsverteilung heißen polar. Sie stehen in starker Wechselwirkung zueinander, wobei die positiven Bestandteile eines Moleküls die negativen von Nachbarmolekülen anziehen. Unpolare Moleküle bilden fett- und wachsartige Substanzen, während polare Moleküle gewöhnlich in Wasser löslich sind.

Die Polarität von Molekülen wird mit Hilfe der dielektrischen Konstante gemessen. Wasser hat von allen üblichen Substanzen eine der höchsten dielektrischen Konstanten und Methan, wie man sich fast schon denken kann, eine der niedrigsten. Mithin sind die hohe dielektrische Konstante, die hohe Lösekraft und die hohe ionisierende Kraft des Wassers aufeinander bezogene elektrische Eigenschaften, die von der asymmetrischen Verteilung der elektrischen Ladung in den Molekülen abhängen. Die hohe Oberflächenspannung ergibt sich daraus, daß die Luft dort, wo sie auf das Wasser trifft, unpolar ist und daß Wassermoleküle innerhalb der Flüssigkeit über eine größere Energie verfügen, als wenn sie an der Oberfläche ausgebreitet sind.

Wir sind nunmehr in der Lage, alle extremen Eigenschaften des Wassers, die Henderson aufgefallen sind, ausgehend von physikalischen Grundlagen, und die Struktur der Materie, ausgehend von Elektronen und Atomkernen, zu erklären. Wasser ist einzigartig, aber nicht geheimnisvoll. Da seine Eigenschaften auf den Gesetzen beruhen, nach denen das Universum aufgebaut ist, spielt es seine ungewöhnliche Rolle in allen vier Geosphären.

Wir wollen uns nun noch einmal der Frage der Polarität von Molekülen und einigen interessanten Ergebnissen zuwenden, die sich daraus ergeben. Um noch einmal zu wiederholen: Hochpolare Flüssigkeiten sind gute Lösungsmittel für Ionen und andere polare Moleküle, wohingegen stark unpolare Flüssigkeiten unpolare Moleküle gut auflösen (gewöhnlich sind das fettige organische Verbindungen). Substanzen, die polar und unpolar sind, bilden gewöhnlich getrennte Phasen. Wenig fachmännisch gesagt, sagt man im Alltag »Öl und Wasser vermischen sich nicht«.

Dieser Grundsatz der Phasentrennung aufgrund der Polarität ist von entscheidender Bedeutung für Bau und Funktion biologischer Membranen, bei denen es sich um äußerst dünne unpolare Schichten handelt, die das stark wasserhaltige Innere einer Zelle von ihrer aus Wasser bestehenden Umgebung trennen. Zur Membranbildung sind die hochpolaren Eigenschaften des Wassers erforderlich, ein weiteres Beispiel für ein von einer extremen Eigenschaft des Wassers abhängiges detailliertes biologisches Merkmal. Außer polaren und unpolaren Molekülen gibt es noch solche mit je einem polaren und unpolaren Ende innerhalb ein und derselben Struktur. Daß man die Moleküle dieser dritten Gruppe als amphiphil bezeichnet, hat seinen Grund darin, daß sie beide Arten von Lösungsmittel ›mögen‹. Amphiphile Moleküle sind faszinierend, sie bilden die Grundlage von Kolloiden und einer ganzen Gruppe interessanter Molekularstrukturen. Ihnen haben wir es zu verdanken, daß es Mayonnaise gibt, sie verleihen der Seife die reinigende Kraft und sorgen für die beruhigende Wirkung von Öl, wenn es auf die tobenden Wogen des Meeres gegossen wird. Auch die Männer am Hafen müssen oft ›Öl auf die Wogen‹ gießen, wenn sie spät aus der Bar nach Hause kommen. Das aber ist eine andere Geschichte, die uns nicht ablenken soll. Ebendiese amphiphilen Moleküle bilden die Bausteine von Membranen in Lebewesen.

Zu ihnen gehören auch die polaren Lipide, Moleküle mit einem langen unpolaren Fettanteil an einer polaren chemischen Gruppe mit einer starken Vorliebe für das Wasser. Schließen sich solche Moleküle zusammen, bilden deren ›fettige‹ Enden eine zweischichtige Struktur, in der alle unpolaren Gruppen miteinander in Wechselbeziehung treten und sich alle polaren Gruppen in Wasser befinden. Eine solche Struktur wächst in zwei Dimensionen und bildet eine Fläche. Alle Membranen von Lebewesen bestehen aus solchen auf die beschriebene Weise aus amphiphilen Molekülen hervorgegangenen bimolekularen ›Lappen‹. Diese dichten die offenen Enden ab, was zur Bildung geschlossener Schalen oder Vesikeln führt. Die

Kräfte, die Membranen zusammenhalten, beruhen auf dem Unterschied zwischen den polaren und den unpolaren ›fettigen‹ Enden der amphiphilen Moleküle. Dies universelle Bauprinzip, das sich im Bereich der Biologie findet, entspricht dem Wesen eines aus Atomkernen und Elektronen bestehenden Universums. Diesen Gedanken werden wir bei der Beschäftigung mit der Biosphäre noch einmal aufgreifen müssen.

Einige weitere Merkmale des Wassers erkennt man an besonderen biologischen Aufgaben, die es erfüllt. Ein Beispiel dafür ist seine Zug- oder Reißfestigkeit. Gewöhnlich denkt man bei diesem Begriff an ein Stück Draht oder einen Metallstab. Die Zugfestigkeit ist die Kraft, die pro Flächengröße aufgewendet werden muß, um ein Material zu zerstören oder ruckartig zu verformen. Ein Wasserfaden in einer Kapillarröhre besitzt wegen der Wasserstoffbrücken eine innere Kohäsion und als Ergebnis ein hohes Maß an Reißfestigkeit. Demzufolge kann ein sehr langer Flüssigkeitsfaden entstehen, ohne daß er unter der Einwirkung der Schwerkraft zusammenbricht. Dies Phänomen gestattet es dem Wasser, von den Wurzeln aus die obersten Blätter der höchsten Bäume zu erreichen. Deren größtmögliche Höhe wird durch die molekularen Wechselwirkungen bestimmt, die sich aus der Oberflächenspannung und der Reißfestigkeit des Wassers einerseits und der Schwerkraft der Erde andererseits ergeben. Letztere Größe macht sich überall auf der Welt bemerkbar und hängt von den Abmessungen und der Dichte des Planeten ab. Die Existenz von Riesensequoien ist ein weiteres Beispiel für die Ausgewogenheit zwischen molekularen und globalen Merkmalen.

In den letzten Jahren haben wir miterlebt, wie eine erst seit kurzem bekannte Eigenschaft des Wassers untersucht wurde, die sich nahezu ausschließlich bei dieser Substanz zu finden scheint, ein Schlüsselelement der biologischen Energieübertragung ist und nahezu mit Sicherheit bei der

Entstehung des Lebens eine wichtige Rolle gespielt hat. Je mehr wir darüber erfahren, desto mehr beeindruckt einige von uns die Angepaßtheit der Natur in einem auf ein bestimmtes Phänomen bezogenen Sinne.

Man sehe nur einmal, auf welche Art und Weise verschiedene Stoffe Elektrizität leiten. Die am besten bekannten elektrischen Leiter sind Metalle; sie nutzen die Elektronenbewegung in Leitungsbahnen wie z. B. den Drähten, die ich in der elektrischen Anlage des Bootes von Zeit zu Zeit flicke. Der Durchfluß durch polare Flüssigkeiten erfolgt nahezu ausschließlich über die Wanderung positiver und negativer Ionen in einer Lösung. Man betrachte gewöhnliches Salz, Natriumchlorid, in Wasser. Das Salzkristall löst sich auf und tritt in Gestalt von Natrium- und Chloridionen in die Flüssigkeit ein. Jedes Ion tritt in Wechselbeziehung mit den sie umgebenden Wasserdipolen und wird dabei von einer Molekülgruppe umgeben, die als Hydrationsschale bezeichnet wird. Wird in einer solchen Salzlösung ein elektrisches Feld erzeugt, bewegen sich die Natriumionen zur negativen und die Chloridionen zur positiven Elektrode. Als Ergebnis der beiden Ladungsdurchflüsse fließt elektrischer Strom durch die Lösung.

Um die Mitte des neunzehnten Jahrhunderts entdeckte man den Grund für die elektrische Leitfähigkeit des Eises darin, daß Protonen in der kristallinen Anordnung von einer Wasserstoffbrücke zur anderen springen. Später fand man weitere Substanzen, deren elektrische Eigenschaften von der durch Protonen bewirkten Leitungsfähigkeit abhängen; doch auch hier wieder scheinen Eis und Wasser die Extremfälle zu bilden.

Die zuerst am Eis beobachtete, auf Protonen zurückgehende Leitfähigkeit über die Wasserstoffbrücken wurde etwa um dieselbe Zeit erklärt, als man den Transport von Protonen über die Membran als bedeutenden Schritt bei der Energieumwandlung in Zell-Organellen wie beispielsweise Mitochondrien und Chloroplasten entdeckte. Es hat jetzt den Anschein, daß biologische Systeme beim Protonentransport ähnlich verfahren wie das Eis. Man ist dabei, in lebenden Systemen eine ganze Welt der Protochemie zu entdecken, die auf die freie Wanderung von Wasserstoffkernen zurückgeht.

Die von den Protonen bewirkte Leitfähigkeit ist wegen ihrer Rolle bei der Photosynthese und der oxidativen Phosphorylierung (auch als Atmungsketten-Phosphorylierung bezeichnet) zu einem Forschungsgegenstand von zentraler Bedeutung geworden. Diese wichtigen biologischen Energiequellen bedienen sich der auf Protonen zurückgehenden Leitfähigkeit und nutzen die Existenz der hydrierten Protonen als Ionen, beides entscheidende Merkmale des Wassers. Wieder einmal zeigt sich die Angepaßtheit in der Art und Weise, wie die molekularen Merkmale des Wassers in allen Einzelheiten zu den Molkularmechanismen der Bioenergetik passen. Eine Eigenschaft, an die zu Hendersons Zeit niemand gedacht hat, erweist sich als entscheidender Teil der Angepaßtheit der Umwelt.

Es ist schwer, unausgesetzt über etwas so Alltägliches wie Wasser in Begeisterung auszubrechen, doch jedesmal, wenn sich Wissenschaftler näher mit dieser Substanz beschäftigen, merken sie, daß es ebenso ungewöhnlich wie reichlich vorhanden ist. Diese beiden Tatsachen sorgen dafür, daß sich der Planet Erde für das Auftreten und die Existenz von Leben eignet. Möglicherweise ist das Vorhandensein von Wasser für die Bewohnbarkeit beliebiger Planeten unerläßlich.

10
Heiße und kalte Luft

Heute fällt mir das Schreiben besonders schwer – nicht etwa, weil mich meine Muse verlassen hätte. Sie sitzt hinten auf dem Segelbaum und ermuntert mich zur Arbeit, an ihr also liegt es nicht, wohl aber am schmerzenden Ringfinger meiner linken, der Schreibhand. Vor einigen Tagen ließen wir uns, nachdem wir um Molokai gesegelt waren, in der Dunkelheit vom Flautenschieber wieder an den Wind bringen, als die Fock, immerhin rund fünfzehn Quadratmeter Segeltuch, von der wir annahmen, sie sei eingeholt, unversehens mit Wucht herumschlug. Ihre Geschwindigkeit dabei dürfte rund zwanzig Knoten betragen haben. Jedenfalls stellte sich heraus, als das Segel geborgen war, daß ich mir einen Knöchel im Fingergelenk gebrochen hatte, auch wenn ich den Schmerz erst eine Viertelstunde später spürte. Das aber ist eine andere Sache, bei der es um die Beziehung von Geist und Körper geht.

Nun, immerhin erinnert mich mein schmerzendes Fingergelenk beständig daran, daß es Zeit ist, über die Luft nachzudenken, jene unsichtbare, aber machtvolle Geosphäre, die einerseits wesentlich zur Existenz unseres Planeten beiträgt, andererseits aber auch in kräftiger Wechselwirkung mit einer nicht belegten Fock stehen kann. An einem windstillen Tag wirkt die Atmosphäre strukturlos, doch schon mit Hilfe der Bordinstrumente (Thermometer, Barometer und Windmesser) würde man sowohl auf

Meereshöhe wie weiter oben beträchtliche Strukturen erkennen.

Die horizontale Struktur, zu der die Winde und die großräumigen Bewegungen von Luftmassen gehören, geht in erster Linie auf die ungleichmäßige Erwärmung durch die Sonne in unterschiedlichen geographischen Breiten zurück, die zu einer Wärmeströmung zwischen dem Äquator und den Polen führt; eine weitere Ursache der horizontalen Struktur sind die durch einen in schneller Umdrehung befindlichen Planeten ausgeübten Kräfte. Auf eine von ihnen, die Coriolis-Kraft, geht der Passatwind zurück, der vor wenigen Tagen die Fock herumgeworfen hat. Diese Luftströmungen bilden die Grundlage des Wetters, das über einen längeren Zeitraum hinweg zum Klima wird. Die Ost-West-Passate beeinflussen gegenwärtig das Klima, und die Westwinde in den mittleren Breiten werden mir im nächsten Winter in New Haven meinen Anteil an Schnee heranführen. Zwar kennen die Meteorologen die dem Wetter zugrunde liegenden physikalischen Erscheinungen, doch ist die Oberfläche des Planeten – mit seinen Land- und Wassermassen, Inseln und Gebirgen, Wäldern und Ebenen – so kompliziert, daß eine Voraussage des Wetters, wie jedermann weiß, äußerst schwierig ist. Ich weiß noch gut, wie ich einmal im Sund vor Long Island in einen Hagelsturm geriet, während mir der Wetterbericht eines lediglich fünfzehn Kilometer entfernten Radiosenders mitteilte, daß nur geringe Niederschlagsneigung bestehe. Nun, wohl jeder von uns hat seine Lieblingsgeschichte über das Wetter, sie alle aber belegen, wie komplex die Struktur der Atmosphäre am jeweiligen Ort ist.

Eine weitere Art der atmosphärischen Struktur offenbart sich uns, wenn wir größere Höhen aufsuchen. Das hängt einerseits vom Widerstreit zwischen Schwerkraft und Diffusion ab, aber auch von einer photochemischen Wechselbeziehung zwischen Atmosphäre und einfallender Sonnenstrahlung. Letztere fördert chemische Reaktionen, die zum Wechselspiel der chemischen und physikalischen Eigenschaften der die Erde umgebenden Gashülle führen.

Bevor wir uns dem Aufbau der Atmosphäre zuwenden, wollen wir uns mit der Frage befassen, warum ein Planet überhaupt eine Atmosphäre hat. Die ursprünglich, als sich die Erde vermutlich aus interstellaren Trümmern heraus kondensierte, wohl vorhandene Wasserstoffatmosphäre dürfte zum Teil vom Sonnenwind fortgeweht worden sein, einem ständig von der Sonne ausgehenden Strom geladener Teilchen. Mit zunehmendem Alter und weiterer Kondensierung des Planeten kam es zu einer Ausgasung, und Moleküle wurden aus dem Erdinneren hochgekocht, ähnlich wie heute Vulkangase noch immer zu unserer Atmosphäre und Hydrosphäre beitragen. Gerade hier, etwa hundertfünfzig Kilometer vom grummelnden Kilauea entfernt, fallen einem vulkanische Beispiele ganz von selbst ein.

Sobald in der Gasphase befindliche Moleküle den Planeten umgeben, zieht die Schwerkraft sie hinab zur Erdoberfläche, und die von der kinetischen Wärmeenergie gespeiste Diffusion drängt sie in den Weltraum ab. Aus dem Gleichgewicht dieser beiden gegeneinander wirkenden Bewegungen entsteht die Atmosphäre. Das Ausmaß der Schwerkraft hängt von der Größe und Dichte eines Planeten ab; das der Diffusion im wesentlichen von der Temperatur der Atmosphäre.

Die Temperatur von Gasen steht, wie bereits gezeigt wurde, in Beziehung zur Geschwindigkeit, mit der sich Moleküle bewegen. Genauer gesagt verhält sie sich proportional zur durchschnittlichen kinetischen Bewegungsenergie, die ihrem Zahlenwert nach vom Produkt aus Molekularmasse mal mit sich selbst multiplizierter Geschwindigkeit abhängt. Leichte Moleküle bewegen sich rascher als schwere.

Nahe der Planetenoberfläche, wo hoher Druck herrscht,

kommt es häufig zu Zusammenstößen zwischen Molekülen. Dabei wird Energie ausgetauscht und ändern sich Geschwindigkeit und Richtung der Moleküle. In größeren Höhen gibt es weniger Zusammenstöße, und am Rande der Atmosphäre beginnt ein Molekül, das eine hohe Geschwindigkeit erreicht hat, in den Weltraum abzutreiben. Wohl wirkt die Schwerkraft auf das Molekül ein, aber sofern es eine bestimmte Austrittsgeschwindigkeit übersteigt, überwindet es die Schwerkraft und fliegt davon, um nie wiederzukehren. In den größten Höhen erreichen leichte Wasserstoff- und Heliummoleküle gelegentlich eine hinreichend hohe Geschwindigkeit, um sich auf diese Weise auf und davon zu machen. Da es bei den schwereren Molekülen fast nie dazu kommt, ist während der langen Erdgeschichte eine beträchtliche Menge an Wasserstoff und Helium verlorengegangen.

Daß der riesige Planet Jupiter kalt ist, liegt an seiner großen Entfernung von der Sonne. Ihn umgibt eine äußerst dichte Wasserstoffhülle, eine Schicht, die nicht entweichen kann. Sie muß eigentlich eher als Wasserstoffozean denn als Atmosphäre angesehen werden. Merkur ist ein kleiner, sehr heißer Planet, der keinerlei Atmosphäre besitzt. In der Gasphase befindliche Moleküle, die es dort gegeben haben mag, sind in den Weltraum entwichen.

Mithin ist die Existenz einer Atmosphäre das Ergebnis eines ausgewogenen dynamischen Gleichgewichts zwischen zwei miteinander im Widerstreit liegenden Tendenzen. Eine Atmosphäre kann es nur auf Planeten innerhalb eines gewissen Größenbereichs von Radius, Dichte und Temperatur geben. Die Bedingungen für eine solche gasförmige Hülle sind nicht besonders schwierig zu erfüllen, aber auch nicht gerade alltäglich. Da man sich Leben auf Planeten ohne Atmosphäre nur schwer, wenn nicht unmöglich vorstellen kann, dürfen wir die astrophysikalischen Werte der Erde als der Existenz des Lebens in hohem Maße angepaßt betrachten.

Aufgrund des Zusammenwirkens von Schwerkraft und Diffusion hat die Dichte von Luft auf Meereshöhe den höchsten Wert und wird mit zunehmender Höhe allmählich geringer. Bestimmt wird diese Veränderung durch ein barometrisches Gesetz, mit dessen Hilfe wir zu berechnen vermögen, daß sich von der Erdoberfläche aus die Dichte nach jeweils knapp sechstausend Metern Höhe halbiert. So hat sie auf der knapp dreitausend Meter hohen Zugspitze noch etwa drei Viertel und in rund elftausend Metern Höhe, in der die Düsenriesen Langstreckenflüge absolvieren, nur noch ein knappes Drittel des auf Meereshöhe gemessenen Wertes. Durch verschiedene Faktoren bedingt, ist das barometrische Gesetz nicht ganz genau, es zeigt aber hinlänglich, wie die Atmosphäre allmählich dünner wird, bis sie vollständig verschwunden ist. In dreihundertzwanzig Kilometern Höhe enthält sie lediglich noch fünfhundert Moleküle pro Kubikzentimeter.

Während der Druck gleichmäßig abfällt, ist das Temperaturprofil der Atmosphäre komplexer und definiert eine Reihe von kugelförmigen Hüllschichten, die wie Zwiebelschalen die Erde umgeben. Sie lassen sich nicht immer scharf voneinander abgrenzen. Die niedrigste und natürlich am besten erforschte dieser Schichten ist die Troposphäre. Sie enthält drei Viertel der Masse der Atmosphäre, und in ihr fällt die Temperatur um rund 6° C pro tausend Meter Höhe ab, so daß die Temperatur in elftausendfünfhundert Metern Höhe −55° C beträgt. Dort endet die Troposphäre, die Schicht, innerhalb derer die besagten Verkehrsflugzeuge große Entfernungen überwinden.

Oberhalb der Troposphäre beginnt die Stratosphäre mit einer über die ersten achttausend Meter konstanten Temperatur von −55° C. Dann erwärmt sie sich allmählich und erreicht schließlich in einer Höhe von fünfzigtausend Metern 0° C. Diese Temperatur kennzeichnet die Obergrenze der Stratosphäre; der Druck beträgt dort etwa ein Tausendstel des Wertes auf Meereshöhe. Da sich die

Schichten der Atmosphäre auf der nördlichen und südlichen Halbkugel nicht vermischen, ist in der südlichen Hemisphäre, in der es weniger Industrie gibt, die Luft sehr viel reiner.

Die nächste Schicht, die Mesosphäre, reicht über gut dreißigtausend Meter und kühlt sich mit zunehmender Höhe bis auf −90° C an ihrer Grenze zur nächsten und zugleich äußersten Schicht ab. Diese, die Thermosphäre, erwärmt sich mit zunehmender Entfernung von der Erdoberfläche und wird immer dünner. In zweihundertvierzigtausend Metern Höhe beträgt die Temperatur 300° C.

Die Atmosphäre ist noch auf eine andere Weise, über die wir bisher nicht gesprochen haben, strukturiert, denn auch ihre chemische Zusammensetzung verändert sich zwischen Meereshöhe und Thermosphäre. In der Nähe des Erdbodens beeinflussen biologische Aktivität und der Gasaustausch zwischen Atmosphäre und Ozean ihre Zusammensetzung. Mit zunehmender Höhe steigt die Zahl der chemischen Veränderungen, die auf die Wechselwirkung zwischen den energiereichsten Bestandteilen der Sonnenstrahlung und den photochemisch aktivsten Gasbestandteilen zurückgehen.

Man hat ermittelt, daß sich in der Nähe der Erdoberfläche die trockene Atmosphäre wie folgt zusammensetzt:

	Prozent
Stickstoff	78,084
Sauerstoff	20,964
Argon	0,934
Kohlendioxid	0,031
Neon	0,00184
Helium	0,00052
Methan	0,00015
Krypton	0,00011
Wasserstoff	0,00005
Stickoxide	0,00003

Der Wasseranteil ist veränderlich und schwankt zwischen 0 und 1%.

Die Überlegung lohnt sich, wie viele dieser Moleküle mit biologischen Prozessen in Verbindung stehen. Stickstoff wird fixiert, indem ihn eine Gruppe von Boden- und Wurzelbakterien in Ammoniak verwandelt. Der durch Photosynthese entstehende Sauerstoff wird durch die Atmung verbraucht. Kohlendioxid hingegen entsteht bei der Atmung und wird in der Photosynthese gebraucht. Das Methan produzieren bestimmte Bakterien in Sümpfen und Feuchtgebieten. Stickstoffoxid wird von Bodenbakterien erzeugt, und Wasser tritt bei den meisten biochemischen Abläufen auf.

In einem gewissen und durchaus realen Sinn ist die Atmosphäre die Gasphase der Biosphäre, und zwischen beiden Abteilungen fließt ein beständiger Strom von Molekülen.

Das Kohlendioxid in der Atmosphäre steht außerdem in Wechselbeziehung zum Ozean, denn es wird in Wasser gelöst und in das Bikarbonat-Ion umgewandelt, das von Algen aufgenommen oder zu unlöslichen Karbonaten umgewandelt wird.

Tektonische Prozesse können ausgefällten Kohlenstoff erneut an die Oberfläche bringen. Steigt der CO_2-Wert in der Atmosphäre, puffern die Ozeane den größten Teil der Zunahme und geben bei fallenden CO_2-Werten etwas davon zurück, womit sie den CO_2-Gehalt in der Atmosphäre regulieren.

Die Beziehung zwischen Atmosphäre und Biosphäre sowie den anderen Geosphären hat J. E. Lovelock in seiner *Gaia*-Hypothese behandelt. Seine auf Henderson gründenden Vorstellungen zeigen die Ergebnisse eines Naturwissenschaftlers, der sich Gedanken über die ungewöhnliche Angepaßtheit der Umwelt macht. Lovelock sagt dazu, sie sei angepaßt, weil sie von der Biosphäre in selbstregulierender Weise gesteuert wird.

Die chemische Zusammensetzung der Atmosphäre beeinflußt die Umwelt vor allem durch Auswirkungen auf die Temperatur; der wichtigste Mechanismus dabei ist der sogenannte Treibhauseffekt. Sehen wir uns kurz an, wie ein Treib- oder Gewächshaus funktioniert. Das Sonnenlicht, dessen Energie größtenteils im sichtbaren Bereich liegt, dringt durch die Glasscheiben ins Innere. Letzten Endes verdankt die Glasindustrie ihre Entstehung der Fähigkeit des Glases, sichtbares Licht durchzulassen. Im Gewächshaus wird der größte Teil des Lichts vom Boden, den Bodenplatten, den Töpfen und sonstigen unbelebten Bestandteilen absorbiert und in Wärme umgewandelt. Davon steigt die Temperatur der aufnehmenden Stoffe an, die dann infrarote Strahlung abgeben. Glas aber nimmt infrarote Strahlung eher auf, als daß es sie weiterleitet, und so erwärmt es sich mit dem Ergebnis, daß ein beträchtlicher Teil der Energie des eingefallenen Lichts als Wärme im Treibhaus bleibt. Das hier beschriebene Phänomen ist keineswegs auf Gewächshäuser beschränkt, man denke nur daran, in wie unerträglicher Weise sich geschlossene Autos aufheizen, wenn sie von der Sonne beschienen werden.

Die Erdatmosphäre wirkt ähnlich wie die Verglasung eines Gewächshauses: Sie läßt ohne weiteres sichtbares Licht durch, das dann auf der Oberfläche des Planeten großenteils in Wärme umgewandelt wird. Gewisse in geringen Mengen in der Atmosphäre enthaltene Bestandteile wie beispielsweise Wasserdampf, Kohlendioxid und Methan sind gute Infrarotabsorber und verhindern daher, daß die Wärmestrahlung ohne weiteres in den Weltraum gelangt. Als Ergebnis ist die Oberfläche des Planeten wärmer, als man ausschließlich aufgrund einer Strahlungsbilanz und ohne Einbeziehung des ›Treibhaus‹-Effekts annehmen sollte. Da sich infrarote Strahlung absorbierende Gase in geringer Konzentration in der Atmosphäre befinden, kann die Beeinflussung dieser Gase durch biologische Prozesse einen tiefgreifenden Einfluß auf die Temperatur des Planeten ausüben. So kommt es, daß ein relativ kleiner Bestandteil wie die Biosphäre in durchaus beachtlicher Weise auf die Temperatur und das Klima des Planeten einwirkt, und darum geht es letztlich bei Lovelocks *Gaia*-Hypothese.

Die Strahlung, die von der Sonne ausgeht und die Erde erreicht, entspricht in etwa der von einem Körper mit einer Temperatur von 5875 K abgegebenen. Daß am niederfrequenten Ende des Spektrums (Funkwellen) wie auch am hochfrequenten (Röntgenstrahlen) stärkere Intensitäten auftreten, als zu erwarten wäre, läßt sich durch die Solarphysik erklären. Diese Strahlung geht nacheinander durch die atmosphärischen Schichten und ruft auf jeder Ebene unterschiedliche photochemische Wirkungen hervor. Die energiereichen Photonen, die am meisten reagieren, verschwinden auf dem Weg nach unten aus der Strahlung. Am photoaktivsten ist der Sauerstoff, der durch seine Reaktion sehr aktive Sauerstoffatome (O) und Ozonmoleküle (O_3) erzeugt. Die höchste Konzentration von Sauerstoffatomen findet sich in hunderttausend und von Ozon in etwa fünfundzwanzigtausend Metern Höhe. Ozon nimmt selbst eine große Menge ultravioletten Lichtes auf, so daß nur ein ganz geringer Teil der Strahlung von Wellenlängen unter dreitausend Ångström (in der Nähe des ultravioletten Lichts) bis zur Erdoberfläche gelangt. So wird das Leben auf der Erde vor den zerstörerischen Auswirkungen intensiver Ultraviolettstrahlung bewahrt.

Bestimmt wird die Chemie der Atmosphäre von der nahe der Erdoberfläche und in der Hydrosphäre erfolgenden Erzeugung von Chemikalien in der Gasphase und deren Verbrauch sowie von den Reaktionen in der oberen Atmosphäre, bei denen Gase erzeugt und verbraucht werden. Nehmen wir beispielsweise Methan, das als Sumpfgas und als Verdauungsprodukt von Wiederkäuern auftritt. Es gab eine Zeit, da man Rinderenddärme als Hauptquelle des Methans auf der Welt ansah, doch diese ländlich-idyllische Vorstellung wurde durch eine experimentelle Überprüfung korrigiert. Auf den ersten Blick fällt es schwer, zu glauben, daß gaserzeugende Wiederkäuer integrierender Bestandteil des ausgewogenen chemischen Haushaltes unserer Erdatmosphäre sein sollen, aber alles steht in wechselseitiger Beziehung zueinander. Mehr als eine Milliarde Tonnen auf diese Weise erzeugten Methans gelangt alljährlich in die Atmosphäre. Da sich der größte Teil davon durch einen langsamen Verbrennungsprozeß erneut mit Sauerstoff verbindet, ist sichergestellt, daß die Sauerstoffkonzentration annähernd gleichbleibt. Ein Teil diffundiert in die Stratosphäre, wo Reaktionen mit Sauerstoff zur Entstehung von Kohlendioxid und Wasser führen. Letzteres zerfällt unter der Einwirkung von Licht teilweise zu Sauerstoff, der in der Erdatmosphäre bleibt, und zu geringen Mengen von Wasserstoff, der entweicht.

Obwohl im Boden und im Meer auch große Mengen von Ammoniak erzeugt werden, finden sich in der Atmosphäre nur Spuren dieses Gases, weil es sich rasch dadurch verbraucht, daß es Säuremoleküle neutralisiert, die sonst einen auf natürliche Weise auftretenden sauren Regen bewirken würden. Stickoxid ist ein weiterer in Spuren vorhandener Bestandteil der Atmosphäre; es entsteht in großen Mengen im Boden und im Meer und spielt eine bedeutende Rolle bei der Regulierung des Sauerstoffgehalts der Luft.

Mit Bezug auf all diese Bestandteile der Atmosphäre erklärt Lovelock, die Biosphäre steuere sie, um damit auf irgendeine Weise ihre eigene Umwelt zu regulieren. Er behauptet, nicht der physikalische Zustand des Planeten sei eine vorgegebene Menge von Bedingungen, unter denen das Leben überdauern muß, sondern die Biosphäre bestimme Klima und Milieu der Umwelt, indem sie die Atmosphäre reguliere. Wenn letztere, wie Henderson sagt, in einzigartiger Weise dem Leben angepaßt ist und sich für das Leben eignet, würde Lovelock erklären, das Leben wirke auf die Umwelt ein, um sie in einzigartiger Weise geeignet und angepaßt zu machen.

Auf den ersten Blick überrascht dieser Gedanke. Noch kürzlich nahm man an, astrophysikalische und geophysikalische Faktoren bestimmten die geologischen und meteorologischen Zustände des Planeten. Im Laufe der Untersuchung dieser Faktoren und der genaueren Erforschung der Prozesse, die stattfinden, zeigte sich, daß die Biosphäre durch ihre Auswirkungen auf die Atmosphäre die auf der ganzen Erde herrschenden Faktoren weitgehend steuert. Hier bietet sich eine Analogie an. So wie dämmeerrichtende Biber, riffebildende Korallen und häuserbauende Menschen für ihr Überleben am jeweiligen Ort eine Umwelt schaffen, so erzeugt die Gesamtheit des Lebens eine die ganze Welt umspannende Gashülle, um mit ihrer Hilfe die Temperatur, die Zusammensetzung des Wassers und das Gleichgewicht des Chemikalienhaushalts zu regulieren, auf daß der Planet bewohnbar und behaglich sei. Wir und unsere Umwelt sind eins.

Während Jesus von Nazareth vom Berg herab predigte, während sich Gautama Buddha über den achtfachen Weg äußerte, atmeten sie jeweils rund hundertzwanzig Liter Luft. Da sich die von ihnen ausgeatmeten Moleküle im Verlauf der Zeiten gleichmäßig in der Erdatmosphäre verteilt haben, enthält jeder unserer Atemzüge rund zweihundertfünfzig Moleküle von jeder dieser beiden bedeutenden Ansprachen. Alles Leben auf der Erde steht in Beziehung zueinander, denn wir alle nutzen die gleiche Atmosphäre, die gleichen Ozeane und die gleichen Rohstoffe; kurz, wir müssen ein und denselben Planeten miteinander teilen. Schon seit langem gehen Philosophen und Theologen der Frage nach, welcher Art die Beziehungen zwischen Lebewesen sind. Allein aus den Ergebnissen der Naturwissenschaft geht hervor, daß es sich dabei um etwas

auf die grundlegendste Weise in die Naturgesetze Einge-
bettetes handelt. Für unseren Planeten sind Lebensprozesse Teil der Regulierungsmechanismen, mit deren Hilfe
die gesamte Natur in einer für ihr Überdauern erforderlichen Weise erhalten wird. Sofern darin keine Absicht
erkennbar ist, wüßte ich nicht, worin sonst.

11
Wasser, Wasser, überall Wasser

Da mich die Wanderung über Lava so gut auf meine Gedanken über die Lithosphäre eingestimmt hat, dachte ich, ein Tag am Meer könne die Inspiration für das Schreiben über die Hydrosphäre liefern. Mancher Einwohner von Lahaina würde zwar sagen, das sei nichts als eine Ausrede, um einen freien Tag zum Segeln herauszuschinden, aber solche mißgünstigen Unterstellungen wollen wir ignorieren.

Also stellt sich Lucille ans Steuer, und wir nehmen, zwei Bekannte im Cockpit und ich am Schreibtisch unten in der Kajüte, Kurs auf Kahoolawe. Vor mir liegt ein Buch mit dem Titel *Ozeane.* Der Himmel ist bedeckt, und der Wind scheint von einem leichten Nordwestpassat auf einen südlichen Kona umzuspringen. Die See ist glatt, alles wirkt ruhiger als sonst. Hier draußen auf dem Wasser ist es sogar bemerkenswert ruhig, beinahe unheimlich.

Etwa zwei Seemeilen von der Küste entfernt lockt mich der Ruf »Seht mal da hinten!« ins Cockpit hinauf. Ziemlich nah tummelt sich eine Herde von Buckelwalen. Wir fallen vom Wind ab, ändern den Kurs und nähern uns langsam den fontänenausblasenden riesigen Meeressäugern. Schon häufig haben wir das getan, stets von der Aussicht gelockt, endlich einmal Wale aus der Nähe beobachten zu können. Gewöhnlich bemerken sie die Gegenwart des Menschen und machen sich davon. Es ist eine Art Spiel zwischen Seglern und Walen.

Im Näherkommen erkennen wir, daß die Herde aus vier erwachsenen Tieren und einem Kalb besteht. Diesmal schwimmen die Tiere nicht davon, sondern umkreisen das Boot. Während der nächsten zehn Minuten, den aufregendsten, die wir je erlebt haben, bleiben sie dicht bei uns. So nahe sind sie, daß wir sie riechen, ihre Atemfontänen hören und deren Gischt spüren können. Einer der Begleiter fotografiert wie verrückt oben vom Vordeck. Dann finden die Wale offenbar, daß sie genug Berührung mit Menschen gehabt haben; ihre Neugier ist befriedigt, und sie schimmen davon.

Als sicher ist, daß sie nicht zurückkehren werden, gehe ich wieder unter Deck, setze mich an meinen Tisch und schreibe:

Kommt, Ihr großköpfigen gewaltigen Tiere,
Teilt mit, was in euren Gehirnen vor sich geht.
Seit Jahrmillionen schwimmt Ihr
Durch die Meere, hattet wenige Feinde,
Bis eine todbringende Gattung auftrat.
Ihr hattet reichlich Zeit, zu denken,
Symphonien zu komponieren, euch den Kopf zu zerbrechen
Über den Schöpfer der Cetacea.
Einst glaubte ein Philosoph namens Thales,
Alles entstammte dem Wasser.
Wale, versteht Ihr mich?

Ihr langlebigen Leviathane,
Wuchtige Walwesen,
Laßt uns teilhaben an eurem Wissen.
Im Mittelpunkt unseres Mühens steht der Versuch,
Unsere Affengehirne auf Metaphysik zu trimmen.
Wir haben so sehr auf unseren Greifdaumen gestarrt,
Daß wir nie die Zeit noch die Konzentration
aufbrachten,

Die Ihr auf das reine Denken verwenden konntet.
Einst behauptete ein Philosoph namens Einstein,
Dem Beobachter sei alles relativ.
Hört Ihr mich, Titanen?

Wollt Ihr gigantischen Genies,
Ihr stupenden Säuger der See,
Uns nicht einige kleine Hinweise geben,
Ein winziges Beispiel eures ungeheuren Wissens.
Wir machten Harpunen und hatten nur wenig
Mit Ethik im Sinn.
Ihr aber tummelt euch munter im Wasser
Und hattet viel Muße für derlei.
Einst meinte ein Philosoph namens Melville,
Ihr hättet die Geheimnisse des Universums ergründet.
Doch seinen Namen, Wale, nenne ich euch nur
flüsternd.

Hätten wir tatsächlich teil an den Kenntnissen der Wale von den Ozeanen, wären wir in unserem Wissen über die Hydrosphäre mit einem Schlag einen ganzen Schritt weiter, denn diese großen Tiere wandern von den Polarkreisen bis zu den Wendekreisen. Manche Arten wechseln sogar von einem der großen Ozeane in den anderen. Obwohl sie zum Atmen an die Oberfläche kommen müssen, können sie in beträchtliche Tiefen hinabtauchen und bekommen daher wahrscheinlich mehr von der Hydrosphäre mit als jede andere Tierart.

Wie die Atmosphäre zeigen sich auch die Ozeane sowohl in der Vertikalen wie in der Horizontalen veränderlich. Wichtige Faktoren sind die Temperatur, der Salz- und Sauerstoffgehalt sowie die chemische Zusammensetzung. Kräftige Ozeanströmungen sorgen dafür, daß der Kreislauf des Wassers die Erde umspannt und das Aufsteigen von Nährstoffen bestimmt, durch die Gebiete hoher biologischer Produktivität entstehen. Die Hauptozeane –

Atlantik, Pazifik und Indischer Ozean – stehen über das Südmeer miteinander in Verbindung; im Norden verbindet das Nordpolarmeer den Atlantik mit dem Pazifik.

Da in äquatorialen Gegenden mehr Sonnenenergie auftritt als in anderen Weltteilen, sind sie die heißesten Teile unseres Planeten; und die Ozeane fördern in gewissem Sinne wie eine gewaltige Pumpe Wärme vom Äquator zu den Polen, denn sie fließt von warmen an kalte Stellen. Etwas in der Art erkennen wir auch in der Atmosphäre.

Viele Kräfte wirken bei der Entstehung von Meeresströmungen mit, die zum Teil von den Dichteunterschieden des Wassers abhängen. Oberhalb 4° C nimmt die Dichte des Wassers mit zunehmender Temperatur ab und steigt mit zunehmendem Salzgehalt an.

Unter dem Einfluß der Sonnenstrahlung verdunstet das Oberflächenwasser der Ozeane und fällt auf der ganzen Welt als Regen oder Schnee wieder herab, teils auf die Meere, teils auf den Boden, von wo es in den Ozean zurückkehrt. Dabei führt es in den rasch strömenden Flüssen herausgelöste Mineralien und andere Teilchen mit. Der Kreislauf des Wassers bildet ein wichtiges Bindeglied zwischen Wasser, Luft und Erde.

Die Hauptströmungen in den Ozeanen werden an der Oberfläche vom Wind und in den darunterliegenden Wasserschichten durch von Dichteunterschieden bewirkte Schwerkraftwirkungen erzeugt. Oberflächenströmungen gibt es in den verschiedensten Teilen der Erde – Beispiele dafür sind der Golfstrom, der Brasilstrom, der Kuroschio und der Humboldt- oder Perustrom. Tief unter den polwärts gerichteten Oberflächenströmungen streben Rückströmungen zum Äquator.

Für sie alle gelten genau festgelegte Größen von Wärme, Wassermenge und Salzgehalt. Im Weltmaßstab muß in etwa ein Gleichgewicht zwischen Zu- und Abgang von Wärme, Wasser, Salzkonzentration und Salzverbindung bestehen. Diese drei Mengenverhältnisse stehen in einer

Beziehung zueinander, da bei Wärmezufuhr Wasser verdunstet und die Salzkonzentration zunimmt. Weil im Meer lebende Organismen gleichfalls von Temperatur und Salzgehalt abhängen, sind sie auf die verschiedensten physikalischen Zustände angewiesen.

Die Ozeane bilden ein Reservoir für Kohlendioxid, denn in ihnen kommt es zu einem beständigen Austausch zwischen atmosphärischen Gasen und gelösten Bikarbonat-Ionen. Überdies können die gelösten Stoffe unter dem Einfluß von Kalzium Kalziumkarbonatausfällungen bewirken, die in das Benthos absinken (das ist die Gesamtheit der auf und nahe Gewässerböden lebenden Organismen). Mithin hat die Hydrosphäre teil an der Regulierung des in der Atmosphäre enthaltenen Kohlendioxids, das seinerseits das Wetter durch den Treibhauseffekt beeinflußt.

Daß sich Atmosphäre und Hydrosphäre in einem beständigen dynamischen Wechselspiel befinden, wird überaus deutlich an Erscheinungen wie der Klimairregularität El Niño. Diesen merkwürdigen Namen – er bedeutet wörtlich ›das (Jesus-)Kind‹ – gaben spanischsprechende südamerikanische Fischer einer plötzlichen Erwärmung des Wassers vor der Ostküste Perus und Ecuadors, da sie stets, allerdings nicht alljährlich, sondern unregelmäßig, um die Weihnachtszeit auftritt. Dabei verlagern sich Wind- und Meeresströmungen im südpazifischen Becken. Dies Wetterrätsel, das zeitlich großen Schwankungen unterliegt, hat sich in neuerer Zeit im Abstand von wenigen Jahren jeweils sehr drastisch bemerkbar gemacht und in jüngerer Zeit die schlimmsten Verheerungen angerichtet, als es um die Jahreswende 1982/83 in Australien und Südostasien eine Dürre hervorrief, Überflutungen in Südamerika und ein Massensterben von Fischen vor den Küsten Perus und Ecuadors.

Gewöhnlich herrscht im Pazifik vor der Küste dieser Länder Südostwind, doch kehrt sich bei einem El Niño die

Windrichtung um, was zu einer tiefgreifenden Veränderung des Wetters im gesamten tropischen Ozeanbecken führt. Zwar hat die Wissenschaft die Hintergründe dieses Phänomens noch nicht vollständig erforscht, doch ist man davon überzeugt, daß diese Erscheinung zu einem Zyklus gegenseitiger Beeinflussung von Hydrosphäre und Atmosphäre gehört; keine der beiden läßt sich losgelöst von der anderen untersuchen.

Meine bescheidenen Versuche, die Hydrosphäre zu verstehen, haben mich zu der Überzeugung gebracht, daß die Ozeane nicht nur riesig und tief sind, sondern daß auch die dort stattfindenden physikalischen, chemischen und biologischen Prozesse ungeheuer komplex sind. Ich habe darauf hingewiesen, wie schwierig es ist, Wetter und Atmosphäre in Einzelheiten zu verstehen, doch scheint das bei den Ozeanen noch schwieriger zu sein. Klar ist, daß die großen Gewässer miteinander, dem festen Land und der Atmosphäre in starker Wechselbeziehung stehen. Keinen Aspekt eines die ganze Erde betreffenden Prozesses kann man für sich allein genommen verstehen. Der eigentliche Sinn meiner Darstellung liegt hinter all diesen Einzelheiten verborgen. Alle Aspekte der Erde sind so sehr mit allen anderen verknüpft, daß es nicht sinnvoll ist, in Organismen auftretendes Leben isolieren zu wollen, sofern man es nicht in einem planetaren Zusammenhang versteht.

Noch immer habe ich den Eindruck, daß mir die Wale im Verständnis der Ozeane weit voraus sind. Könnten wir doch ein kleines gemeinsames Forschungsunternehmen beginnen – vielleicht ergäbe sich daraus ein besseres Verständnis der Welt. Ich bin dazu bereit, sobald sie es sind.

12
Was ist Leben?

Ein bekannter, früher häufig gesungener Schlager begann: »Brennendheißer Wüstensand ...« Jetzt habe ich eine ungefähre Vorstellung davon, worum es dabei geht, denn in meiner Kajüte ist es seit Sommeranfang nachmittags brennend heiß, viel zu heiß zum Schreiben. Den nächstgelegenen Schatten bietet der riesige Banyanbaum in der Mitte des Ortes, und das scheint auch angemessen; schließlich hatte Buddha lange Zeit unter einem solchen gesessen, bis er zum Baum seiner endgültigen Meditation kam. Natürlich mußte er sich nicht mit Touristen herumschlagen, aber ich habe schon ziemlich viel Übung darin, die Welt um mich herum auszuschließen, wenn ich mich mit weltbewegenden Fragen beschäftige. Es ist jetzt an der Zeit, daß wir uns um das Feuer des Lebens kümmern und uns auf die Suche nach seinem sich dem Zugriff des Menschen entziehenden Geheimnis machen.

Manche sonderbare Geschichte erzählt man sich über die verschlungenen Wege, auf denen Menschen, die nach Erkenntnis strebten, große Mühsal auf sich nahmen und riesige Entfernungen zurücklegten, um schließlich ermattet zu Füßen des von ihnen unter so großen Opfern aufgesuchten Gurus die drängende Frage zu stellen: »Was ist Leben?«

In einem solchen Bericht kommt der Suchende zu einem uralten Weisen hoch in den Bergen von Nepal und fragt ihn nach dem Geheimnis des Lebens. Der Meister,

211

ein mit einem Lendentuch bekleideter Greis voller Runzeln und Falten, blinzelt ihn an und erwidert: »Kauf, wenn alle verkaufen; verkauf, wenn alle kaufen, und sieh zu, daß du ein erfülltes Geschlechtsleben führst.«

In einer anderen Fassung kommt er zum großen Rebbe von Safed und fragt diesen: »Was ist Leben?« Dieser antwortet: »Das Leben ist eine Quelle.« Der Fragesteller tobt. »Da bin ich um die halbe Erde gereist, hab' mein ganzes Geld ausgegeben, mich abgequält, und alles, was du mir sagen kannst, ist, das Leben sei eine Quelle?«

»Na schön, mein Sohn«, sagte der Rebbe. »In dem Fall ist es eben keine.«

Die bloßen Worte »Was ist Leben?« haben für mich einen besonders nostalgischen Klang, denn *Was ist Leben?* heißt ein Buch des Physikers Erwin Schrödinger, das meine Wahl des Faches Biophysik mit beeinflußt hat. Solche Erinnerungen reichen tief, und von Zeit zu Zeit lese ich dies Buch erneut als Beispiel für Schrödingers große Weisheit und Voraussicht. Die heute üblichen Antworten auf diese Frage gehen zum Teil auf die Art seiner Fragestellung zurück, zum Teil aber auch auf den Einfluß, den sein Buch auf eine Generation von Naturwissenschaftlern hatte.

Die Biosphäre, also die gesamte Welt des Lebenden, läßt sich nur schwer in allgemeiner Weise darstellen, da so viele verschiedene Menschen so unterschiedliche Vorstellungen von Leben hatten und haben. Lassen wir einmal für eine Weile den Guru aus Nepal und den Rebbe von Safed beiseite – selbst unter Biologen gibt es schon längst eine große Vielfalt verschiedener Ansichten darüber, welcher Art das Leben ist. Vier davon scheinen die wesentlichsten Gedanken abzudecken und die Perspektive zu eröffnen, auf die ich mich gern konzentrieren möchte. Die erste verweist auf die rund zwei Millionen existierender sowie die zahllosen Millionen ausgestorbener Arten von Organismen und findet Leben in den Myriaden Formen, denen das sonderbare Merkmal des Lebendigseins zu eigen ist. Die zweite konzentriert sich ungeachtet der großen Vielzahl auf die Einheit von Zellen, Organellen und allen dem Ganzen zugrunde liegenden biochemischen Prozessen, um so die erforderliche und hinreichende molekulare Ausrüstung zu finden, die hinter all den rätselhaften Lebensäußerungen steckt. Die dritte Gruppe bilden diejenigen, die sich mit Ökosystemen beschäftigen, den notwendigen Beziehungen zwischen Lebewesen, um zu sehen, wie Organismen, die man miteinander in ihrer Umwelt betrachtet, Eigenschaften und Merkmale aufweisen, die sich nicht zeigen, wenn man sie für sich genommen betrachtet. Diese Sehweise konzentriert sich auf die Rolle des Lebens in der Natur und die der Natur im Leben. Eine vierte Gruppe von Wissenschaftlern versucht, definierende Beziehungen zu erkennen, um sich das Leben im Rahmen der physikalischen Gesetze und der Natur des Kosmos vorzustellen. Für all diese Betrachtungsweisen spricht etwas, sie alle sind auf die eine oder andere Weise gerechtfertigt, denn wie in der Geschichte von den Blinden und dem Elefanten konzentriert sich jeder auf Teileinsichten. Doch erst, wenn man sie unter einem gemeinsamen Blickwinkel zusammenfaßt, bringen sie uns unserer ursprünglichen Frage näher.

Jetzt habe ich, unter dem Banyanbaum im Park sitzend, Muße, eine der ewigen Menschheitsfragen zu untersuchen. Die erste Art, an die Frage »Was ist Leben?« heranzugehen, die, bei der die Organismen ins Auge gefaßt werden, ist am wenigsten abstrakt. Wenden wir uns einer modernen Fassung des Klassifikationssystems zu, das Carl Linné, ein scharfsichtiger schwedischer Botaniker, Anfang des achtzehnten Jahrhunderts als erster formuliert hat. Mit Hilfe einer aus neuerer Zeit stammenden Gruppe von Ordnungskategorien, von denen sich der Begründer des Ordnungssystems nicht träumen ließ, teilen wir heute das gesamte Leben in zwei Überreiche ein: auf der einen Seite die Prokaryonten oder einfache einzellige Formen

213

ohne komplexe intrazelluläre Organellen und auf der anderen die Eukaryonten, die alles andere umfassen. Zu den Prokaryonten gehören Bakterien und Blaualgen, die einfachen Mikroorganismen. Ihre Zellen haben weder Zellkerne noch andere übliche Zellbestandteile. Zu den Eukaryonten gehören die beiden herkömmlichen Reiche Linnés, die Pflanzen und die Tiere, sowie als dritte Gruppe die Protisten, ein buntes Gemisch aus Protozoen, Algen, Pilzen und anderen schwer einzuordnenden Organismen. Es mag seltsam anmuten, daß man gegen Ende der achtziger Jahre unseres Jahrhunderts für die Hauptordnungskategorien das Wort ›Reich‹ verwendet. Dieser Begriff sagt mehr über das Europa des Jahres 1735 aus als über die Biologie, denn zu jener Zeit war nun einmal die gesamte Welt in (von Monarchen beherrschte) Reiche eingeteilt.

Von allen möglichen Arten der Zellorganisation haben also nur zwei bis auf den heutigen Tag überdauert, Prokaryonten und Eukaryonten. Zellen sind entweder sehr einfach wie die Bakterien oder äußerst komplex, wobei sie dann über die Möglichkeit verfügen, sich geschlechtlich zu vermehren. Das ist bei allen anderen Lebewesen der Fall. Zwischenarten oder dazwischenliegende Organisationsformen gibt es nicht. Es kommt uns ungewöhnlich vor, daß nur zwei Organisationsformen ohne Zwischenformen existieren, und der Grund dafür ist uns im Augenblick unerfindlich.

Zur Welt der Lebewesen gehört eine verwirrende Vielzahl von Größenordnungen, Gestaltmerkmalen, Arten der Nahrungsaufnahme und Möglichkeiten, das Überleben sicherzustellen. Die Größe der Organismen reicht von den winzigen, nur wenige Atomdurchmesser großen Mykoplasmen bis zum Blauwal und den Riesensequoien, deren Masse in Dutzenden und Hunderten von Tonnen gemessen wird. Fische leben bei Temperaturen unter dem Gefrierpunkt in arktischen Gewässern und Blaualgen noch bei Temperaturen um den Siedepunkt in heißen

Quellen und Geysiren. Die Fortpflanzungsverfahren reichen von einfacher Zweiteilung einer Zelle bis zu den komplizierten Mustern von Werbung und Paarung, wie wir sie bei Vögeln, Fischen und Säugetieren beobachten können. Für den Menschen haben sich Sexualität und Werbeverhalten zu zentralen Merkmalen der biologischen und gesellschaftlichen Existenz entwickelt. Das zu beobachten gibt es auch im Hafen von Lahaina Gelegenheiten.

Bei meinen eigenen Forschungsarbeiten beschäftige ich mich schon seit einigen Jahren mit diesbezüglichen Eigenschaften und Merkmalen. Ich habe winziges Mykoplasma im Labor untersucht und das Verhalten von Buckelwalen in den Gewässern vor Maui erforscht, ebenso wie das Überleben von Salzkrebschen bei −271° C, gerade zwei Grad oberhalb des absoluten Nullpunktes, sowie das des *bacillus stereothermophilus* bei 60° C. Außerdem habe ich Experimente mit *Escherichia coli* durchgeführt wie auch mit Arten von Mesozoen, die ihren Lebenszyklus ausschließlich innerhalb einer Tintenfischniere vollenden können. Auf diese Weise hat sich mir die große Vielfalt der lebenden Welt eingeprägt, und ich habe sie nicht nur geistig, sondern auch von Angesicht zu Angesicht erfahren und mit meinen Händen gespürt.

Die Welt lebender Organismen ist die Biosphäre, wie sie sich Thoreau am Teich von Walden geboten hat. Zu ihr gehörten Pflanzen und Tiere, die um den Teich und in ihm lebten, sich vermehrten, heranwuchsen und täglich neue Faszination in die Umwelt des an der Natur Interessierten brachten. Man denke nur daran, wie er den Krieg zwischen zwei Ameisenarten, den Vogelzug oder die im Teich schwimmenden Fische beschrieb. Die Welt der Natur, wie sie sich uns darstellt, liefert eine großartige, deutliche und greifbare Antwort auf die Frage ›Was ist Leben?‹.

Hinter der Fülle von Millionen gegenwärtiger und früherer Arten stehen Merkmale, die allen Lebewesen gemeinsam sind. Alles Leben besteht aus Zellen, winzigen, von einer dünnen Lipidmembran umgebenen Einheiten. Die Energie für alle Lebensprozesse liefern die schon behandelten ATP-Moleküle. Jegliches Leben besteht aus Proteinen, Nukleinsäuren, Fettsäuren und Zucker, verschlüsselt seine Informationen in der DNS und verwendet dazu denselben universellen Code. Alle Zellen arbeiten mit derselben Art von Proteinsynthese, haben dieselben Ribosomen sowie Übertragungs- und Boten-RNS. Noch weitere Einzelheiten ließen sich aufzählen, denn die gemeinsamen Merkmale von Molekularbestandteilen sind zahlreich, und die Regeln, denen sie unterworfen sind, gelten ganz allgemein.

Im Rahmen dieser Verallgemeinerungen spürt der Molekularbiologe dem Wesen des Lebens nach. Er sucht es in den Organellen und Molekülen, die in allen Lebewesen eine so bemerkenswerte Ähnlichkeit aufweisen, eine Vorgehensweise, die man als Reduktionismus bezeichnet. Sie erläutert die Funktion von Organismen in Abhängigkeit von Zellen und Geweben und untersucht Zellen als Organellansammlungen, die ihrerseits als Ansammlungen von Makromolekülen gesehen werden. Große und kleine Moleküle werden nach den Vorstellungen von Physik und Chemie erfaßt. Selbstverständlich handelt es sich dabei um eine rückblickende Betrachtungsweise, da wir uns gegenwärtig nicht imstande sehen, die Notwendigkeit des Lebens aus den Eigenschaften von Atomen und Molekülen herzuleiten.

Diese Unterscheidung zwischen Vielfalt und Einheit, zwischen dem Blick auf die Gesamtheit des Lebens und der Suche nach allgemeinen Grundsätzen ist nicht neu. So finden wir bei Aristoteles in seinem Werk *De partibus animalium* folgende Erwägung:

Müssen wir denn zur Behandlung jeder Art – Mensch, Löwe, Ochse und so weiter – zuvörderst jedes Exemplar unabhängig von den übrigen betrachten, oder sollten

wir uns nicht lieber zuerst mit den Merkmalen beschäf-
tigen, die sie aufgrund gleicher Wesenseigenschaften
miteinander gemein haben, und sie als Grundlagen für
ihre getrennte Betrachtung benutzen?

Die Einzelheiten haben sich stark verändert, und das Wissen hat ungeheuer zugenommen, aber die ersten beiden der oben vorgestellten Betrachtungsweisen des Lebens blicken auf eine bedeutende Vergangenheit zurück.

Die dritte deckt sich mit dem Arbeitsbereich des allgemeinen Ökologen, der erkennt, daß alle Lebewesen Energie und Materie aufnehmen und sie in für Wachstum und Vermehrung geeignete Formen umsetzen müssen. Das veranlaßt uns, das Augenmerk auf den ersten Zufluß von Energie in das gesamte Ökosystem zu richten, deren Durchgang durch verschiedene Teile und schließlich ihren Austritt. In ähnlicher Weise führen Ein- und Austritt von Materie zum Nachdenken über die großen, die Welt umspannenden Kreisläufe von Kohlenstoff, Stickstoff, Schwefel und Phosphor. Eine solche Sehweise konzentriert sich auf die Beziehung zwischen den Arten – hier die, die fressen, und dort jene, die gefressen werden.

Unser Verständnis des physikalischen Universums bezieht sich auf die Kriterien Materie, Energie und Struktur oder Information. Alle aktiven Prozesse werden vom Energiefluß gespeist. Es ist kein Zufall, daß die biologischen Abläufe auf der ganzen Welt auf diese Weise in Gang gehalten werden; es handelt sich hier um eine durch die Grundgesetze der Physik bedingte absolute Notwendigkeit. Alle dynamischen Systeme arbeiten in ähnlicher Weise.

Jedes ökologische System gründet sich auf die Urerzeuger, Organismen, die Energie aus der Umwelt aufnehmen. Sie befinden sich auf der ersten trophischen Stufe (›trophisch‹ bedeutet soviel wie ›die Gewebeernährung betreffend‹) und bedienen sich vorwiegend der Photosynthese –

es sind also Pflanzen, Bakterien und Algen, die Sonnenenergie aufnehmen und sie in eine für die biochemische Verwendung geeignete Form umwandeln.

Auf der zweiten trophischen Stufe finden wir Weidetiere, Organismen, die ihre Energie durch den Verzehr von Urerzeugern oder deren Produkten decken. Kühe, Elefanten, Körnerfresser unter den Vögeln, sich von pflanzlichem Plankton ernährendes tierisches Plankton, früchtefressende Affen und zahlreiche andere Arten decken ihren Energiebedarf, indem sie Pflanzen und Algen verzehren. Durch die Photosynthese fixierter Kohlenstoff, von Bakterien in Ammoniak umgewandelter Stickstoff sowie Schwefel und Phosphor aus dem Boden befinden sich in ihrem jeweiligen Kreislauf.

Weidetiere dienen den Fleischfressern als Nahrung, diese den höheren Fleischfressern, und allgegenwärtig sind die Saprobionten, pflanzliche wie tierische Lebewesen, die sich von in Zerfall übergehender organischer Substanz, Exkrementen und sonstigen Fäulnis- und Zersetzungsprodukten ernähren. Da ein und dieselbe Energie und Materie alle diese Stufen durchläuft, stehen diese innerhalb eines riesigen komplexen Netzes in enger Beziehung miteinander. Die Untersuchung des Lebens in diesem Zusammenhang wird zur Untersuchung der Beziehung zwischen Organismen sowie der Gründe, weshalb wer wen frißt.

Ein neu entdecktes Ökosystem zeigt die Allgemeingültigkeit dieser Betrachtungsweise. In den lichtlosen Tiefen der Meere steigen im Galapagosgraben vor der südamerikanischen Küste durch Vulkantätigkeit Schwefelwasserstoffblasen auf. Gewisse Bakterien sind imstande, diese Schwefelverbindung zu oxidieren und die auf diese Weise gewonnene Energie für alle erforderlichen biologischen Prozesse zu nutzen. Innerhalb dieses Systems stellen diese Bakterien die erste trophische Stufe dar. Sie dienen winzigen Tieren als Nahrung, diese wiederum größeren und so weiter durch die Nahrungskette, bis das Ganze schließlich zu einem vollständigen ökologischen System wird, das unabhängig vom Sonnenlicht funktioniert und dennoch in den Zusammenhang unserer allgemeinen Beschreibung eines von einem Energiefluß in Gang gehaltenen Prozesses paßt. Nach Zufuhr von chemischer Energie, hier also Schwefelwasserstoff, tritt Wärme aus; das Ganze ergibt ein vollständiges biologisches System.

Eine vierte Sehweise des Lebens läßt vorderhand all die geheimnisvollen Bestandteile wie Atome, Moleküle, Organellen, Zellen, Organismen und Ökosysteme beiseite und wendet sich einstweilen den allgemeinsten Funktionsmerkmalen des Lebens zu, der ihm letztlich zugrunde liegenden Logik. Mit einem Vergleich aus der Computerwelt gesagt, kümmert sich diese Betrachtungsweise um die nicht in ihre Bestandteile zerlegbare ›Software‹, die Programmausrüstung, die erforderlich ist, um auf mathematischer Grundlage zu programmieren, was von den Zwängen der ›Hardware‹ (der ›technischen‹ Ausrüstung) betroffen ist. Dennoch ergeben sich daraus gewisse Folgerungen bezüglich der Art von Objekten, die sich dieser Logik entsprechend zu verhalten vermögen.

Vertiefen wir den Vergleich mit ›Software‹ und ›Hardware‹: Die Eiweißmoleküle, Nukleinsäuren und dergleichen, Bausteine, die allem Leben gemeinsam sind, bilden die Hardware. Auf der Molekülebene sind sie die Funktionsträger lebender Organismen, wie Siliziumchips, Schalter und Verdrahtung Funktionsträger von Computern sind. Die Software des Lebens, die Programme und die Logik, nach denen es abläuft, ist der Wissenschaft zur Zeit noch nicht so klar wie die Hardware, doch müssen wir uns näher mit ihr beschäftigen, wenn wir erfahren wollen, ob Leben ausschließlich auf Planeten von der Art des unsrigen vorkommen kann, weil es beispielsweise auf die Kohlenstoffchemie, das Vorhandensein von Wasser oder andere Merkmale angewiesen ist, die sich speziell auf der Erde finden. Wir denken dabei an Merkmale, die Einheiten besitzen müßten, damit wir sie als ›lebend‹ ansehen könnten. Auf einen geradezu kosmischen Nenner gebracht hat das der Biophysiker J. D. Bernal mit seiner Formulierung: »Eine wahre Biologie im umfassenden Sinne wäre die Untersuchung der Natur und der Aktivität aller organisierten Objekte, wo auch immer man sie findet – auf diesem Planeten, auf anderen Planeten im Sonnensystem, in anderen Sonnensystemen und anderen Galaxien – zu allen Zeiten, in der Zukunft wie in der Vergangenheit.« So weit gefaßt wie der seinige wird unser Rahmen nicht sein, aber dies Zitat mit buchstäblich kosmischen Dimensionen ist doch ganz hübsch.

Einige dieser eher abstrakten Erwägungen zum Wesen des Lebens wurden seinerzeit bei der Auswahl der Experimente für die Landeeinheit der Viking-Sonde berücksichtigt, die feststellen sollte, ob es auf dem Mars organisches Leben gibt. Die Wissenschaftler, die nur ein äußerst beschränktes Wissen von der Chemie der unerforschten Marsoberfläche besaßen, wollten Ausschau nach Aktivitäten halten, die in unseren Augen als ›Leben‹ gelten. Dazu war eine weit allgemeinere Sehweise erforderlich, als sie im Zusammenhang mit der Biologie auf der Erde üblich ist. Bisher deuten die bei jenem Unternehmen gewonnenen Ergebnisse nicht darauf hin, daß es auf dem Mars etwas geben könnte, das wir als Leben bezeichnen würden, auch wenn dort interessante chemische Zyklen stattzufinden scheinen.

Bei der Frage nach dem Wesen des Lebens werden wir erst einmal nach Art der rätselhaften Zen-Meister über etwas reden, das mit dem Gegenstand unserer Untersuchung nichts zu tun zu haben scheint – wir wenden uns den Hauptsätzen der Thermodynamik zu. Leben scheint ein dem Kosmos zutiefst eigenes Merkmal zu sein, und unsere Untersuchung seines Wesens muß uns zu den Gesetzen der Physik führen – immerhin sind sie die erfolgreichsten Formulierungen, die die Menschheit bisher bei der Erforschung tiefreichender Fragen gefunden hat. Mit den Worten des Biochemikers und Nobelpreisträgers George Wald gesagt, verkörpert ein Physiker die Möglichkeiten eines Atoms, Atome zu verstehen. In diesem Geiste wollen wir fortfahren.

Lebewesen bestehen, was auch immer sie sonst sein mögen, aus Atomen und Molekülen, denselben Grundbausteinen wie das gesamte übrige Universum. Entweder verhalten sich Lebewesen entsprechend den Gesetzen der Physik, oder mit deren Allgemeingültigkeit ist es nicht weit her. Möglicherweise übersteigt die Aufgabe, das Leben oder Denken zu verstehen, die Fähigkeiten unserer heutigen Physik, doch fällt uns die Vorstellung von Verstößen gegen die Systematik dieser Gesetze schwer. Beginnen wir also mit dem Bekannten und blicken bei unserer Suche nach dem Sinn über dessen Begrenzungen hinaus. Um bei den Grundlagen anzufangen: Wer sich um ein abstraktes Verständnis dessen bemüht, was wir unter Leben verstehen, muß Energie, Entropie, Temperatur und Ordnung mit einbeziehen. Getragen wird unser Verständnis aller biologischen Erscheinungen von den ersten beiden Hauptsätzen der Thermodynamik. Der erste besagt, daß Energie bewahrt wird; die Veränderung im Energiehaushalt eines Systems ergibt sich aus der Verminderung der aufgenommenen um die ausgetretene Energie. Innerhalb des Systems läßt sich Energie weder erzeugen noch vernichten.

Energie ist möglicherweise der wichtigste Begriff in der Physik. Ein Großteil der im neunzehnten Jahrhundert auf jenem Gebiet durchgeführten Forschung beschäftigte sich mit dem Verständnis der Energie und versuchte, sie in all ihren Erscheinungsformen genau zu messen. Noch immer beherrscht diese zentrale Größe der Naturphilosophie die Theorie allenthalben, von der Teilchenphysik bis hin zur Biophysik. Die allgemeine Relativitätstheorie mit der berühmten Gleichung $E = mc^2$ läßt selbstverständlich die Umwandlung von Masse in Energie zu. Wenn wir Masse als eine der Erscheinungsformen von Energie ansehen, gilt die zuvor gemachte Aussage des ersten Hauptsatzes der Thermodynamik für alle Systeme.

Im Kapitel über die Propädeutik habe ich erläutert, wie ich meinen Bootsnachbarn den Begriff der Energie nahebringen würde, und jetzt habe ich das Thema schon wieder beim Wickel. Das heißt aber nicht etwa, daß ich mich wiederhole; wir versuchen jetzt lediglich, die Frage der Energie noch gründlicher zu verstehen. Womit auch immer ich damals meine Nachbarn verlockt habe, ich würde es erneut tun und ihnen ausmalen, wie aufregend es ist, jetzt endlich zu erkennen, wie sich die Dinge wirklich abspielen.

Energie kann nicht nur in Gestalt von Wärme oder Strahlung in ein System eintreten, sondern auch in Form von Arbeit, die an dessen Inhalt verrichtet wird, sowie auch gemeinsam mit Materie. Strömen beispielsweise in den Zylinder eines Verbrennungsmotors Benzin und Sauerstoff ein, zeigt sich sehr rasch, nämlich im Augenblick der Zündung, deutlich, daß es sich dabei um Energie handelt. Auf entsprechende Weise kann Energie aus einem System austreten.

Physiker unterscheiden mit Bezug auf den Materie- und Energiefluß dreierlei Systeme. In *isolierten* Systemen gibt es keinerlei Fluß. Als Beispiel dafür denke man sich das Innere einer sehr gut isolierten Kiste. In *geschlossenen* Systemen fließt zwar Energie, aber keine Materie. Ein Beispiel dafür wäre ebenjene isolierte Kiste, die jetzt aber ein Fenster besitzt, das dem Licht oder der Wärme Zutritt zu ihrem Inneren ermöglicht. Auch die Erdoberfläche kann als ein solches geschlossenes System angesehen werden. Zwar beschränkt sich der Materiefluß auf das gelegentliche Eindringen von Meteoriten und das Austreten von Stickstoff aus der oberen Atmosphäre, doch fließt beständig elektromagnetische Energie von der Sonne zur Erde und durch infrarote Strahlung von ihr zurück in den Weltraum. Eine dritte Kategorie bilden *offene* Systeme, die sowohl der Energie wie auch der Materie Zu- und Austritt gestatten.

Mit diesem Wissen von den verschiedenen Arten der Systeme können wir uns dem zweiten Hauptsatz der Thermodynamik zuwenden. Er besagt, daß isolierte Systeme dem Höchstmaß an molekularer Unordnung zustreben, das mit der Gesamtenergie vereinbar ist, die sie besitzen. Da das Maß für diese molekulare Unordnung die Menge an Entropie ist, wird der zweite Hauptsatz häufig so formuliert, daß die Entropie isolierter Systeme beständig zunimmt, bis sie einen Höchstwert erreicht, bei dem sich innerhalb des Systems ein Gleichgewicht einstellt.

Organisierte Systeme neigen gleichfalls zur Unordnung, doch läßt sich diesem Bestreben durch die Aufnahme hochwertiger Energie entgegenwirken, mit deren Hilfe Arbeit geleistet wird, die das System ordnet; gleichzeitig wird geringwertige Energie, gewöhnlich in Form von Wärme, an die Umgebung abgegeben. Isolierte Systeme können nicht im Zustand der Ordnung bleiben; um einen anderen Zustand als den des Gleichgewichts aufrechtzuerhalten, ist der ständige Durchfluß von Energie erforderlich. Hier haben wir das allgemeinste Merkmal der Klasse von Einheiten, der Lebewesen angehören: die Aufrechterhaltung von Ordnung mit Hilfe eines Energiedurchflusses.

Bei weiterer Durchdringung der vierten Betrachtungsweise, die sich mit der Frage des Lebens beschäftigt, können wir eine vor vielen Jahren vom Mikrobiologen J. Perrett formulierte Definition einbeziehen, denn ich denke, daß die meisten Biologen sie akzeptieren würden. Wenn sie auch nicht von der eindrucksvollen Allgemeinheit ist, mit der Bernal seine kosmische Sehweise formuliert hat, so besitzt sie doch die Art von Genauigkeit, wie Exobiologen sie bei der Suche nach Leben auf anderen Planeten und in anderen Sonnensystemen brauchen könnten. Bei Perrett heißt es: »Leben ist ein sich potentiell selbst erneuerndes offenes System miteinander verbundener organischer Reaktionen. Sie werden schrittweise und nahezu isothermisch durch komplexe und spezifische organische Katalysatoren herbeigeführt, die das System seinerseits selbst erzeugt.« Was wie Wissenschaftsjargon klingt, ist in Wirklichkeit eine sehr verdichtete Aussage, die viele Gesichtspunkte über das Leben mit einbezieht und die man Stück für Stück nachvollziehen kann. Wir werden sie auf den nächsten Seiten näher untersuchen und den Hintergrund dazu liefern, so daß wir ein allgemeines Verständnis dessen zu gewinnen vermögen, was wir unter Leben verstehen.

Als erstes wollen wir uns dem Gedanken zuwenden, daß es sich bei dem, was wir ›Leben‹ nennen, um ein offenes System handelt, genauer gesagt, daß lebende Organismen selbst offene Systeme sind. Leben ist ein Merkmal, lebende Organismen hingegen sind Einheiten. Da die Definition von offenen Systemen ausgeht, beschreibt sie Objektarten. Diese sprachlichen Fragen sind keineswegs unerheblich, da wir im Begriff stehen, das Leben als Merkmal von Planeten und nicht von Einheiten zu beschreiben, die als lebende Organismen bezeichnet werden, denn sonst müßte die obenstehende Definition beginnen: »Leben ist das Merkmal eines sich potentiell . . .«

Richten wir unser Augenmerk erneut auf den Gedanken, daß es sich bei lebenden Organismen um offene Systeme handelt. Der Begriff ›System‹ wird hier im Sinne der Thermodynamik verwendet. Dabei handelt es sich um ein Volumen oder einen Bereich eines Raumes, den wir uns von einer gedachten Oberfläche umgeben vorstellen können. Damit sind wir imstande, einen genau umschriebenen kleinen Raum zur näheren Untersuchung vom übrigen Universum abzutrennen.

Entspricht die gedachte Oberfläche nicht einer wirklichen Sperre, ist das System innerhalb seiner Umgebung kontinuierlich und verfügt im gewöhnlichen Sinne nicht über eine Existenz als Einheit. Stellen wir uns also tatsächliche Trennungsmechanismen vor. Eine Sperre könnte den Durchfluß von Materie oder Energie durch eine Membran verhindern und so ein isoliertes System erzeugen. Es wäre auch eine Sperre denkbar, die zwar Energie durchläßt, nicht aber Materie – das Ergebnis wäre ein geschlossenes System. Wenn darüber hinaus eine Sperre den Durchfluß von Materie und Energie teilweise beschränkte, beispielsweise eine semipermeable Membran von der Art, wie sie bei Osmoseexperimenten verwendet wird, fänden kleine Moleküle Durchlaß, nicht aber große.

Ein vollständig isoliertes System vermag über längere Zeit hinweg kein Leben zu erhalten. Machen wir ein Gedankenexperiment mit einem im Gleichgewicht befindlichen versiegelten Aquarium oder Terrarium in einer isolierten Kiste, zu dem Licht und Wärme keinen Zutritt haben und aus dem sie auch nicht entweichen können. Ohne Licht würde das Wachstum der Pflanzen aufhören, die Tiere würden aus Nahrungsmangel eingehen, und die Zersetzungsprozesse würden schließlich die Kiste mit Kohlendioxid, Ammoniak, Stickstoff und anderen Zerfallsprodukten anfüllen. Da sich durch die in ihr stattfindenden chemischen Reaktionen der Inhalt der isolierten Kiste aufheizen würde, käme es zu einem weiteren Zerfall, und nach langer Zeit würde der Inhalt ein vollständiges chemisches Gleichgewicht der thermodynamisch stabilsten Moleküle erreichen.

Bei einem zweiten Gedankenexperiment bringen wir dieselbe Art von verschlossenem Aquarium oder Terrarium wie beim ersten in eine Umgebung von konstanter Temperatur. Auch hier würde wegen des fehlenden Lichts die Photosynthese aufhören und das System sich hin zu einem Zustand des Todes, Zerfalls und schließlich eines chemischen Gleichgewichts bewegen, eben zum Zustand der höchsten Entropie. Setzen wir eine Lichtquelle in ein im Zustand der Ausgewogenheit befindliches System, kann es das Leben sehr lange erhalten. Man hat bei Experimenten mit solchen versiegelten Ökosystemen festgestellt, daß sie mehrere Jahre hindurch lebensfähig sind, und zwar, weil ein Energiefluß sie speist: Licht tritt ein, Wärme aus.

Das hier beschriebene Mikroökosystem ist für den Materiefluß verschlossen, aber offen für den Energiefluß, der in Gestalt elektromagnetischer Strahlung Zutritt hat. Ein Einzelorganismus muß für beide offen sein, denn er tauscht mit seiner Umgebung zumindest Sauerstoff, Kohlendioxid und Wasser aus. Um zu wachsen, muß er auf die eine oder andere Weise Moleküle aufnehmen. Lebende Organismen müssen unter allen Umständen offene Systeme sein, denn es ist für sie unerläßlich, Energie entweder in Gestalt von Licht oder von Nahrung aufzunehmen und Materie in Gestalt von Nahrung, Atemgas oder Ausscheidungsprodukten auszutauschen.

Damit sie als offene Systeme zu existieren vermögen, können alle Einheiten von einer Sperrschicht umgeben sein. Sie besteht auf der Zellebene aus einer Membran, einer sehr dünnen fetthaltigen Molekülschicht, die die Zellen umgibt und den Ein- und Austritt anderer Moleküle steuert. Auch wenn die Sperren bei größeren Systemen komplizierter sind, handelt es sich stets auf die eine oder andere Weise um Zellmembranen.

Bei einem erneuten Blick auf Perretts Definition stellen wir fest, daß die offenen Systeme darauf angewiesen sind, aus eigener Kraft zu überdauern, sich selbst zu erneuern. Leben heißt also Fortdauer. Was leben will, muß der Entropie durch ständige Erneuerung beschädigter Teile und dadurch entgegenwirken, daß Ersatzzellen nachwachsen. Das Überdauern aus eigener Kraft ist auf zweierlei Weise möglich: einmal durch Reparatur bestehender Organismen oder deren Teilen oder aber durch Fortpflanzung –

die Synthese neuer Organismen mit derselben genetischen Information, wie sie die Erzeuger besitzen. Da alles Leben auf der Erde ein gleichförmiger Fluß zu sein scheint, der weiter als drei Milliarden Jahre in die Vergangenheit reicht, ist das Prinzip der Fortdauer von wesentlicher Bedeutung.

Das Wort ›potentiell‹ in »sich potentiell selbst erneuerndes offenes System« erinnert uns daran, daß Leben auch in Gestalt von Samen oder Sporen existieren und in dieser Form eine ganze Weile überdauern kann. Immerhin haben sich diese Zustände ›aufgehobener Belebtheit‹ eben zu dem Zweck entwickelt, den Zerfallsprozeß zu verlangsamen. Eingetrocknete Eier von Salzkrebschen bleiben jahrhundertelang keimfähig, und aus in den Pyramiden des alten Ägypten gefundenen Samenkörnern wuchsen, als man sie nach etwa zweitausend Jahren in den Boden legte, Pflanzen heran. Doch letzten Endes müssen sich auch diese Systeme durch Wachstum erneuern, wollen sie nicht zerfallen und absterben.

Als nächstes kommen wir zur Beschreibung des Systems als »miteinander verbundene organische Reaktionen«. Der Begriff ›organisch‹ besagt, daß die – früher als ›organische‹ bezeichnete – Kohlenstoffchemie dabei eine Rolle spielen muß. Hier wird der Begriff ›Leben‹ auf Chemikalienarten eingegrenzt, mit denen wir vertraut sind. Der Autor hätte auch allgemeiner sagen können »miteinander verbundene chemische Reaktionen«. Doch beim Blick auf das Periodensystem der chemischen Elemente mit der Vielzahl aller möglichen Arten von Atomen erscheint uns Naturwissenschaftlern die Einzigartigkeit des Kohlen- und Stickstoffs mit Bezug auf ihre Fähigkeit, große stabile Verbindungen zu erzeugen, so hervorstechend, daß wir uns ein auf anderen atomaren Bausteinen gründendes Leben – selbst in Perretts äußerst allgemeinem Sinn – nur schwer vorzustellen vermögen. Eine Vielzahl äußerst tüchtiger Chemiker hat sich mit diesen Fragen beschäftigt, und sie alle scheinen davon überzeugt zu sein, daß die

Unterschiede zwischen Atomen hinreichend groß sind, um einige deutliche Einschränkungen mit Bezug darauf zu machen, welche Elemente für das Leben in Frage kommen. Sosehr es sich empfiehlt, solche Fragen mit Vorsicht und undogmatisch zu behandeln, so scheint doch die Kohlenstoffchemie ein für den Prozeß des Lebens unerläßliches Merkmal zu sein.

Als nächstes werden die Reaktionen als »schrittweise und nahezu isothermisch durch komplexe und spezifische organische Katalysatoren herbeigeführt« beschrieben. Könnten innerhalb einer lebenden Zelle alle möglichen chemischen Reaktionen stattfinden, käme dabei ein vollständiges Chaos heraus, ein Durcheinander von Abermillionen chemischer Verbindungen ohne Plan oder Sinn. Doch die einzigen chemischen Reaktionen, die in größerem Umfang stattfinden, sind die, für die Katalysatoren zur Verfügung stehen. Diese Katalysatoren (in lebenden Zellen sind das die Enzyme) wählen aus allen möglichen chemischen Reaktionen eine kleine begrenzte Untergruppe jener aus, die tatsächlich stattfinden. Das Merkmal, das lebende Systeme kennzeichnet, ist, daß bestimmte Katalysatoren vorhanden sind, »die das System seinerseits selbst erzeugt«. Das gewährleistet die geforderte Selbsterneuerung, denn die auf diese Weise erzeugten Katalysatoren steuern die chemischen Abläufe innerhalb des Systems so, daß ihre eigene Synthese begünstigt wird.

Die Bedingung einer »schrittweise erfolgenden und nahezu isothermischen« Katalyse sorgt für eine gleichbleibende und geordnete Reihe chemischer Reaktionen (im Unterschied zu Detonationen oder Verpuffungen, die sich zwar selbst erneuern können, aber nicht die Art großer Moleküle zu erzeugen vermögen, die als spezifische Katalysatoren verlangt werden). Der Grundgedanke dabei ist, daß eine Zelle oder ein Organismus eine chemische Maschine sein soll und nicht eine Wärmekraftmaschine.

Die Definition führt zwar keine spezifischen ›Hardware‹-Bestandteile auf, aber man könnte aus ihr die Notwendigkeit einer begrenzenden Membran herleiten, einer Art von Informationsspeichermechanismus und eine Einrichtung zur Synthese bestimmter Katalysatoren.

Wir können uns jetzt den Wechselbeziehungen zwischen den vier Sehweisen des Lebens zuwenden. Die abstrakte Definition behandelt die Frage auf die allgemeinste chemisch-physikalische Art (mit Ausnahme des Wortes ›organisch‹) und liefert eine logische Grundlage für die Suche nach dem Leben irgendwo im Universum. Die auf die Moleküle gestützte Sehweise des Lebens stellt eine sehr detaillierte Beschreibung des einen Planeten dar, den wir kennen, und verkörpert faktisch die dem Leben innewohnende Logik. Doch kann es sich dabei nicht nur um eine einzigartige Verkörperung dieser Logik handeln, sondern auch um eins von vielen möglichen Beispielen des Phänomens. Wir sind gegenwärtig nicht imstande, zwischen diesen beiden Möglichkeiten endgültig zu entscheiden. Bekannt ist aber die Universalität der auf molekulare Hardware zurückgreifenden Vorgehensweise unter lebenden Geschöpfen auf der Erde. Allen zwei Millionen Arten sind zahlreiche Merkmale des Stoffwechsels wie auch der genetischen Abläufe gemeinsam. Gewöhnlich werden diese großen Ähnlichkeiten auf die gemeinsame Herkunft zurückgeführt, doch gibt es möglicherweise noch tiefergehende Zwänge. Wohl ist klar, daß es auf jeden Fall eine Beziehung zwischen der Logik und den Hardwarebestandteilen gibt, doch müssen wir sie noch zu verstehen lernen. Wir können uns darauf freuen, daß sich auf diesem Gebiet wunderbare neue Erkenntnisse einstellen werden, sobald diese Beziehung einmal erkannt ist.

Wenn die Grundsätze der Molekularbiologie eine auf chemischen Grundlagen beruhende Verkörperung der Logik des Lebens sind, bedeutet die Existenz einer Vielzahl lebender Organismen die breitere Anwendung dieser

Grundsätze der Molekularbiologie, denn jede existierende Art steht für einen praktikablen Plan, mit dessen Hilfe die Mechanismen zu einer Funktionseinheit zusammengefaßt werden können. Die zulässigen Einheiten sind jedoch weder voneinander noch von ihrer Umgebung unabhängig. Kein Parasit kann ohne seinen Wirt auskommen, kein Weidetier ohne seine Nährpflanzen und kein Raubtier ohne seine Beute. Tiere sind auf die Kohlenstofffixierung durch Pflanzen angewiesen und beide wiederum auf die Stickstofffixierung durch Bakterien. Pflanzen und Tiere brauchen den Gasaustausch mit der Atmosphäre, und wie wir schon früher gesehen haben, läßt sich diese als gasförmiger Bestandteil der Biosphäre ansehen, denn ihre chemische Zusammensetzung wird durch das Tun lebender Organismen stark beeinflußt. Die Atmosphäre steht über gelöste Gase in einer Wechselbeziehung zum Ozean, und über den Kreislauf des Wassers wirken Atmosphäre und Hydrosphäre aufeinander ein.

So betont die ökologische Sehweise der Biologie, wie einerseits Organismen aufeinander angewiesen sind, aber auch andererseits auf die Umwelt und diese auf sie. Diese Umwelt aber ist nichts Abstraktes, keine vorgegebene geophysikalische Größe. Auf sie wirken neben den Stoffwechselaktivitäten auch Wachstum und Erosionskräfte von Organismen stark ein, und die Atmosphäre besteht weithin aus Gasen der Biosphäre. Jede der drei ursprünglichen Geosphären – Erde, Luft und Wasser – unterliegt in starkem Maße der Einwirkung durch Organismen oder wird, wie es Lovelock sagt, von ihnen reguliert.

Ausgehend von der Frage »Was ist Leben?«, konzentrieren wir uns auf allgemeine Merkmale lebender Organismen und entdecken, welche Schwierigkeiten es mit sich bringt, ein bestimmtes Wesen losgelöst von den anderen zu betrachten. Auch wenn John Donne mit seinen Worten »Niemand ist eine Insel, die sich selbst genügt« ein psychologisches Phänomen gemeint haben dürfte, so ist auch in einem physikalisch-chemischen Sinne kein Lebewesen eine Insel und auf sich allein gestellt: Jedes einzelne muß in Abhängigkeit von seiner physikalischen und biologischen Umwelt gesehen werden.

Tatsächlich geht es in Donnes Formulierung nicht um Beziehungen in jenem materiellen Sinne, in dem wir alle miteinander in Verbindung stehen. Er schrieb:

Niemand ist eine Insel, die sich selbst genügt; jeder ist ein Stück des Kontinents, ein Teil des Ganzen. Spült die See einen Erdklumpen fort, wird davon Europa ebensosehr vermindert, als ginge es um eine ganze Landzunge, um ein Besitztum deiner Freunde oder dein eigenes. Der Tod eines jeden Menschen vermindert mich, denn ich bin in die Menschheit eingeschlossen. Daher schicke niemanden je aus zu erfragen, wem die Stunde schlägt; sie schlägt dir.

Die physikalische Umwelt ist von der biologischen nicht ablösbar, sie wirken aufeinander ein und regulieren sich gegenseitig. Mithin ist Leben ein Gesamtmerkmal aller miteinander in Wechselbeziehung stehender Einheiten. In einem durchaus realen Sinne ist Leben ein Merkmal des Planeten, und dessen örtlich sehr eingegrenzte Manifestationen sind einzelne Organismen, die äußerst komplexe molekulare Einzelheiten verkörpern. Bei einer auf die Biosphäre bezogenen Sehweise müssen die molekularen Merkmale den globalen zugeordnet werden. Wenn wir das Leben vollständig verstehen wollen, ist es erforderlich, daß wir die ökologische Sehweise mit der molekularen zur Deckung bringen.

Auf die Gefahr hin, daß ich den Eindruck erwecke, mich zu wiederholen: Es lohnt sich, die Vorstellung vom Leben als eines dem Planeten eigenen Merkmals gründlich zu durchdenken. In einer überwachten und isolierten Laborsituation ist ein Organismus imstande zu existieren, und er kann in einer regulierten Umgebung, der Nahrung und Sauerstoff zugeführt und aus der Abfallprodukte beseitigt werden, am Leben bleiben. In der Natur entgeht eine Art dem Aussterben, indem sie Energie und Nährstoffe aus einer Umgebung gewinnt, die mit Bezug auf Temperatur, pH-Wert, Giftstoffe, Spurenelemente und eine Vielzahl anderer Anforderungen innerhalb annehmbarer Grenzwerte bleibt. Aufrechterhalten werden diese Grenzwerte durch die zyklisch ablaufenden Prozesse in der Atmosphäre, Hydrosphäre und Lithosphäre sowie durch eine der Regulierung dienende Rückkopplung innerhalb der vier Geosphären, wobei die Biosphäre in besonderer Weise auf Atmosphäre und Hydrosphäre einwirkt. Damit das Leben auf einem Planeten weitergehen kann, müssen all diese Faktoren aufeinander eingespielt sein und muß alles seine Ordnung haben.

13
Die Geschichte des Universums

Der Haleakala ist ein großer rotschwarzgrauer Vulkanberg. Sein Krater ist groß genug, um ganz Manhattan aufzunehmen. Ihn von Sliding Sands bis hin zu Halemaua zu durchqueren, dauert etwa sechs Stunden. Bei dieser Wanderung hat man das Gefühl, über eine Berg-und-Tal-Bahn zu gehen, aber ich unternehme sie, weil die Luft dort rein und die bunte gezackte Umgebung still und beruhigend ist. Mich begleitet ein Botaniker, der über ein beachtliches Wissen von der örtlichen Flora gebietet, so daß es nicht nur eine Wanderung ist, sondern auch ein Lerngang. In Wirklichkeit will ich mich in die richtige Stimmung versetzen, um über die Geschichte des Universums vom ›Urknall‹ bis zur Gegenwart zu berichten, und diese grauen Schlackenkegel und roten Lavahügel verhelfen mir dazu. Schon früher habe ich hier draußen unter den Sternen geschlafen, und auch das vermittelt ein Gefühl der Nähe zu sich fernhin erstreckenden Galaxien, Quasaren und Schwarzen Löchern, wenn nicht sogar des Einsseins mit ihnen.

Vielleicht ist eine Erklärung angebracht, denn das Vorhaben, eine Geschichte des Universums zu verfassen, wirkt wohl ziemlich überheblich. Jetzt, da ich gezeigt habe, daß Leben eher ein Merkmal von Planeten ist als eines von Organismen, ist der Weg frei für die Vorstellung von Leben als Merkmal des Sonnensystems, der Galaxis oder gar des Universums. Auch zeichnen sich aus unserer Beschäftigung mit der Biologie einige Hinweise auf Leben und Geist ab, und möglicherweise steht der sich auf der Erde manifestierende Geist in der einen oder anderen Weise mit einem kosmischeren Geist in Verbindung. Unser Ausflug in die Geschichte des Universums soll unseren lebenden Planeten in einen größeren Zusammenhang stellen. Sofern darin Hochmut liegt, ist es die leidenschaftliche Hybris, mit der wir erkennen wollen, wer wir sind.

Am Tag nach der Wanderung beginne ich frühmorgens mit der Niederschrift meiner Gedanken, um nicht in der Nachmittagshitze arbeiten zu müssen. Ich nehme mit schmerzenden Beinmuskeln Platz an meinem Schreibtisch und fange an, eine kurzgefaßte Geschichte des Weltalls vom Urknall bis zur Gegenwart zu formulieren. Auch wenn das eine angsteinflößende Aufgabe ist, dient sie doch einem edlen Ziel. Im übrigen wird nicht allen Epochen gleich viel Zeit gewidmet. Schließlich liegt von Steven Weinberg ein klarsichtiger Bericht über die »ersten drei Minuten« vor, in denen allerlei von kosmischer Bedeutung stattgefunden zu haben scheint. Bedenke ich es recht, wird ein großer Teil des nächsten Kapitels den späteren Jahren gewidmet sein, in denen die Entstehung des Lebens unmittelbar bevorstand.

Natürlich ist, was ich hier schreibe, nicht Geschichte, wie Menschen sie beobachtet und anschließend aufgezeichnet haben. Unwillkürlich muß ich an die Worte denken, mit denen Gott »aus dem Wetter« heraus Hiob bedachte: »Wo warst du, als ich die Erde gründete? Sag an, wenn du Bescheid weißt!« Auch wenn, was ich hier schreibe, nicht viel mit herkömmlicher Geschichte zu tun hat, so stützt es sich doch auf tatsächliche Vorkommnisse. Ich beabsichtige, die Entfaltung des Alls nach bestem Wissen und Gewissen zu rekonstruieren, gestützt auf die Erkenntnisse der neueren Naturwissenschaft und untermauert von experimentell gewonnenen Nachweisen. Was wir schreiben, ist ein Szenarium, also eine Art Drehbuch, aber keinesfalls eine Schöpfungslegende. Bei jedem Satz, den es enthält, werden die Naturgesetze ebenso einbezogen wie die Beobachtungen des Weltalls, so, wie es sich uns heute darbietet. Daraus ergibt sich wohl kaum die unumstößliche Wahrheit, wohl aber das Beste, was jemand gegenwärtig zu bieten vermag, und das ist durchaus eindrucksvoll. Die uns verliehene heiligste Gabe ist, in der Sprache der Religion gesagt, ein Geist, der sich um das Verständnis der Welt, in der wir leben, ihre Vergangenheit, ihre Gegenwart und vielleicht ihre Zukunft zu bemühen vermag. Er ist gleichfalls imstande, nach einem Sinn zu suchen, und diese Aufgabe wird unsere willig getragene Last.

Jedes Zeitalter verzeichnet im Rahmen seiner Fähigkeiten seine Vision vom Anfang der Welt und in einigen Fällen auch von ihrem Ende. Heute mag das anders sein, doch bei Rabbi Hillel heißt es: »Es liegt nicht an euch, die Aufgabe zu vollenden, aber ihr seid auch nicht davon entbunden, an ihr weiterzuarbeiten.« Wenn wir das nicht jetzt tun, wann dann? Ein Teil unserer Menschennatur liegt im Verständnis dessen, wer wir sind, woher wir kommen und wohin wir gehen. Spinoza wie auch Einstein erklären, daß es ein heiliges Tun sein kann, unseren Geist mit dieser Aufgabe zu beschäftigen.

In dieser Hinsicht ist Steven Weinbergs *Die ersten drei Minuten* ein ganz besonderes Buch: Es enthält einen Bericht über das, was vor etwa fünfzehn bis zwanzig Milliarden Jahren in den Anfängen unseres Universums geschah. Was seine Lektüre so spannend macht, ist nicht der hohe oder geringere Wahrheitsgehalt des darin Dargestellten; darüber zu befinden steht mir nicht zu. Das Buch ist so aufregend, weil es uns zeigt: Die Menschheit allgemein, insbesondere aber die Physiker haben so viel über die physikalische Welt in Erfahrung gebracht, daß es sinnvoll ist, über die frühen Sekunden der Existenz unseres Universums Berechnungen und Spekulationen anzustellen.

Wir vermögen Theorien aufzustellen, die so machtvoll sind, daß sie uns um fünfzehn Milliarden Jahre zurückversetzen, und wir können nicht nur Annahmen formulieren, sondern sie auch experimentell überprüfen. Dies Verständnis liefert ebenso wie Entdeckungen auf anderen Gebieten einen Hinweis auf die Größe des menschlichen Geistes und läßt annehmen, daß noch mehr auf uns wartet.

Wir wollen die Frage, um die es hier geht, in einen Zusammenhang mit den letzten dreihundert Jahren bringen, eine sehr kurze Zeit. Begonnen haben wir mit Newtons Bewegungsaxiomen und seiner universalen Gravitationstheorie, mit deren Hilfe wir gelernt haben zu verstehen, wie Körper über riesige Entfernungen hinweg in eine Wechselbeziehung miteinander treten können. Das hat eine Erklärung für die komplexen Bewegungen im Sonnensystem geliefert. Das neunzehnte Jahrhundert hat Theorien mit Bezug auf Thermodynamik, statistische Mechanik, Elektromagnetismus und Strahlungsgesetze entwickelt, und diese haben es uns gestattet, klarer zu erkennen, wie Materie und Strahlung in Beziehung zueinander treten, und die Bedeutung des ungeheuer machtvollen Begriffs Temperatur zu erfassen. Damit war es uns möglich, die Erdwissenschaften in Abhängigkeit von ihren physikalischen Grundlagen zu entwickeln.

Zu Anfang des zwanzigsten Jahrhunderts hat Einsteins Relativitätstheorie es uns gestattet, großmaßstäbliche Modelle des Universums zu entwickeln. Wir haben etwas über Radioaktivität und Kernreaktionen erfahren und besitzen jetzt ein Verständnis dafür, wie Sterne entstanden sind und auf welche Weise sie die Energie erzeugen, mit deren Hilfe sie Milliarden von Jahren hindurch leuchten. Wir haben Kenntnisse auf dem Gebiet der Quantenmechanik erlangt, so daß wir jetzt die Spektralverteilung des Lichts zu deuten vermögen, das von fernen Sternen zu uns kommt.

Die moderne Epoche der Hochenergieatomphysik schließlich brachte uns eine Welt aus Leptonen, Baryonen und Quarks nahe. Mit den Angaben der Astrophysik und dem grundlegenden Verständnis von Materie und Energie, das gewonnen wurde, indem man von der Beobachtung über Konstrukte wieder zur Beobachtung vorging, kann man eine Theorie von den Anfängen der Erde formulieren. Weinberg bietet in seinem Buch nicht einfach eine abstrakte Theorie an, er sagt auch spektroskopische Veränderungen des Lichtes aus fernen Galaxien voraus, erklärt, daß die elektromagnetische Hintergrundstrahlung den gesamten intergalaktischen Raum ausfüllen wird und daß es im Kosmos überreichlich Wasserstoff und Helium gibt. Das sind überprüfbare Voraussagen, die eine geschlossene Verstehenskette bilden.

Die ersten drei Minuten setzt eine hundertstel Sekunde nach dem Urknall ein und liefert eine Darstellung von den Anfängen unseres Universums. Die Temperatur im All beträgt hunderttausend Millionen Kelvin, und es herrscht ein unglaublich dichtes Gewimmel aus Elektronen, Positronen, Photonen, Neutrinos, Antineutrinos sowie einer allerdings weit geringeren Anzahl von Protonen und Neutronen. In eine noch frühere Zeit führt Weinberg den Leser nicht zurück, weil das die Fähigkeit der heutigen Physik übersteigt. Man kann jedes Modell an einen Punkt zurückführen, über den wir nichts zu sagen vermögen. Entweder stoßen wir auf ein unendlich oszillierendes Universum oder auf eines, das nach seiner Entstehung eine Weile auflodert und dann untergeht. Das eine ist so unvorstellbar wie das andere, solche Bilder bewegen sich an der Grenze des menschlichen Verständnisses. Es heißt, einst habe jemand den heiligen Augustinus gefragt: »Was tat Gott, bevor er die Zeit schuf?« Der Weise dachte eine Weile nach und antwortete dann: »Er schuf die Hölle für Menschen, die solche Fragen stellen.«

Auf jeden Fall haben wir es eine hundertstel Sekunde

nach dem Urknall mit einem sehr heißen, sich sehr rasch
ausdehnenden Universum zu tun, das Weinberg als eine
›Ursuppe‹ aus Materie und Energie mit einer Temperatur
von etwa hunderttausend Millionen Kelvin bezeichnet.
Elektronen, Positronen, Photonen, Neutrinos und Antineutrinos herrschen vor, doch in so großer Dichte, daß
selbst die Existenz so winziger Teilchen nur schwer faßbar
ist. Den nächsten Blick auf den Zustand des Alls tun wir
0,11 Sekunden später. Die Temperatur ist auf dreißigtausend Millionen Kelvin gesunken, der Abstand zwischen
den Teilchen hat sich deutlich vergrößert, und Neutronen
sowie Protonen lassen sich unterscheiden. Der nächste
Akt findet nach 1,09 Sekunden und bei bloßen zehntausend Millionen Kelvin statt. Das Wechselspiel zwischen
Neutrinos und anderen Teilchen ist nahezu zum Stillstand gekommen, und die Dichte der Materie beträgt lediglich noch dreihundertachtzig Kilogramm pro Kubikzentimeter. Um sich eine Vorstellung davon zu machen,
denke man sich ein schweres Motorrad zu einem kleinen
Würfel von etwa einem Zentimeter Kantenlänge verdichtet.

Das Universum dehnt sich weiterhin aus, aber die Aus-
dehnungsgeschwindigkeit hat sich verlangsamt. 13,83 Sekunden nach dem Urknall ist es dreitausend Millionen
Kelvin heiß, bei einer solchen Temperatur können sich
allmählich verschiedene stabile Kerne bilden wie zum
Beispiel von Helium.

Und so geht es weiter, bis sich siebenhunderttausend
Jahre später das Universum so weit abgekühlt hat, daß
aus Elektronen und Kernen stabile Atome entstehen können. Die gesamte Materie ist eine Masse aus durchein-
anderwirbelndem und sich ausdehnendem Gas, das zu
etwa drei Vierteln aus Wasserstoff und einem Viertel aus
Helium besteht. Diese ungeordnete Masse führt zum nächsten Stadium, dem Auftreten von Galaxien, Sternen und
den für die Entstehung des Lebens nötigen Atomen.

Bevor ich fortfahre, muß ich eine kleine Pause machen und bei Professor Weinberg Protest einlegen. Gerade weil seine Arbei geradezu ein Lobgesang auf die geistigen Fähigkeiten des Menschen ist, hat es mich ziemlich entsetzt, auf der letzten Seite seines Buches den nachstehenden Gedanken zu entdecken:

Der Vorstellung, daß wir ein besonderes Verhältnis zum Universum haben, daß unser Dasein nicht bloß eine Farce ist, die sich aus einer mit den ersten drei Minuten beginnenden Kette von Zufällen ergab, sondern daß wir irgendwie von Anfang an vorgesehen waren – dieser Vorstellung vermögen wir Menschen uns kaum zu entziehen. Ich befinde mich, während ich diese Worte niederschreibe, auf dem Heimflug von San Francisco nach Boston, zehntausend Meter hoch über Wyoming. Die Erde unten wirkt sehr freundlich und anheimelnd: hier und da ein paar Wolken, die wie Flaumfedern aussehen, Schnee, den die untergehende Sonne in rötliches Licht taucht, Straßen, die das Land in gerader Linie durchschneiden und die kleinen Städte miteinander verbinden. Man begreift kaum, daß dies alles nur ein winziger Bruchteil eines überwiegend feindlichen Universums ist. Noch weniger begreift man, daß dieses gegenwärtige Universum sich aus einem Anfangszustand entwickelt hat, der sich jeder Beschreibung entzieht und seiner Auslöschung durch unendliche Kälte oder unerträgliche Hitze entgegengeht. Je begreiflicher uns das Universum wird, um so sinnloser erscheint es auch.

Zum einen ist die Behauptung nicht besonders glaubwürdig, ein Universum, das einen Steven Weinberg hervorbringen kann, sei sinnlos, und zum anderen möchte ich mich gegen kosmische Überheblichkeit verwahren. Der Mensch lebt siebzig Jahre oder etwas länger, unser Universum ist rund fünfzehn und unser Heimatplanet an die

4,5 Milliarden Jahre alt. Wir gehören einer Art an, die vor weniger als zwei Millionen Jahren in Erscheinung getreten ist und erst seit ungefähr zehntausend Jahren über sich selbst und die Welt nachdenkt, in der sie lebt. Wer angesichts von Ereignissen, die in der fernen Zukunft vielleicht stattfinden, Kleinmut zeigt, unterschätzt unsere Fähigkeit zur Vorausschau. Doch, mir ist bekannt, daß aus der Sonne in acht Milliarden Jahren ein roter Riese wird, der alles, was mir am Herzen liegt, zu Schlacke oder gar noch weniger erkennbaren Überresten verbrennt, aber es ist höchst unwahrscheinlich, daß meine Nachkommen in acht Milliarden oder auch nur in acht Millionen Jahren von der Art *homo sapiens* sein werden. Wer sich mit Bezug auf Fragen, die erst nach Jahrmilliarden anstehen, dem Weltschmerz hingibt, kehrt der Freude und Verantwortung des heutigen Tages den Rücken. Für mich liegt ein Teil dieser Freude und Verantwortung im Verständnis des Universums. Ich halte es für falsch, sich angesichts des Wunders, das sich in seiner Existenz manifestiert, auf seine angebliche Sinnlosigkeit zu kaprizieren. Dasein ist Sinn genug; alles andere ist eine angenehme Dreingabe.

Was ich diesbezüglich empfinde, drückt wohl am besten eine Anekdote aus.

Während unseres Studiums hatten Lucille und ich, kurz nachdem wir eine gemeinsame Wohnung bezogen hatten, eines Abends einen Mitstudenten zum Essen eingeladen, den der bloße Gedanke an den zweiten Hauptsatz der Thermodynamik und den schließlichen Hitzetod des Alls zur Verzweiflung brachte. Keins meiner Vernunftargumente vermochte ihn aus seiner tiefen Depression zu reißen. Dann aber kamen zusammen mit einer Flasche Chianti Lucilles Lasagne auf den Tisch. Wir setzten uns zum Essen, und die Niedergeschlagenheit unseres Kommilitonen schwand dahin, während wir im Verlauf eines netten Abends über Dinge redeten, auf die wir einen Einfluß hatten.

Wer etwas als sinnlos bezeichnet, gefährdet in höchstem Maße das Geschenk, das es bedeutet, existieren zu dürfen. Ob eine solche Behauptung nun von Schopenhauer, Sartre oder Weinberg stammt, stets müssen wir sie mit gewissen Vorbehalten aufnehmen. Diese Apologeten des Sinnlosen haben ihr Leben lang viel Mühe darauf verwendet, ihren Standpunkt klarzulegen, während zugleich ihr ganzes Leben ein Beispiel für ein sinnerfülltes Tun in unserer von menschlicher Kultur geprägten endlichen Welt ist.

Wenden wir uns erneut den Anfängen des Universums in den ersten Millionen Jahren zu. Es bestand weithin aus Photonen, Wasserstoff- und Heliumatomen, Neutrinos und Antineutrinos, die als Ergebnis des Urknalls auseinanderstrebten. Ohne die Existenz eines bestimmten Faktors, der seine universelle Wirkung auf jegliche Materie ausübt, nämlich der Schwerkraft, würde das ganze System auf ewige Zeiten immer weiter auseinandertreiben. Obwohl diese Schwerkraft nach wie vor zu den am wenigsten verstandenen Kräften in der Physik gehört, ist für diejenigen von uns, die in der Welt mehr als das Auftreten bloßer Willkürlichkeit sehen, eine Kraft, die Dinge zueinander führt, verständlich und sogar nötig.

Dies Zusammenführen von Materie um Kondensationszentren herum hat zur Folge, daß sich in großen, wirbelnden Wolken oder Nebeln größere dichte Objekte bilden, aber auch, daß innerhalb dieser größeren Strukturen Ansammlungen von Teilchen zu Sternen und Sternhaufen kondensieren, also sich verdichtend zusammenballen. Nach einer gewissen Zeit werden einige der Sterne immer größer, bis sie explodieren und intergalaktischen Staub verbreiten. Jetzt beginnt die von der Schwerkraft ausgehende Anziehung zu wirken, neue Zentren bilden sich, und aus Wasserstoff, Helium und den Bruchstücken der Sterne ›der ersten Stunde‹ entsteht eine zweite Generation von Sternen. Dieser Vorgang läßt immer wieder neue

Sterne, Planeten, Sternhaufen, Pulsare, Schwarze Löcher und all die anderen sonderbaren Angehörigen der Familie von Himmelskörpern entstehen. Bei diesem Prozeß geht es immer wieder darum, daß an bestimmten Stellen die Schwerkraft das auf den Urknall und auf spätere kleinere Explosionen zurückgehende Auseinanderstreben überwindet und Teilchen zueinander führt. Sich verdichtende Materie erwärmt sich, da das Gravitationspotential in Wärme umgewandelt wird. Bei hinreichend hohen Temperaturen erreichen die Kerne eine Geschwindigkeit, die Verschmelzungsprozesse ermöglicht. Sie steigern die Temperatur des Systems weiter, so daß neue Kerne, neue chemische Elemente erzeugt werden. Auf diese Weise entsteht die Galaxie.

Unsere frühe Galaxis hat wie das übrige Universum ihre Existenz als Ansammlung von Wasserstoff- und Heliumatomen (Urmaterie) begonnen. Die gemäß dem Satz von der Erhaltung des Drehimpulses unter der Einwirkung der ursprünglichen Kraft rotierende Galaxis kondensiert und flacht sich, bedingt durch die Schwerkraftanziehung, entlang der Drehachse ab, während sie in radialer Richtung, wo die Zentrifugal- und Zentripetalkraft einander auszugleichen trachten, langsamer wird. Ein Vergleich mag das verdeutlichen. Man stelle sich vor, wie ein Pizzabäcker eine Teigmasse um eine Rotationsachse in Umdrehung setzt. Die Klebrigkeit hält den Teig entlang der Achse zusammen, an der ihn die Zentrifugalkraft im rechten Winkel zu ihr nach außen zieht, und so entsteht aufgrund derselben Art von Kräftegleichgewicht, wie es die Struktur von Galaxien bestimmt, eine Art Scheibe. Innerhalb dieser in Umdrehung befindlichen, tellerförmigen Galaxis beginnen sich hier und da Materieansammlungen zu Sternen zu bilden, von denen man annimmt, daß sie in Haufen von Hunderten oder Tausenden auftreten.

Wenn sich ein Stern von Sonnengröße bildet, ist er anfänglich nichts als ein großes Objekt von geringer Dichte –

sein Radius ist etwa zehntausendmal so groß wie der unserer heutigen Sonne. Der Protostern schrumpft, wird dichter und erwärmt sich auf eine Oberflächentemperatur von viertausend K. Sie wird beibehalten, während sich das Innere weiter aufheizt. Bei Erreichen der kritischen Temperatur kommt es zu einer Kernfusion (dem Verschmelzen von Wasserstoffkernen). Sie erzeugt weitere Energie, und der Stern erwärmt sich auf eine Oberflächentemperatur von nahezu sechstausend K, wobei er über lange Zeit hinweg in einem gleichförmigen Zustand (›steady state‹) bleibt. Bei der ersten Fusionsreaktion bilden vier Wasserstoffatome ein Heliumatom und setzen beim damit einhergehenden Kondensationsprozeß große Mengen an Energie frei. Zu diesem Zeitpunkt im Leben eines Sterns behält seine Temperatur, bedingt durch das Verbrennen des Kernbrennstoffs, den einmal erreichten Wert bei.

Im Prinzip handelt es sich bei der Fusion von Wasserstoffkernen um dieselbe Reaktion, die bei der Explosion einer H-Bombe stattfindet. Wir bemühen uns, sie in gesteuerter Weise nachzuvollziehen, um sie als Energiequelle zu nutzen. Sicherlich wird es noch einige Jahre dauern, bis wir über die technischen Voraussetzungen für den Betrieb wirtschaftlich arbeitender Fusionsreaktoren verfügen, denn es ist weit schwieriger, diese Energie zu bändigen, als sie explosionsartig in einer ungesteuerten Reaktion freizusetzen.

Die Anfangsmasse, die zu kondensieren beginnt, wenn ein Protostern entsteht, hängt von den jeweiligen örtlichen Bedingungen in einer Galaxie ab. Je größer sie ist, desto heißer wird der entstehende Stern, und desto rascher brennt er aus. Es gibt ein Klassifikationssystem von Sternen, das sich vorwiegend auf die Art des von ihnen ausgesandten Lichtes stützt. Als Merksatz denken wir an den schon genannten Zweizeiler »Die Farbe eines Sterns hängt nur/Ab von seiner Temp'ratur«. Dementsprechend werden die Sterne von den heißesten (Typ O) bis zu den kältesten (Typ M) als O, B, A, F, G, K, M klassifiziert. Unsere Sonne gehört dem Typ G an.

Daß große Sterne schneller ausbrennen als kleine, ist auf den ersten Blick verwirrend. Obwohl sie ihre Energie rascher abgeben, enthalten sie doch auch mehr Brennstoff, also könnte man annehmen, daß sich die beiden Faktoren ausgleichen. Doch hängt das von der Menge ab: Da ein Stern, der hundertmal größer ist als die Sonne, hunderttausendmal so rasch Energie abstrahlt, lebt er lediglich ein Tausendstel so lange wie diese.

Sterne vom Typ der Sonne, die im ›steady state‹ über Jahrmilliarden hin verbrannt sind, haben ihren ursprünglich vorhandenen Kernbrennstoff verbraucht. Nun durchlaufen sie eine weitere Reihe von Kernreaktionen, in deren Verlauf sich ihre äußere Schale ausdehnt und abkühlt. Die Sterne werden Rote Riesen und explodieren, wobei sie kosmische Trümmer in den Weltraum schleudern. Ihr nach wie vor brennendes Inneres bleibt als Weißer Zwerg zurück und kühlt sich allmählich auf die Temperatur des intergalaktischen Raumes ab. Diesen Vorgang hat der Astronom Carl Sagan wie folgt beschrieben: »Ein Stern beginnt sein Leben gewöhnlich mit Glanz und Gloria als leuchtender Gelber Riese, aus dem in der frühen Jugend ein Gelber Zwerg wird. Nachdem er den größten Teil seines Lebens im Zustand eines Gelben Zwergs zugebracht hat, dehnt er sich rasch zu einem lichtstarken Roten Riesen aus ... und verwandelt sich dann schlagartig in einen Weißen Zwerg. Er beendet sein Leben unter beständiger Abkühlung als verkümmerter Schwarzer Zwerg.«

Ebenso wie wir Menschen werden Inseln, Sterne und vielleicht auch Universen geboren, altern, leben und sterben. Als ich weiter vorn von Touristen in mittleren Jahren auf einer Insel in mittleren Jahren sprach, hätte ich hinzufügen sollen, daß sie vom Licht eines Sterns in mittleren Jahren gewärmt wurden.

Die von Sternen abgestrahlte Energie entstammt also dem Gravitationspotential und der in Fusionsreaktionen freigesetzten Kernenergie. Im sehr jungen Universum gab es als Elemente ausschließlich Wasserstoff und Helium, die vom Urknall herrührten, und so mußten alle frühen Reaktionen mit Hilfe dieses Ur- und Grundmaterials ablaufen. Später dann erzeugte die Fusion schwerere Elemente, so daß dieselben Reaktionen, die den Sternen Energie verleihen, zur Entstehung aller Elemente der periodischen Tafel führen. Die für die Gestirnsenergie zuständigen Prozesse sind zugleich verantwortlich für die Existenz der Elemente, aus denen die Erde besteht. Die Verbindung von Energiequellen mit Informationsstrukturen zeigt sich auch im Stoffwechsel und scheint ein allgemeines Merkmal des Universums zu sein. Kein Element außer Wasserstoff und Helium gehört der Urmaterie des Universums an; sie sind im Inneren von Sternen entstanden, während dort der Prozeß der Energieerzeugung ablief.

Da Rote Riesen die bei ihrem Ausbrennen entstehenden Produkte in den Weltraum schleudern, enthält die Galaxie anschließend neben Wasserstoff- und Heliumatomen solche von Kohlenstoff, Sauerstoff und Stickstoff wie auch geringe Mengen anderer Elemente. Bilden sich nun aus diesem Material Sterne der zweiten Generation heran, wird deren Entwicklung, durch die größere Vielzahl von Elementen bedingt, komplexer. Einige typische Reaktionen bei der Entstehung von Atomkernen sind:

$$3 \, (^4 \text{He}) - {}^{12}\text{C} + \text{Energie}$$
$${}^{12}\text{C} + {}^4\text{He} - {}^{16}\text{O} + \text{Energie}$$
$$- {}^{24}\text{Mg} + \text{Energie}$$
$$2 \, (^{12}\text{C}) - 4 \, \text{He} + {}^{20}\text{Ne} + \text{Energie}$$

Die den Buchstaben voranstehenden Hochzahlen geben das Atomgewicht der jeweiligen Isotope an. Bei der ersten Reaktion entsteht aus drei Heliumkernen ein Kohlenstoffatom, in der zweiten verschmilzt ein Kohlenstoff- und ein Heliumkern zu einem Sauerstoffatom, und in der dritten schließlich wachsen zwei Kohlenstoffkerne zusammen und bilden entweder ein Magnesiumatom oder zerfallen zu einem Helium- und einem Neonatom. All diese Kernfusionsreaktionen hat man in Hochenergiebeschleunigern wie beispielsweise Zyklotronen und Synchrotronen durchgeführt, und sie werden ihrem Wesen nach recht gut verstanden. Sterne der zweiten Generation entstehen also aus Urhelium und Urwasserstoff sowie aus den Resten von Sternen der ersten Generation. Sie verfügen anfangs über eine größere Menge von Elementen höherer Atomgewichte und unterstützen damit die Fusionsreaktionen, was zu noch höheren Atomgewichten führt. Auch sie können explodieren und ihre Trümmer in den Weltraum schleudern, Rohmaterial für die Entstehung von Sternen der dritten Generation. Es gibt bereits einige solcher Gestirnsenkel, aber wohl nur wenige Urenkel; dazu ist das Universum noch nicht alt genug. Mit jeder Generation nimmt die Menge an Material von hoher Atomgewichtszahl zu.

Aus unserer sehr knappen Darstellung dessen, worum es bei Entstehung und Zerfall von Galaxien und Sternen geht, lassen sich zwei eindrucksvolle Verallgemeinerungen herleiten: erstens, daß der Geist des Menschen der sich mit dem Herabfallen von Äpfeln und der Kernphysik beschäftigt, ein durchaus überzeugendes Bild nicht nur dessen hervorzubringen vermocht hat, was im großen und ganzen im Universum vor sich geht, sondern sogar auch im tiefen Inneren ferner Sterne, und zweitens, daß die Atome, denen wir unsere Herkunft verdanken, bei geradezu unglaublichen Temperaturen im Inneren von Sternen zusammengebraut wurden. Sie sind das Ergebnis des atomaren Verbrennungsprozesses der Urmaterie (Wasserstoff und Helium), den der Urknall ausgelöst hat. Ich sehe, wie ich einerseits aus dem Inneren von Sternen stamme und auf der anderen in komplizierteste geistige Prozesse eingebunden bin, mit deren Hilfe sich jene Sternenhölle verstehen läßt. Wenn das einen Menschen zu einer Art Mystiker macht, so scheint mir das nur recht und billig.

Bisweilen unternehme ich in der näheren Umgebung von New Haven einen Spaziergang durch die Wälder, und das erweckt in mir dieselbe Art von mystischer Empfindung.

Diese Wälder
Sind meine Kirche in Chroniken,
Die Synagoge meiner Entfremdung,
Der Tempel meiner Betrachtung,
Die Moschee meiner Enthüllung.

Die gestürzten Bäume berichten mir vom Sterben.
Die zerfallenden Stämme machen mir klar, daß
Auch ich durch die Megasekunden der Zeit
Erneut in den Kreislauf eingehe.

Die Winterwälder sind mein Pakt mit dem Tod.
Ihre Sprache ist das Schweigen des Schlafs unter einer
Schneedecke.
Sie stellen die Verbindung her zu jenen, deren Leben an
meines stieß,
Bevor auch sie sich unter eine Decke des Schweigens
zum Schlafen legten.

Die Fühlingswälder sind mein Versprechen,
Auch wenn ich die Art jener Hoffnung nicht
ausmachen kann.
So empfinde ich doch in meinen Zellen die
Wachstumsstrahlung,
Die Kraft, mit der sich andere Zellen neu beleben und
teilen.

Die Sommerwälder sind meine Verherrlichung Gottes.
Sie preisen die Macht des Lebenden
In einer Kakophonie aus Zirpen, Zwitschern,
Rascheln, Knistern, Jaulen und Piepen.

Die Herbstwälder haben eine andere Botschaft.
Sie verkünden das nahende Ende
Mit so kunstvoll verschwenderischer Fülle,
Daß noch das Ende wirkt wie ein Akt der Weisheit
der Natur.

Der Waldboden, modernde Blätter.
Ihre Auflösung besagt,
Daß der Mensch etwas Flüchtiges ist, nichts auf Dauer
Bestimmtes,
Ein Wirbel unter Wirbeln, dessen Atome
Einst im Inneren eines Riesensterns entstanden
Und vielleicht eines Tages in einem Weißen Zwerg
oder Schwarzen Loch weiter existieren,
Bis kosmische Abläufe selbst diese Form zerstören
In so fernen Zeiten, daß man sie nicht zu erfassen
vermag.

Das Dach der Wälder, offener Himmel,
Der abwechselnd Sonnenlicht spendet und nachts
Wärme aufnimmt
In einer täglichen Erinnerung an die Zyklen,
Die im Inneren zahllos sich wiederholender Zyklen
Nichts sind als Teil des fortdauernden Geheimnisses.

Ich stehe, umgeben von Bäumen, Gesträuch und allerlei
Tieren des Waldes,
Und vermag nicht das Dasein des Daseins zu ergründen,
Spüre nichts als den Strom eines Alls,
Dessen innerste Geheimnisse ich nie erfahren werde.

So merkwürdig es klingen mag, wir wissen weit mehr über die Entstehung der Sterne als über die von Planeten. Teilweise hängt das wohl damit zusammen, daß es eine unendliche Vielzahl von Sternen gibt, die untersucht und vermessen werden können, während wir bisher nur die Möglichkeit hatten, ein Sonnensystem zu beobachten. Bis in die jüngste Zeit hinein waren überdies unsere Beobachtungen eines einzigen Planeten äußerst begrenzt. Zwar vermuten Astronomen, daß viele, wenn nicht sogar die meisten Sterne vom Typ F und G über Sonnensysteme verfügen, doch ist das eine mangels unmittelbarer Sichtbeobachtungen aus den Spektren der Sterne hergeleitete bloße Vermutung. Mithin müssen wir von unserem eigenen Planetensystem und den Gesetzen der Physik ausgehen.

Da es ohne Physik nicht geht, sollten wir für die Besprechung des nächsten Abschnitts in unserer Geschichte des Universums über die Erhaltung des Drehimpulses sprechen (auch ›Erhaltung des Drehimpulses‹ ist so ein Ausdruck, der dafür sorgt, daß einen manche ansehen, als sei man nicht recht bei Trost). Betrachten wir zuerst einmal die allgemeine Situation. Unser Universum ist vor etwa fünfzehn Milliarden Jahren im Taumel einer sinnverwirrenden Katastrophe entstanden und hat in den ersten Jahrhundertmillionen eine ungeheure Ausweitung erfahren. Dann bildeten sich im Verlauf der nächsten rund zehn Milliarden Jahre Galaxien, entstanden Sterne, die wieder explodierten oder ausbrannten. Aus den Trümmern all dessen entstanden mit Hilfe noch vorhandener Urmaterie (Wasserstoff und Helium) unter dem Einfluß der Schwerkraft unsere Sonne und unser Sonnensystem. Das liegt etwa fünf Milliarden Jahre zurück.

Nun also zum Satz von der Erhaltung des Drehimpulses. Alles, was einmal in Umdrehung versetzt worden ist, strebt danach, diese Bewegung beizubehalten. Die Kraft, die das bewirkt, steht in Beziehung zur Umdrehungsgeschwindigkeit und zum Abstand zwischen Massenzentrum und Drehachse. Der Drehimpuls wird beibehalten; wenn er in einem isolierten System vorhanden ist, bleibt er auch. Will man sich seiner entledigen, muß man in Wechselbeziehung zu einem anderen System treten. Verdeutlichen wir uns die Sache mit Hilfe eines Bildes, das wir alle schon einmal gesehen haben. Eine Eisläuferin, die mit ausgestreckten Armen eine Pirouette dreht, wird immer schneller, sobald sie die Arme an den Körper legt. Der Grund ist folgender: Die Masse ihrer Arme nähert sich der Drehachse, und um den Drehimpuls beizubehalten, dreht sich der Körper schneller. Mit dem Heben der Arme verlangsamt sie die Umdrehung. Daß die Reibung die Angelegenheit kompliziert, ist für uns im Zusammenhang mit rotierenden Sonnensystemen nicht weiter von Belang.

Betrachten wir jetzt den sich drehenden und zusammenziehenden Protostern. Während seine Materie kondensiert, rückt sie näher an die Drehachse heran, womit sich die Umdrehungsgeschwindigkeit steigert. Damit wird der Drehimpuls bewahrt. Doch läßt sich diese Größe, bedingt durch die Magnetkräfte, auch auf andere Weise bewahren. Die magnetischen Wechselwirkungen veranlassen das weiter außen liegende Material, sich rascher zu drehen, während sich die Umdrehungsgeschwindigkeit des Kerns im Inneren des Gestirns verlangsamt. Dadurch stürzt alles Material unter dem Einfluß der Schwerkraft in den Stern hinein, und die Rotationsbänder, die anfangs in etwa aussehen dürften wie die Ringe des Saturn, verdichten sich zu Planeten und rotieren weiterhin um den Stern, womit sie den anfänglichen Drehimpuls bewahren.

So entsteht der Stern gleichzeitig mit seinem Planetensystem auf eine Weise, die sich mit der Bewahrung des Drehimpulses vereinbaren läßt. Die Atome verteilen sich nicht ganz gleichförmig, so daß die inneren Planeten eine hohe Dichte haben und mehr schwere Atome enthalten als die äußeren. Immerhin entfallen auf die Planeten, die lediglich über ein Siebenhundertstel der Masse des Sonnensystems verfügen, mehr als achtundneunzig Prozent des Drehimpulses.

Vor mehr als 4,5 Milliarden Jahren kondensierte einer der in Umdrehung befindlichen inneren Ringe zum Planeten Erde. Das Material, aus dem er entstand, waren winzige als ›Planetesimalien‹ bezeichnete Körper, die in erster Linie aus Silizium, Sauerstoff, Eisen und Magnesium bestanden und geringe Anteile an allen anderen Elementen enthielten. Hatte sich das Material erst einmal willkürlich angelagert, wurde es unter der Einwirkung von zwei Energiequellen geschmolzen: der Umwandlung der Gravitationsenergie in Wärme und der durch den Zerfall der radioaktiven Elemente entstandenen Wärme. Als die Temperatur hoch genug anstieg, um das Eisen zu schmelzen, nahm dies dichtere Metall unter dem Einfluß der Schwerkraft Richtung auf den Mittelpunkt, was zur Entstehung des Erdkerns aus flüssigem Eisen führte, und verdrängte die leichtere Materie nach oben und außen. Aus dieser Differenzierung des Planeten sind die Schichten entstanden, von denen wir beim Gang über die Lithosphäre sprachen. Auf den Eisenkern geht auch das Magnetfeld der Erde zurück.

Anfänglich besaß der heiße Planet weder Ozeane noch eine Atmosphäre, denn die Planetesimalien, aus denen heraus er sich kondensiert hatte, waren viel zu klein, um mit Hilfe der Schwerkraft Flüssigkeiten oder Gase festzuhalten. Doch im Verlauf der Schmelz- und Differenzierungsstufe entstand zusammen mit heißer Lava Dampf, die beiden Ausgangsmaterialien für Ozeane und Kontinente. Kohlendioxid, Methan, Ammoniak, Wasserstoff und Stickstoff wurden freigesetzt und bildeten die Uratmosphäre. Also entwickelten sich Atmosphäre und Hydrosphäre allmählich durch ein Entweichen von Gasen aus dem Planeten. Vor etwa 3,6 Milliarden Jahren hatte die Erde eine Gestalt angenommen, die man mehr oder weniger hätte erkennen können: Es gab Land, Wasser und eine Art Atmosphäre. Sie enthielt keinen freien Sauerstoff und daher auch keinen Ozon, der die Ultraviolettstrahlung der Sonne hätte filtern können. Die machtvolle und intensive Strahlung der Atmosphäre rief heftige photochemische Aktivitäten hervor und stand am Anfang früher chemischer Prozesse.

Noch gab es auf dem Planeten kein Leben, aber er war chemisch aktiv und stand kurz vor der Entstehung des Lebens. An vierhundert Millionen Jahre später (also vor 3,2 Milliarden Jahren) entstandenem Gestein läßt sich erkennen, was fossile Überreste von Urformen des Lebens zu sein scheinen: Abkömmlinge der allerfrühesten Zellen. Offensichtlich liegt zwischen der Abkühlung nach dem Schmelzprozeß und dem Ursprung des Lebens ein vergleichsweise kurzer Zeitraum; vielleicht fanden diese Prozesse sogar gleichzeitig statt. Diese zeitliche Überlappung läßt uns das Auftreten von Leben als natürlichen Teil der Entwicklung dieses unseres Planeten ansehen und nicht als willkürlich agierenden Zufall, wie es Menschen behaupten, denen die Freude nichts bedeutet, Teil der Naturgeschichte, des Universums zu sein.

14
Der Ursprung des Lebens

Die wichtigen Übergänge in der Geschichte des Kosmos zu rekonstruieren, ist eine überaus schwierige Aufgabe, denn jeder größere Schritt nach vorn hat Zeugen des früheren Zustandes zerstört. Ganz offenkundig hat der Urknall frühere Einzelheiten ausgelöscht, wie auch die Entstehung von Sonne und Planeten viele Hinweise auf die früheren wirbelnden Gasnebel beseitigt hat, aus denen sie hervorgegangen sind. In ähnlicher Weise hat das Auftreten des Lebens die Chemie der Planeten so verändert, daß es nur schwer lösbare Probleme mit sich bringt, mit einer ins einzelne gehenden Beschreibung des Planeten den Zustand zu rekonstruieren, der vor der Entstehung des Lebens bestand.

Eine überzeugende Theorie für die Herausbildung der frühesten Organismen auf der Erde läßt sich auf zweierlei Weise erhalten. Wir können uns, ausgehend von den Eigenschaften und Merkmalen heutiger Organismen und unserem Wissen von Fossilien, rückwärts durch die Geschichte des Planeten arbeiten oder anhand der Gegebenheiten der Natur der Atome und Moleküle sowie der Geologie des frühen Planeten voranschreiten. Bei der ersten Methode stehen am Anfang der Stammbaum der Lebewesen mit seiner systematischen Ordnung sowie die allgemeinen Aussagen der Molekularbiologie; auf der anderen Seite kann man versuchen, unter Zuhilfenahme von Physik, Chemie und der Wissenschaft von den Planeten einen logischen Ablauf zu formulieren, der zur Entstehung des Lebens geführt hat. Die zweite Vorgehensweise ähnelt der, mit der wir versucht haben, die ersten zehn Milliarden Jahre des Universums zu rekonstruieren. Vorausgesetzt, alle Annahmen stimmen, müssen beide Verfahren zum gleichen Ergebnis führen.

Da im Zusammenhang mit dieser Frage nach dem Ursprung des Lebens in den Köpfen der Menschen eine ganze Reihe seltsamer Vorstellungen herumspukt, sage ich besser ausdrücklich, worum es geht. Mit ›Entstehung des Lebens‹ meine ich die Anfänge des Lebens in Gestalt der Zelle. Zellen sind definiert als von einer Membran umgrenzte, sich selbst vermehrende Einheiten. Wie aus den Werken von Science-fiction-Autoren bekannt ist, sind andere Lebensformen denkbar, und es mag auch in der Frühgeschichte der Erde einige zur Vermehrung führende chemische Reaktionen außerhalb von Zellen gegeben haben. Doch stützt sich Leben, wie wir es kennen, seinem Wesen nach mit Sicherheit auf die Zelle, und dies Merkmal findet sich auch bei allen fossilen Zeugen, so weit wir sie in die Vergangenheit zurückverfolgen können. Somit formuliere ich, daß das Leben letzten Endes ein Merkmal von Planeten ist, sich aber durch die Aktivität von Zellen manifestiert.

Eine zweite Annahme ist, daß das Leben in Form von Zellen auf unserem Planeten aus Material entstanden ist, das in der ursprünglichen sich verdichtenden Materie enthalten war. Zwar könnte es auch von irgendwo anders im All eingewandert sein, doch gibt es, obwohl zur Beschreibung solcher interstellarer Lebensformen der Begriff ›Panspermie‹ erdacht wurde, keine belegbaren Nachweise für deren Existenz. Auch wenn die Logiker des Mittelalters dieser Frage viel Zeit gewidmet haben, sollte man sich nicht verwirren lassen – daß es für eine Sache ein Wort gibt, bietet noch keine Gewähr für die Existenz der zugehörigen Sache. Da ich behaupte, das Leben sei ein Merkmal des Planeten, besteht keine Notwendigkeit, nach einem geheimnisvollen Ursprung oder nach ›Keimen‹ zu suchen. Eher wäre es erforderlich, sich mit der Entwicklung des Planeten von anorganischen hin zu lebenden Formen zu beschäftigen. Zwischen der Biosphäre und den anderen Geosphären besteht ein so einzigartiges Wechselspiel, daß es einem Verstoß gegen Occams Rasiermesser gleichkommen dürfte, nach von ihnen unabhängigen Ursprüngen zu suchen. Ohnehin würde eine Einwanderung von außerhalb in keiner Weise die Grundfrage nach dem Ursprung des Lebens lösen, sondern lediglich den Ort seiner Entstehung nach Krypton oder in den Spiralnebel 1781 verlagern oder woher auch immer es nach der Panspermiehypothese stammen soll – man müßte sich trotzdem fragen, woher und wie die Zellen dorthin gekommen sind.

Weiterhin wird stillschweigend angenommen, daß der Ursprung des Lebens in Gestalt von Zellen ein der Wissenschaft zugängliches Problem darstellt. Das aber heißt keinesfalls, daß es gelöst sei, wohl aber, daß es grundsätzlich mit Hilfe von für das wissenschaftliche Vorgehen kennzeichnenden Verfahren lösbar ist. Man mag nach neuen Gesetzen und Theorien suchen, sie werden stets von derselben philosophischen (wissenschaftstheoretischen) Art sein wie bestehende naturwissenschaftliche Gesetze. Wir haben diese Frage im Zusammenhang mit der Verifikation behandelt, und ich möchte wetten, daß beim Problem, den Ursprung des Lebens zu verstehen, dieselbe Verfahrensweise anwendbar ist.

Eine Anzahl von Naturwissenschaftlern vertritt die Ansicht, obwohl bei der Entstehung des Lebens ganz gewöhliche Naturgesetze mitwirkten, sei es nicht möglich, sie im Rahmen der Naturwissenschaft zu untersuchen, da dafür eine so große Anzahl von Ereignissen so geringer Wahrscheinlichkeit erforderlich war. Sie lasse sich lediglich als historisches Problem untersuchen, da nachfolgende Ereignisse die Spuren jener Zeit nahezu vollständig verwischt haben. Mit der Behauptung, es handele sich dabei um Zufälle, wird die Möglichkeit geleugnet, die im Zusammenhang damit auftretenden Fragen im Labor zu untersuchen, wohingegen es die Annahme der Zugänglichkeit ermöglicht, der Frage bis an ihre Grenzen nachzugehen.

Jacques Monod vertritt in seinem Buch *Zufall und Notwendigkeit* die Ansicht, die Entstehung des Lebens lasse sich wegen des Überwiegens von Zufallsfaktoren aus der Physik nicht vorhersagen. Hier greifen wir seinen Standpunkt erneut an, und dabei wird es nicht bleiben. Die Zufälligkeit, von der Monod spricht, beruht weitgehend auf genetischen Mutationen, aber außerdem ist er bis zur Epoche der präbiotischen Evolution zurückgegangen – dem Zeitraum, bevor sich Leben auf der Erde zeigte und in dem ausschließlich die chemischen Regeln der Naturwissenschaft Gültigkeit besaßen. Im Unterschied zu Monod bin ich davon überzeugt, daß zahlreiche der Merkmale, die zur Entstehung des Lebens geführt haben, aus der Physik heraus vorhersagbar sind. Es wäre voreilig, die Möglichkeit auszuschließen, daß es sich beim Leben um ein Phänomen handelt, das seine Existenz nicht dem Zufall verdankt, sondern vorgesehen war, zumal wir erst am Anfang der Entwicklung jener Teilgebiete der Physik stehen, die zur Untersuchung der Frage erforderlich sind. Die Behauptung, die Entstehung des Lebens lasse sich keinesfalls *ab initio* vorhersagen, ist eine Prophezeiung, die sich selbst erfüllt, denn sie nimmt uns den Schwung, der nötig ist, die Frage rückhaltlos und mit Nachdruck zu erforschen. Die Naturwissenschaft ist noch jung.

Ich frage mich, was in den Köpfen von Wissenschaftlern vorgeht, die da meinen, das Unbekannte sei unerforschbar, weil sie es nicht kennen. Unbedingt muß immer wieder betont werden, daß die Kultur des Menschen und seine geistige Aktivität erst etwa zehntausend Jahre alt sind. Wir haben das Ende des Verstehens noch nicht erreicht; wir stehen noch ziemlich dicht am Anfang. In einem fünfzehn Milliarden Jahre alten Universum entspricht der Zeitraum, in dem wir uns bemühen, den Sinn dieses Universums zu erfassen, kaum mehr als einem Millionstel der gesamten Zeit. Dabei ist doch eigentlich der Gedanke erregend, wieviel noch zu entdecken bleibt. Jedes Jahr, das ins Land zieht, wird unser Verständnis vom Universum erweitern. Das Streben der Naturwissenschaft, soweit sie nach diesem Verständnis trachtet, ist eine mystisches Tun oder ein religiöser Akt. Albert Einstein hat diesen Standpunkt einmal äußerst nachdrücklich formuliert, indem er schrieb: »Ich möchte wissen, wie Gott das Universum erschaffen hat. Mich interessiert nicht, wie diese oder jene Spektrallinie oder ein anderes Phänomen aussieht; ich möchte Gottes Geist verstehen. Alles andere sind Einzelheiten.«

Jetzt können wir uns weiter vom Ausgangspunkt der heutigen Biologie aus mit den Dingen beschäftigen. Erinnern wir uns an den Stammbaum der Lebewesen, den wir aus Naturkundemuseen und Biologiebüchern kennen. Auf seinen obersten Zweigen würden sich, wäre das Schema in allen Einzelheiten dargestellt, die rund zwei Milliarden Arten tummeln, die es gegenwärtig auf der Welt gibt und die man im Labor oder in der Natur beobachten kann. Unten finden sich die frühesten Lebensformen, die vermutlich Ähnlichkeit mit dem an Zellen gebundenen Leben aufweisen, wie es in der Zeit unmittelbar nach seiner Entstehung existiert hat.

Die entscheidende Trennlinie liegt für die heute existierenden Lebensformen zwischen Prokaryonten und Eukaryonten. Erstere sind Einzeller und besitzen keine von einer Membran umgrenzten Organelle wie beispielsweise Zellkerne. Zu ihnen gehören die Bakterien, die häufig als Blaualgen bezeichneten Cyanobakterien, die Methanbildner und die Mykoplasmen. Trotz der unklaren Beziehungen zwischen diesen Organismen besteht kein Zweifel daran, daß Prokaryonten eine sich in ihrem Bau deutlich von allen anderen Organismen abhebende zusammenhängende Gruppe bilden. Kennzeichnend für die Eukaryonten sind innere Organelle wie beispielweise Mitochondrien, mit denen sie Energie umwandeln, Chloroplasten, mit denen sie Nährstoffe erzeugen, sowie Zellkerne. Sie besitzen überdies Chromosomen und machen die für solche Strukturen kennzeichnenden komplizierten Prozesse der Meiose (Reifungsteilung) durch. Zur Gruppe der Eukaryonten gehören Pflanzen, Tiere, Algen, Pilze und die als Protozoen bezeichneten Urtierchen. Alle lebenden Organismen fallen im großen und ganzen in eine der beiden Kategorien, sind also entweder Prokaryonten oder Eukaryonten.

Man nimmt weithin an, daß die Prokaryonten wegen ihrer größeren Einfachheit stammesgeschichtlich vor den Eukaryonten auftraten, so daß der nächste Schritt in die Vergangenheit zurück zu den Vorfahren dieser einzelligen Lebensformen führen müßte. Zwar hat das ein hohes Maß an Wahrscheinlichkeit für sich, dennoch können wir die Möglichkeit nicht ausschließen, daß die Eukaryonten die stammensgeschichtlich älteren sind oder daß beide Formen einen gemeinsamen Vorfahren besaßen, der weder Prokaryont noch Eukaryont war.

Trotz der verwirrenden Vielzahl an heute existierenden Lebensformen, die dieser komplexe entwicklungsgeschichtliche Stammbaum hervorgebracht hat, stehen uns Mittel zu Gebote, die Sache zu erforschen. Es ist klar, daß allen Lebewesen gemeinsame Zell- und Molekülstrukturen auch schon bei den frühesten Formen existiert haben müssen. Wie sonst hätten sich diese unter allen heute bestehenden Organismen verbreiten können? Wenn wir also annehmen, daß überall vorkommende Strukturen und allen gemeinsame Funktionen, Merkmale, die das kennzeichnen, was wir als Leben ansehen, wahrscheinlich von Anfang an existiert haben, stellen sie mithin die nicht weiter rückführbaren Mindestspezifikationen allen Lebens dar. In dem Fall aber mußten sie schon an der Wurzel des Stammbaums existieren. Aufgrund von Laboruntersuchungen können wir Zellen bis zurück zu denen rekonstruieren, die vor dreieinhalb Milliarden Jahren existiert haben – eine erregende Vorstellung.

Zellen werden durch eine Plasmamembran von ihrer Umgebung getrennt, eine allseitig geschlossene Haut aus speziellen, teils lipiden (fettähnlichen), teils polaren (*hydrophilen*, d.h. wasserlöslichen) Molekülen, also eine Struktur aus langen fettigen Fäden, die an einem Ende eine hydrophile Gruppe tragen und in einem deutlich erkennbar strukturierten natürlichen Muster zusammenpassen. Die lipiden Anteile der Moleküle (die sogenannten Membranlipide) bilden eine Sperrschicht, die das wäßrige Innere der Zelle von ihrer wäßrigen Umgebung abtrennt. So wie diese Doppelmembran haben biologische Membranen überall und zu allen Zeiten ausgesehen, sie ist sehr dünn und hat lediglich die Stärke zweier Moleküle (das entspricht je nachdem 4 bis 10 Nanometern [nm], wobei $1 \text{ nm} = 10^{-6}$ mm ist).

Eine Membran hat in erster Linie die Aufgabe, eine Zelle nach außen zu begrenzen, und sie definiert eine lebende Einheit, indem sie eine Sperrschicht bildet, die dem freien Fluß der Moleküle Einhalt gebietet. An den Fäden der Membranen heute existierender Lebewesen hängen zahlreiche Proteine (Eiweißmoleküle), während die Urmembranen vielleicht ausschließlich aus die Struktur bestimmenden Membranlipiden bestanden. Darüber wird mehr zu sagen sein, wenn wir uns wieder unserer Darstellung der ersten Urzelle zuwenden.

Die Membran stellt nahezu einen vierten Zustand der Materie dar. Was Lösbarkeit betrifft, hängt in einer vorwiegend von Wasser bestimmten Welt aus tiefreichenden physikalischen Gründen alles von der Verteilung der elektrischen Ladung in Atomen und Molekülen ab, die ihrerseits entweder hydrophob (wasserabstoßend) oder hydrophil sind. Diese wesentliche physikalische Unterscheidung ist das den Bau von Membranen beherrschende Prinzip, und so treten diese Strukturen bei der Entwicklung des Planeten in ganz natürlicher Weise auf, denn sie ergeben sich aus gewissen grundlegenden Merkmalen und Eigenschaften von Molekülen. An der Oberfläche von Membranen und in ihrem Inneren sind Proteine zuständig für die Katalyse chemischer Reaktionen, den Transport von Material in die Zelle hinein und aus ihr heraus sowie für die Umwandlung von Energie in chemisch nutzbare Formen. Die Frage der Zellenergie erinnert mich an einen Vorfall, der viele Jahre zurückliegt.

Mich interviewte damals ein Journalist, und das Gespräch nahm keinen guten Verlauf. Jedesmal, wenn ich von Adenosintriphosphat sprach, geriet der Mann aus dem Konzept, und wir mußten wieder von vorn anfangen. Der Artikel erwies sich dann als ziemlich wirre Bestandsaufnahme des Fortschritts in der naturwissenschaftlichen Forschung. Daraus habe ich gelernt. Die Lektion hieß: »Meide große Worte und sei vorsichtig bei allem, was du Zeitungsmenschen sagst.« Die Schwierigkeit ist über die Jahre hin die gleiche geblieben: Einer der größten geistigen Triumphe aller Zeiten, das Verständnis der Zusammenhänge von Energie, Stoffwechsel und die Erkenntnis, daß sich mit Bezug auf sie alle Arten weitgehend einheitlich verhalten, wird mit zungenbrecherischen vielsilbigen Wörtern wie beispielsweise Nikotinamid-Adenin-Dinukleotid-Phosphat beschrieben. Die bedeutendsten Fortschritte mit Bezug auf das Verständnis von der Natur des Lebens bleiben den meisten Menschen unbekannt, weil die Begriffe, mit denen sie dargestellt werden, die Gestalt endlos langer Wörter haben, die den Uneingeweihten abschrecken und ihm Einsichten in eine Vielzahl bisher unerforschter Zusammenhänge vorenthalten.

Man kann in nahezu jedem beliebigen Labor für Biochemie oder Molekularbiologie an Türen oder Wänden eine Anzahl engbedruckter Tafeln mit einer zusammenhängenden graphischen Darstellung aller in den Zellen lebender Organismen stattfindenden wichtigen biochemischen Reaktionen, den Stoffwechselwegen der Zellen, sehen. Sie sind eine großartige Zusammenfassung verallgemeinernder Schlußfolgerungen aus den Experimenten ganzer Forschergenerationen und lassen sich anderen großen Leistungen des menschlichen Geistes wie beispielsweise dem Periodensystem der chemischen Elemente oder dem Linnéschen Ordnungssystem, das die Grundlage der modernen biologischen Systematik bildet, an die Seite stellen.

Um uns den intermediären Stoffwechsel richtig vorstellen zu können, beginnen wir mit der Betrachtung der Biologie als Einheit innerhalb einer Vielfalt. Diese Vielfalt ist bei der großen Zahl von Pflanzen und Tieren, auf die unser Blick fällt, wohin auch immer wir schauen, nicht anders zu erwarten. Unterschiedlichkeit ist eine der unbestreitbaren Tatsachen des Lebens, doch beginnt sich eine Einheitlichkeit abzuzeichnen, sobald wir unter die Oberfläche hinabsteigen und uns mit den Vorgängen in der Zelle beschäftigen, die bei den einzelnen Arten für Wachstum und Vermehrung sorgen. Eine Untersuchung im mikroskopischen wie im molekularen Bereich zeigt, daß die Struktur von Zellen und Organellen gemeinsame Merkmale aufweist. Wir haben schon früher darüber gesprochen, doch die Sache verdient, daß man sich ihr erneut zuwendet.

Wenn wir uns auf der Größenskala von Organismen hinab zu den Molekülen begeben, gelangen wir in den Bereich der intermediären Biochemie. Sie beschäftigt sich mit den Hunderten und Tausenden von Enzymreaktionen, mit deren Hilfe eine Zelle Materie und Energie in für ihre Zwecke nützliche Formen überführt. Hier spüren wir die Bedeutung der Einheitlichkeit; ein und dieselbe *Tafel des intermediären Stoffwechsels* gilt gleichermaßen für alle Arten, die den Planeten bewohnen. Auf ihr finden sich die wesentlichen biochemischen Reaktionen eines jeden Organismus vom Bakterium bis hin zum Blauwal. Kein Organismus nützt alle diese Reaktionen, doch jede Art bedient sich eines größeren Teils davon. Was auf einen Prüfungskandidaten, der das alles büffeln soll, verwirrend und unübersichtlich wirken mag, erweist sich als bemerkenswert einheitlich und geradezu einfach, wenn wir uns darüber klarwerden, daß diese Reaktionen für sämtliche in der Biosphäre miteinander existierenden Vertreter der Flora und Fauna gelten.

Auch weitere einheitliche Merkmale sind nicht schwer zu finden. Bei zahlreichen Abfolgen von Stoffwechselprozessen geht es um eine oder mehrere Reaktionen mit Molekülen des Adenosintriphosphats (Reporter aus meinen jungen Jahren, aufgemerkt!). Diese überall anzutreffende Substanz, die man wohl am ehesten unter ihrer Abkürzung ATP kennt, ist für den Energiehaushalt aller Zellen von entscheidender Bedeutung. Wir finden die Buchstaben ATP nahezu an jeder Linie auf der Tafel mit dem Netz aus biochemisch miteinander verknüpften Stoffwechselwegen aufgedruckt. Wäre es dort nur ein einziges Mal aufgeführt, sähe die Zeichnung aus wie eine riesige Rosette, bei der alle Linien durch den Mittelpunkt verlaufen. Das ATP-Molekül ist der entscheidende Energieüberträger bei nahezu allen Stoffwechselvorgängen der Zelle. Die Reaktionen dieses Bausteins wärmen unseren Leib, führen unseren Muskeln Energie zu, geben unseren Nerven Spannkraft und liefern den Prozessen des Lebens auf andere Weise die nötige Energie.

Wenn wir uns fragen, wie ATP erzeugt wird, stoßen wir auf drei allgemein verbreitete Verfahren: Es entsteht durch eine geringe Anzahl gewisser chemischer Reaktionen innerhalb der Zelle; es wird an Membranen erzeugt, an denen die Endoxidation (Verbrennung) von Nährstoffen stattfindet, wie auch bei der Lichtreaktion der Photosynthese an der photosynthetisierenden Membran. Die Hauptquelle aller Reaktionen, bei denen ATP entsteht und die verfügbare Energie in das betreffende Molekül aufgenommen wird, sind Membranen. Sie pumpen mit der Energie des Lichts Protonen auf ihre im elektrischen Feld gespeicherte Energie, um aus Adenosindiphosphat (ADP) und anorganischem Phosphat, Bausteinen niedrigerer Energie, ATP zu bilden. Das dabei entstehende Membranpotential wird so gespeichert, als seien die Membranen winzige Kondensatoren. Man sieht, zwischen Membranen und ATP besteht eine enge Verbindung.

Die Genetik liefert ein weiteres Beispiel für die Einheitlichkeit. Jede Zelle enthält den aus Desoxyribonukleinsäure (DNS) bestehenden Informationsträger, das Material des genetischen Codes. Die DNS einer Zelle ist eine Doppelwendel aus zwei langen, wie Schlangen umeinander herumgewickelten polymeren Molekülen. Das Ganze sieht so ähnlich aus wie die um den Stab des Äskulap gewundene Schlange des Ärztesymbols. Jedes dieser Polymere ist eine lange Kette zusammenhängender Moleküle, die aus einzelnen Bausteinen (den Monomeren) besteht. Die DNS besteht aus vier solcher Monomere, das sind Nukleotide, die die Kodiergruppe Adenin (A), Guanin (G), Cytosin (C) und Thymin (T) tragen. Aus der Reihenfolge, in der die Monomere in einer der Ketten miteinander verbunden sind (beispielsweise AGCCTTAGCGATT...), ergibt sich die genetische Information und aus der gesamten, mehrere Millionen Monomere langen Gesamtsequenz die Erbinformation. Die beiden DNS-Ketten sind nicht nur umeinander herumgewickelt, sondern liegen auch komplementär zueinander, das bedeutet: Zu jedem A gehört ein T auf der anderen Kette und zu jedem G ein C. Mithin ist die Erbinformation in einer langen Abfolge von Symbolen enthalten.

In jeder Zelle gibt es mehrere Arten von Ribonukleinsäuren (RNS), die als Zwischenträger (Boten) für die in der DNS enthaltene Information dienen, die an die Proteine weitergeleitet wird, die Bau- und Wirkstoffe der Zelle. Diese langen, dünnen, polymeren Boten-RNS-Fäden enthalten die kodierenden Gruppen Adenin, Guanin, Cytosin und Uracil (U). Diese einsträngigen Makromoleküle übertragen die Erbinformation der Zelle von den Genen (DNS) zu den Proteinmolekülen, die für den Bau und die Leistungen der Zelle zuständig sind. Eine aus drei Nukleotiden bestehende Sequenz in der RNS bestimmt ein Aminosäuremolekül mit den Proteinen, kettenförmig angeordneten Polymeren aus Aminosäurebausteinen. Zellen enthalten nicht nur Überträger-RNS zur Vermittlung zwischen den Kodierungstripletts in den Boten-RNS und den gelösten Aminosäuren, sondern auch Ribosomen, winzige, aus RNS bestehende Fabriken. Auf diesen Ribosomen werden die Botschaften entschlüsselt und die Proteinmoleküle zusammengesetzt.

Jede lebende Zelle enthält eine Ansammlung von Proteinen, gleichsam die Arbeitspferde des Systems. Ihr Bau ist durch die Botschaften in der DNS vorgegeben, und sie tun zweierlei: Sie katalysieren nahezu sämtliche chemischen Reaktionen, die stattfinden, und sie dienen als Bausteine. Die chemischen Reaktionen in der Zelle verfolgen im allgemeinen zweierlei Zweck: Entweder wandeln sie Energie in biologisch nützliche Formen um, oder sie synthetisieren für Bau und Funktion der Zelle erforderliche Moleküle. Zu den Molekülen, die vom System für die Synthese neuer Polymere erzeugt werden müssen, gehören Aminosäuren und Nukleotide. Die aus den einzelnen Reaktionen bestehenden Netze sind fein miteinander verknüpft, um den Wert der in den Gesamthaushalt aufgenommenen Moleküle möglichst zu optimieren.

Die Synthesevorgänge von Makromolekülen wie DNS, RNS und Proteinen aus ihren Bausteinen sind eng miteinander verflochten. Ein zweisträngiges DNS-Molekül kann zweierlei tun: Die eine Möglichkeit besteht darin, daß sich die beiden Stränge aufdrillen und jeder als Schablone für die Entstehung eines neuen dient. Dazu stoßen die jeweils komplementären Nukleotide aus der Lösung auf den Strang, werden festgehalten und in einer Enzymreaktion zu einem neuen Strang zusammengefügt. Aus dieser Synthese gehen zwei identische zweisträngige DNS-Moleküle hervor, von denen jedes die vollständige Erbinformation enthält. Damit ist das Erbmaterial verdoppelt.

Die andere Möglichkeit besteht darin, daß ein Strang der DNS als Schablone für die Synthese der zugehörigen einsträngigen RNS dient. Diese RNS wird freigesetzt und legt als Bote die Aminosäuresequenz der Proteine fest. Die auf den Ribosomen stattfindende Proteinsynthese ist ein komplexer Prozeß, der die Mitwirkung von ATP, Aminosäuren und aktivierenden (gelösten wie membrangebundenen) Enzymen erfordert. Die dabei synthetisierten Makromoleküle sind Enzymproteine wie auch die für den Aufbau der Zellen benötigten Proteine. Die einzelnen Schritte bei der Synthese von Makromolekülen sind inzwischen genauestens bekannt. Daher können wir uns die Beschreibung von Einzelheiten im Zusammenhang damit ersparen und uns wieder der Frage nach der Entstehung des Lebens zuwenden.

Bei den vorhin dargelegten biochemischen Abläufen scheint es sich, soweit es heute existierende Organismen betrifft, um eine nicht weiter verminderbare Anzahl von Vorgängen zu handeln. All diese Lebensformen wachsen und vermehren sich mit Hilfe derselben molekularen Vorgänge und im großen und ganzen auf denselben grundlegenden Stoffwechselwegen. Die Theorie von der Einheitlichkeit innerhalb der Vielfalt hat ihre Grundlage in dieser Allgegenwärtigkeit der molekularen ›Hardware‹ und der chemischen Reaktionen in allen Lebewesen.

Gestützt auf die schon dargelegten Verallgemeinerungen zur Definition dessen, was heute als Leben angesehen wird, können wir weiter fragen: Wo finden wir deren einfachste heute existierende Verkörperung? Was ist die kleinste lebende Zelle, der unkomplizierteste frei lebende Organismus? Noch einmal möchte ich eine persönliche Anmerkung machen und sagen, daß die Suche nach der kleinsten Zelle für mich keineswegs eine bloße Abstraktion bedeutet. Immerhin habe ich zehn Jahre damit zugebracht, diese Mikroorganismen zu ermitteln, zu untersuchen und zu kennzeichnen. Sie mögen komplexer sein als die ersten Zellen, die es gab, aber ihr Komplexitätsgrad legt eine Obergrenze für die Organisation von Ursystemen fest.

Da bei Prokaryonten die gesamte Erbinformation linear in ihrem Genom, also auf *einem* DNS-Molekül kodiert ist, darf man annehmen, daß von allen heute frei lebenden Organismen derjenige mit dem kleinsten Genom zugleich der einfachste ist. Intrazelluläre Parasiten wie Viren und Rickettsien seien hier ausgenommen, denn sie nutzen neben ihrer eigenen genetischen Information auch zum Teil die der Wirtszelle. Die Suche nach genetischer Einfachheit führte zu den Mykoplasmen, einer Gruppe von Prokaryonten ohne Zellwand und von äußerst geringer Zellgröße. Einige Arten besitzen Genome in der Größenordnung von rund einer halben Milliarde (5×10^8) Dalton, wobei ein Dalton einem Zwölftel der Masse des häufigsten Kohlenstoffisotops entspricht. Da im Durchschnitt eine DNS-Masse von etwa achthunderttausend Dalton erforderlich ist, um ein einziges Funktionsprotein zu kodieren, können die kleinsten bekannten Mykoplasmen rund sechshundert biochemische Reaktionen ausführen. Die soeben gemachten Aussagen über die Genomgröße klingen sehr einfach, aber ihnen liegen immerhin drei Jahre gründlicher inspirierter Forschungsarbeit durch Hans Bode zugrunde, der sie als erster bestimmte. Eine Vielzahl weiterer Untersuchungen hat seine Bestimmungen bestätigt und erweitert.

Von außen gesehen, ist die Mykoplasmazelle von einer Plasmadoppelmembran umgeben, an der Eiweiß- und Kohlenwasserstoffmoleküle hängen. Diese Membran enthält ein ringförmig geschlossenes DNS-Molekül mit der gesamten genetischen Information der Zelle, mehrere hundert Ribosomen, einige tausend Eiweißmoleküle, eine größere Anzahl von ATP-Molekülen sowie verschiedene kleinere Moleküle.

Theoretisch läßt sich aus den bekannten Verallgemeinerungen der Molekularbiologie errechnen, daß der kleinste und einfachste Organismus, der imstande wäre, die unerläßlichen Funktionen des Lebens auszuführen, ein Genom von mindestens der halben Größe dessen sein müßte, das die Mykoplasmen benötigen. Mit anderen Worten, die einfachsten freilebenden Organismen, die bisher entdeckt wurden, befinden sich in der Nähe der theoretischen Grenze der Einfachheit. Wir wissen nicht, ob Mykoplasmen tatsächlich Urformen darstellen; vielleicht sind es entartete Formen höherer Bakterien. Auf jeden Fall haben sie ein hohes Maß an Einfachheit erreicht und zugleich die Fähigkeit beibehalten, als freilebende Formen zu existieren.

Es ist möglich, vom heutigen Stand der Molekularbiologie einen gedanklichen Schritt zurück zu früheren Systemen zu tun. Da es Viren gibt, die ihre genetische Information in zweisträngiger RNS kodieren, und da grundsätzlich alle bekannten Vererbungsabläufe mit RNS statt DNS möglich sind, läßt sich eine noch einfachere Zelle vorstellen als die bisher aufgefundenen, und zwar eine, die ohne DNS auskommt. An Einfachheit unübertroffen wäre eine den Mykoplasmen ähnliche Zelle mit einer zweisträngigen RNS als Kodiermaterial. Geben wir uns einstweilen mit diesen Organismen als den denkbaren Mindestformen lebender Systeme zufrieden, und wenden wir uns erneut der Physik und Chemie zu, um die Frage zu klären, wie eine solche Zelle entstehen könnte.

Dazu werden wir noch spekulativer vorgehen müssen, denn ich kann lediglich auf mein gegenwärtiges Wissen gestützte Vermutungen anstellen. Schon bei meinem nächsten Besuch in der Bücherei, die sich eine Insel weiter befindet, kann sich nach der Lektüre der neuesten Zeitschriften meine diesbezügliche Ansicht geändert haben. Es ist daher angebracht, zu erklären, was mich zu dieser oder jener Annahme bewegt. Man versetze sich um vier Milliarden Jahre in der Erdgeschichte zurück. Gasaustritt aus dem Planeten hat nicht nur die Entstehung von Ozeanen bewirkt, die einen großen Teil seiner Oberfläche bedecken, sondern auch die einer Atmosphäre aus Stickstoff, Ammoniak, Kohlendioxid, Wasserstoff, Schwefelwasserstoffgas, Wasser und anderen Gasen mit nur wenig oder keinem freien Sauerstoff. Die Vulkantätigkeit ist beträchtlich, und oberhalb wie unterhalb des Meeresspiegels treten flüssige Lava und heiße Gase aus. Der Tag-Nacht-Zyklus ist mehr oder weniger derselbe wie heute, nur daß der Tag mehr intensive Sonneneinstrahlung mit einem hohen Anteil an UV-Strahlung bringt.

Obwohl es keine lebenden Zellen gibt, findet eine Vielzahl chemischer Reaktionen statt. Das sichtbare Licht liefert ebenso wie die UV-Strahlung Energie für photochemische Reaktionen. Blitze, die Wärme von Vulkanen und die Radioaktivität auf der Erdoberfläche begünstigen thermochemische Reaktionen und solche von freien Radikalen. Letztere sind von Quellen hoher Energie erzeugte äußerst reaktionsfähige molekülähnliche Atomgruppen, die ihre Reaktivität einem ungepaarten Elektron verdanken und unter normalen Bedingungen meist nicht existenzfähig sind. Aus all diesen Prozessen ergeben sich gewisse gleiche chemische Produkte, die eine verblüffende Ähnlichkeit mit zahlreichen in heutigen Lebewesen existierenden Molekülen aufweisen. Das Wissen von diesen Reaktionen geht auf eine 1951 durchgeführte Anzahl von Versuchen zurück.

Sidney Miller arbeitete als Student im Labor des Nobelpreisträgers Harold Urey, der behauptete, die frühe Atmosphäre habe viel Wasserstoff und wenig Sauerstoff enthalten, und damit hätten Oxidationsreaktionen wie z.B. Feuer
und Atmung nicht stattfinden können. Lehrer und Student vertraten die Ansicht, in einer solchen Umgebung
könne aus bestimmten Quellen stammende Energie die
Synthese organischer Verbindungen auslösen. Miller entwickelte eine Versuchsanordnung, bei der ein Gasgemisch
aus Ammoniak, Methan und Wasser durch eine Kammer
geleitet wurde, in der beständig Funkenentladungen bei
hoher elektrischer Spannung erfolgten. Die bei der Reaktion entstehenden Gase wurden durch Wasser geleitet
und in Form von Blasen aufgefangen. Die Ergebnisse über-
trafen die Erwartungen der Experimentatoren: Es entstand
eine ganze Reihe organischer Verbindungen, darunter verschiedene Aminosäuren.

In den folgenden Jahrzehnten wurde das Experiment
häufig wiederholt, wobei die Energie aus verschiedenen
Quellen bezogen wurde – UV-Strahlung, Schockwellen,
Wärmeimpulse, Alphateilchen und chemische Energiequellen wurden verwendet. In allen Fällen gehörten zu
den unter reduzierenden Bedingungen (in Anwesenheit
von wenig oder keinem Sauerstoff) erzeugten Molekülen
ähnliche biologisch interessante Verbindungen wie beim
erstenmal.

Bestimmte allgemeine Merkmale von Kohlenstoff-Was-
serstoff-Stickstoff- und Sauerstoffverbindungen in der
Gasphase bewirken unter reduzierenden Bedingungen
und beim Durchfluß hoher Energiemengen die Entstehung einer Klasse von Stoffen, die heute als biochemische
Substanzen bezeichnet werden. Die chemischen Hintergründe dieser Reaktionen sind recht gut bekannt, und alles
scheint ziemlich einfach zu sein, denn es treten genau
die Moleküle auf, die aufgrund ihrer atomaren Bausteine
im Periodensystem der chemischen Elemente zu erwarten

273

wären. Inzwischen verfügen wir über spektroskopische Nachweise dafür, daß es im Universum weit verbreitet organische Moleküle wie beispielsweise Zyanid gibt. Die Experimente Millers, Ureys und anderer nach ihnen haben unsere Vorstellungen hinsichtlich der Molekularbestandteile lebender Systeme geändert; sie gelten inzwischen als etwas, das in unserer Art von Universum mit einer gewissen Wahrscheinlichkeit auftritt.

Zu Anfang wurden die photochemischen Prozesse auf der Erde vermutlich von ultraviolettem Licht beherrscht. Aus ihnen entstanden Moleküle, die sichtbares Licht zu absorbieren vermochten; anschließend konnte die Hauptkomponente der Sonnenstrahlung Energie für chemische Reaktionen liefern.

Wenn wir uns den Planeten insgesamt ansehen, stellen wir fest, daß Sonnenstrahlung und andere Energiequellen zur Erzeugung einer großen Vielzahl von Molekülen aus einfachen Ausgangsmaterialien wie Kohlendioxid, Stickstoff, Ammoniak, Methan und Wasser führten. Die komplexen Moleküle reagieren in Anwesenheit der verfügbaren elektromagnetischen Energie miteinander und werden zu den ursprünglichen einfachen Molekülen abgebaut. Beim Zerfall dieser Moleküle in ihre einfacheren Bestandteile entstehen komplexe organische Strukturen. Dies Entstehen und Zerfallen setzt einen großen Materiekreislauf in Gang, den die hindurchgehende Energie speist. An diesem Vorgang erkennen wir zahlreiche Merkmale ökologischer Kreisläufe, nur daß er in Abwesenheit lebender Zellen stattfindet. Zyklisch ablaufende chemische Prozesse unter Einwirkung eines Energieflusses erweisen sich als allgemeines Merkmal von einer Strahlung ausgesetzten Systemen und gehen dem Leben voraus. Tatsächlich können wir uns diese vorbiologische Ökologie als etwas vorstellen, das die physikalische Umwelt schafft, in der Leben entstehen kann.

Dieser Gedanke verdient eine ausführlichere Darstellung. Wird ein beliebiges physikalisches System einer hinreichend energiereichen Strahlung ausgesetzt, entstehen in ihm in großem Maßstab chemische Zyklen, ausgehend von energiearmen einfachen Molekülen bis hin zu komplexen energiereichen Molekülen und wieder zurück. Die Notwendigkeit eines solchen Verhaltens wurde, wenn auch auf ausschließlich physikalischem Wege, theoretisch mit dem ›Zyklus-Theorem‹ nachgewiesen, und es zeigt sich auf unserer heutigen Erde in den großen ökologischen Zyklen. Diese Kreisläufe gehen der Biologie voraus; und die frühen unter ihnen haben mitgeholfen, die Erde für das Auftreten lebender Formen vorzubereiten.

Manches weist darauf hin, daß sich unter den zahlreichen Verbindungen, die vor vier Milliarden Jahren auf der Erde auftraten, auch Kohlenwasserstoffe befanden, fettige Substanzen, die auf der Oberfläche des Wassers trieben. Umweltschützer mag die Vorstellung entsetzen, aber es ist denkbar, daß der Urozean von einem Ölfilm bedeckt war. Wir wissen, daß unter dem Einfluß von UV-Strahlung einige dieser Moleküle in ›amphiphile‹ Kohlenwasserstoffe umgewandelt werden, das sind Moleküle mit je einem fettlöslichen und wasserlöslichen Ende. Solche Moleküle verbinden sich unter den richtigen Bedingungen so miteinander, daß Membranen entstehen. Stücke davon bilden spontan geschlossene Flächen, und siehe da, die biologische Individualität ist auf der Welt, denn die Membran ist eine Scheidewand, die als Sperre zwischen dem Wasser im Inneren der Zelle und dem in ihrer Umgebung dient. Wissenschaftlicher ausgedrückt hindert ein von einer Membran umgebenes und als Vesikel bezeichnetes Bläschen den freien Fluß von Molekülen zwischen dem Inneren und dem Äußeren und schafft damit einen Raum (das Innere der Zelle) oder ein thermodynamisches System, innerhalb dessen verschiedene chemische Reaktionen ablaufen und deren Produkte festgehalten werden können.

So gesehen ist das erste entscheidende Ereignis bei der Entstehung von Leben in Form von Zellen die Herausbildung einer aus ›amphiphilen‹ Molekülen bestehenden Plasmamembran, die auf chemische Weise eine Trennung zwischen innen und außen bewirkt. Weil ich mein Hauptaugenmerk auf das Leben als Merkmal des im Entstehen begriffenen Planeten richte, denke ich nicht so sehr darüber nach, wann es begonnen hat. Die Frage ist eigentlich eher, wann chemisch aktive organische Kreislaufsysteme zur Entstehung von drei getrennten Zonen führten: der inneren wäßrigen Substanz, der fettigen Membran und der äußeren wäßrigen Substanz. Vom biophilosophischen Standpunkt aus ist die Membran im Bereich der Existenz die Schnittstelle zwischen dem Ich und dem Du. In dem Maß, in dem es durch sie hindurch einen Austausch gibt, ist das Ich mit dem Du verbunden; soweit dieser Austausch begrenzt ist, verfügt der Organismus wie seine Umgebung über ein gewisses Maß an Autonomie.

Ist die geschlossene membranförmige Hülle erst einmal entstanden, wird eine ganze Reihe von Ereignissen möglich, die in einer Lösung nicht hätten stattfinden können: Die chemische Zusammensetzung des Inneren kann von der des Äußeren abweichen, außerdem lassen sich durch die Membran wie bei einem Kondensator positive und negative elektrische Ladung voneinander trennen. Als Ergebnis läßt sich ein über die Membran hin wirkendes elektrisches Potential erzeugen, das man auch als Spannung bezeichnen kann, und diese Spannung kann die Energie für elektrochemische Reaktionen liefern. Da das Fließen eines elektrischen Stroms über eine Membran entweder mittels Elektronen oder Protonen erfolgt, gibt es über die gewöhnlichen elektrochemischen (auf Elektronenbewegung gestützten) Vorgänge hinaus einen verwandten, auf Protonenbewegung beruhenden chemischen Prozeß, von dem kürzlich nachgewiesen wurde, daß er für

276

die Energieumwandlung in biologischen Systemen von entscheidender Bedeutung ist.

Ein britischer Biochemiker, Peter Mitchell, bekam 1978 den Nobelpreis für den Nachweis, daß bei der Photosynthese und bei Oxidationsreaktionen in Zellen der erste Schritt darin besteht, daß sich Protonen von einer Seite der Membran auf die andere bewegen. Dadurch entsteht eine elektrische Ladung und verändert sich der Säuregrad (pH-Wert) zu beiden Seiten der Membran. Diese beiden Wirkungen werden als elektrochemisches Potential bezeichnet. Dieses nun veranlaßt die Protonen, auf gewissen Wegen die Membran in der Gegenrichtung zu durchwandern und die Energie des Protons zur Herstellung von ATP zu verwenden. Das Verfahren, Energie in durch die Membran hindurch wirkenden Potentialen zu speichern, ist in allen biologischen Systemen so gründlich nachgewiesen worden, daß wir jetzt die Frage stellen können: Hat es diesen Prozeß, da er sich offenbar allenthalben findet, auch schon ganz zu Anfang gegeben? Von der Evolutionstheorie ausgehend, behaupten wir, daß ein überall auftretendes Merkmal entweder ursprünglich existiert hat, sich auf allen Zweigen des Baums der Arten unabhängig entwickelt oder durch Infektion oder auf einem ähnlichen Weg überallhin verbreitet haben muß. Die größte Wahrscheinlichkeit dürfte die erste dieser drei Annahmen für sich haben, und in diesem Fall wäre die von Protonen ausgelöste Synthese energiespeichernder Moleküle ein Prozeß, der von Anbeginn an ablief.

Doch konnte das allgegenwärtige ATP-Molekül überhaupt in der Ursuppe vorhanden sein, bevor es noch Zellen gab? Mit der Aussage, daß das unwahrscheinlich ist, endet die Geschichte noch nicht, denn das ATP-Molekül besteht aus zwei Teilen, einer komplexen organischen Gruppe, nämlich Adenosin, und drei miteinander verbundenen Phosphatgruppen. Das Adenosin ist an der Übermittlung bestimmter Enzymreaktionen beteiligt, während

sich die Energieumwandlungen ausschließlich am Tri-
phosphatende des Moleküls abspielen:

Triphosphat + Wasser − Diphosphat + Phosphat + Energie

Phosphat besteht aus ganz und gar gewöhnlichen unorga-
nischen Molekülen, die höchstwahrscheinlich schon zu
Anfang existierten. Mithin kann die ursprüngliche biologische Energieerzeugung mit unorganischem Phosphat
funktioniert haben. Hinweise auf diesen Prozeß mag es
auch unter den die Photosynthese nutzenden einfachen
Bakterien geben, die noch heute Energie in Gestalt von
Polyphosphaten speichern (Moleküle mit langen Ketten
von Phosphatgruppen). Auch von anderen Mikroorganismen ist diese Art der Energiespeicherung bekannt.
    Bemerkenswert in der Biochemie ist, daß die meisten
Stoffwechselwege von Phosphatübertragungsreaktionen
beherrscht werden. Sofern die Urenergiequelle aus Polyphosphaten von hoher Energie bestand, ließe sich annehmen, daß die auftretenden chemischen Reaktionen durch
Phosphatübertragungen bestimmt wurden. Heutige Organismen ziehen zur Erzeugung von ATP mit hohem Energiegehalt Atmung und Photosynthese als Energiequellen
heran. Alle darauf gründenden Stoffwechselvorgänge in
der Zelle nutzen die Übertragung von Phosphatgruppen
zu verschiedenen organischen Molekülen und darauf folgende Reaktionen die aus der Phosphataustauschreaktion
entstandene Energie. Die Biochemie ist der Zweig der
organischen Chemie, die die Energie für ihre Reaktionen
aus energiereichen Phosphatbindungen bezieht.
    Ist es möglich, daß in einem frühen Stadium der Zellent-
wicklung Polyphosphate synthetisiert wurden? Wir können uns einen nachvollziehbaren Mechanismus vorstellen, der mehr oder weniger so funktioniert wie die heutige
ATP-Synthese über die Membran, denn unter anderem
sind bei einer Synthese ähnlich der von Miller und Urey

durchgeführten Moleküle entstanden, die nicht nur sichtbares Licht absorbieren, sondern sich auch in den fetthaltigen Bestandteilen von Membranvesikeln auflösen konnten. Würde man eine Vesikel mit solchen in ihrer Membran aufgelösten Molekülen dem sichtbaren Licht aussetzen, läge an ihr zwischen außen und innen eine Spannung an. Sie kann eine Ladungstrennung bewirken, als deren Ergebnis ein Protonenfluß auftreten könnte. Aus der thermodynamischen Theorie heraus konnte nachgewiesen werden, daß die Koppelung der Erzeugung von Polyphosphaten mit einem solchen Protonenfluß möglich ist. Alle oben gemachten Aussagen lassen sich mit allgemeinen Erkenntnissen der physikalischen Theorie stützen.

Grundsätzlich stellen wir uns, indem wir auf bekannte chemische Gesetzmäßigkeiten zurückgreifen, eine Urzelle vor, die sichtbares Licht absorbiert und mit dessen Hilfe energiereiche Phosphatbindungen erzeugt. Die darin gespeicherte Energie kann dann selektiv chemische Reaktionen im Inneren der Zelle so lenken, daß die Stoffwechselvorgänge in der Weise ablaufen, die wir kennen. Es ist also denkbar, daß die Auswahl der Stoffwechselvorgänge durch die chemische Art der Urenergiequelle bedingt ist.

All das ist eine sehr spekulative Betrachtungsweise der Ereignisse, die zur Entstehung von Leben in Gestalt der Zelle geführt haben. Sie zeigt aber, daß nachvollziehbare Prozesse, die sich mit den bekannten physikalischen und chemischen Gesetzen zur Deckung bringen lassen, das Auftreten einer von einer Membran umgrenzten Vesikel haben bewirken können, die durch Photosynthese Phosphate von hohem Energiegehalt erzeugte und mit Hilfe dieser Energie eine Art von Stoffwechselsystem hervorbrachte. Es ist noch ein langer Weg von dieser Urzelle bis hin zu der von uns angesetzten heutigen ›Minimal‹-Zelle, deren Merkmale und Eigenschaften aus den Verallgemeinerungen der Molekularbiologie bekannt sind. Ich vermute, daß wir diese Nachweislücke werden schließen können, eine Aufgabe, die uns noch bevorsteht. Einstweilen fehlt uns ein Bindeglied zwischen der energieverarbeitenden Urzelle und der genetisch komplexen ›Minimal‹-Zelle. Wir überspringen diese Lücke erst einmal und finden Anschluß an die Evolution, wie wir sie kennen, mit all ihrer Fülle an Arten, die, ausgehend von den ersten lebenden Zellen, den Stammbaum der biologischen Systematik bevölkern.

Eine kaum bekannte Tatsache, von der ich annehme, daß manche Biologen und Geologen sie gern geheimhalten würden, liegt darin, daß wir außer unserem theoretischen biochemischen Wissen von frühen Lebensformen nur über äußerst dürftige Kenntnisse dessen verfügen, was während der ersten drei Milliarden Jahre mit lebenden Systemen geschah. Das organische Leben hatte noch nicht entdeckt, welche Vorteile die Verwendung von Schalen und Knochen mit sich bringt, und so haben die wenigen auf uns gekommenen Fossilien unter ganz besonderen Bedingungen überdauert. Nahezu alle in Museen aufbewahrten Fossilien stammen aus den letzten fünfhundert Millionen Jahren. Während der ersten drei Milliarden Jahre existierte das Leben im Ozean; dort wuchs es, entwickelte sich und entstanden die großen Tierstämme. Während dieser Zeit kam es im Zusammenwirken mit der sauerstoffhaltigen Atmosphäre zur Photosynthese, die das Auftreten von Landorganismen möglich machte. Das Leben, wie wir es kennen, stammt weitestgehend aus den jüngsten fünfzehn Prozent der Zeit, da es Leben auf unserem Planeten gibt.

Diese neueren Epochen haben Biologen und Geologen gründlich untersucht, doch es bleiben zwei wichtige Fragen: Wie sieht der Hauptmechanismus der Evolution aus? Hat sie eine vorgegebene Richtung? Wir werden uns mit ihnen erneut beschäftigen, wenn wir uns Teilhard de Chardins Vision zuwenden. Zuvor wollen wir uns erst einmal etwas genauer ansehen, was wir über die Evolution moderner Formen wissen.

15
Die Entwicklung
organischer Formen

Ein mit mir bekannter Zoologe erklärte mir einmal, daß Darwin, wäre er auf den Hawaiischen Inseln statt auf den Galapagosinseln an Land gegangen, dort noch bessere Belege für seine Evolutionstheorie gefunden hätte, denn unter den dort heimischen Finken (die wir heute Darwin-Finken nennen) herrsche eine weit geringere Artenvielfalt als beim geradezu unvorstellbaren Reichtum an Schnabelformen unter den Kleidervögeln der Hawaii-Inseln. Die Finken lieferten Darwin wichtige Hinweise auf die Evolution isolierter Inselpopulationen; noch deutlichere Belege dafür finden sich unter den Kleidervögeln.

In den fünf Millionen Jahren, seit sich diese Tiere hier auf diesen Inseln aufhalten, hat sich ihre ursprüngliche Spielart so auseinanderentwickelt, daß es zu Darwins Zeiten zweiundzwanzig deutlich unterscheidbare Kleidervogelarten gab, die sonst nirgendwo auf der Welt vorkamen. »Besonders bemerkenswert ist die große Vielfalt an Größe und Gestalt ihrer Schnäbel, zweifellos bedingt durch die unterschiedliche Art ihrer Ernährung.«

Ich bin versucht, nach Kipahulu oder Hosmer Grove zu fahren und mir den Haubenkleidervogel mit seinem kleidsamen Kopfputz anzusehen, damit ich in die richtige Stimmung komme, um über die Evolution zu schreiben, doch ich begnüge mich mit einer dreiminütigen Meditation, während ich mir Bilder von sechs Arten dieser Vögel anschaue. Die Beos in den Bäumen neben der zum Kai

283

führenden Straße dienen als akustischer Ersatz für sie. Worum es eigentlich geht, ist nicht die Evolution, sondern die Betrachtung der großen Mannigfaltigkeit von Lebensformen, die fruchtbar waren und sich gemehrt haben, seit die frühesten Zellen das Geheimnis der genetischen Kodierung entwickelt haben.

Mit dem Thema ›Evolution‹ sind zahlreiche Schwierigkeiten verbunden, und in seinem Gefolge kommt es stets zu Meinungsverschiedenheiten. Nicht die Evolution als solche reizt Wissenschaftler zum Widerspruch – unbezweifelbar sind zahllose Arten entstanden und nach einer gewissen Existenzdauer verschwunden, um von solchen ersetzt zu werden, die aus ihnen hervorgegangen sind. Die Uneinigkeit geht auf die Frage zurück, ob der Prozeß der Artbildung (Speziation) langsam und allmählich vor sich geht (so hat Darwin es behauptet) oder nach geologischen Maßstäben sehr schnell. Diesem neueren, dem ›punktualistischen‹ Evolutionsmodell zufolge sollen neue Arten über kurze von Umweltveränderungen und Isolierung kleiner Populationen gekennzeichnete Zeiträume hinweg rasch entstehen und dann über lange Zeit hinweg stabil bleiben. In diesem Fall würde innerhalb einer Gruppe von Arten die Evolutionsuhr nicht gleichmäßig vor sich hin ticken, sondern ihren Gang von Zeit zu Zeit stark beschleunigen.

Heutige Paläontologen, zumindest die lautstärkeren unter ihnen, sehen im ›punktualistischen‹ Evolutionsmodell die sie am meisten zufriedenstellende Erklärung ihrer Bebeobachtungen, denn aus den fossilen Belegen läßt sich vermuten, daß Zeiträume intensiver mit solchen langsamer Speziation abgewechselt zu haben scheinen.

Die wichtigsten Zeugen der Evolution sind Fossiliensammlungen. Gestützt wird die heute übliche Theorie der Evolution von der Genetik, der Biochemie und den Beziehungen unter den gegenwärtig existierenden Arten, aber auch von der Datierung von Funden mit Hilfe moderner

Methoden. Fossilien entstehen dadurch, daß abgestorbene Organismen oder Teile von ihnen in Ablagerungen, Teer, Bernstein, Lava oder anderen geologisch stabilen Formen überdauern. Die Mehrzahl der toten Organismen wird nicht zu Fossilien, sondern verrottet einfach, so daß ihre Atome wieder in den den Erdball umspannenden Stoffkreislauf gelangen. Bisweilen bleibt die Gestalt von Lebewesen durch die Gesteinsbildung erhalten wie bei versteinerten Wäldern, obwohl deren Atome oder der gesamte Organismus davongetragen wurden. Manche Fossilien bewahren nur flüchtige Eindrücke davon, wie das Wesen einst ausgesehen hat: Ein Beispiel dafür sind die faszinierenden Fußabdrücke von Dinosauriern oder die ältesten fossilen Tiere, die uns nur durch Abdrücke im Sandstein Südaustraliens bekannt sind.

Der die Entstehung von Fossilien beherrschende Grundsatz ›alles oder nichts‹ bringt es mit sich, daß nur hier und da Material über die Vergangenheit existiert. Ein Teil der Schwierigkeit beim Verständnis der Evolution läßt sich so formulieren: Je unvollständiger das verfügbare Material, desto größer ist die Zahl der möglichen Deutungen. Wo es aber eine Vielzahl von Deutungen gibt, findet jede Theorie ihre Anhänger. Daher werden wir versuchen, auf argumentativem Weg eine Übereinstimmung herbeizuführen, denn eine solche ist, wie Wissenschaftshistoriker gern sagen, der Weg zum Verständnis.

Eingedenk all dieser Schwierigkeiten sei noch einmal darauf hingewiesen, daß eine Darstellung jener Phase in der Geschichte des Planeten nichts sein kann als eine Art auf der steinernen Grundlage von Fossilien gründendes und durch unsere Kenntnis der Naturgesetze eingeengtes Szenarium. Diese Nachweise sind durchaus in Ordnung, nur müssen wir bei ihrem Nachvollzug hinreichend offen sein, wenn neue Belege auftauchen oder neues theoretisches Wissen den Bezugsrahmen ändert, innerhalb dessen wir vorgehen.

Aus dem uns vorliegenden Material ergibt sich, daß die heutigen biochemischen Strukturen und Abläufe vor etwa drei bis vier Milliarden Jahren entstanden sind. Große Ungewißheit besteht mit Bezug auf den auch nur annähernd genauen Zeitpunkt. Da wir aus der Zeit bis vor etwa einer halben Milliarde Jahre praktisch keine Fossilien besitzen, wissen wir enttäuschend wenig über die ersten Jahrmilliarden und eine ganze Menge über die letzten fünfhundert Millionen Jahre.

Der Zeitraum von der Entstehung des Lebens bis zum Auftreten einer hinreichenden Anzahl von fossilen Zeugnissen für die Frühzeit der Entwicklung des Lebens auf der Erde wird als Archaikum oder weniger genau als Präkambrium bezeichnet. Nach Ansicht der meisten Biologen waren die frühesten Organismen Prokaryonten, und man nimmt an, daß das Leben während der ersten Milliarde Jahre vorwiegend von diesen einfach gebauten Meeresorganismen getragen wurde. Später trat die Photosynthese auf, in deren Ablauf Sauerstoff erzeugt wird, und aus der sauerstoffarmen wurde eine sauerstoffreiche Atmosphäre. Später entwickelten sich dann Eukaryonten zu komplexeren Einzellern als die Prokaryonten. Da Meiose und Rekombination Merkmale der Eukaryonten sind, kam es zur geschlechtlichen Vermehrung. Wohl liegt noch völlig im dunkeln, wann die sauerstoffhaltige Atmosphäre entstand, mit der die ersten Eukaryonten und die ersten Tiere auftraten, doch muß auf jeden Fall die Atmosphäre einen gewissen Sauerstoffanteil enthalten haben, bevor die ersten Eukaryonten auf der Bildfläche erscheinen konnten.

Vom biologischen Standpunkt aus gesehen, besteht die Aufgabe der Sexualität darin, neue Genkombinationen zu schaffen, die ein Experimentieren mit bis dahin nicht dagewesenen Phänotypen ermöglichen. Da diese eine größere Bandbreite der Eignung und Angepaßtheit aufweisen als ihre Vorfahren, kann die Evolution in stark beschleunigter Weise ihren Fortgang nehmen. Nach dem Auftreten der Sexualität hat es eine Milliarde Jahre oder länger gedauert, bis die Nerven entstanden waren, die es den Lebewesen ermöglichten, etwas mit dieser Trennung der Geschlechter anzufangen.

Gegen Ende des Archäozoikums bewohnten Meeresalgen, einfache Wasserpflanzen, Pilze, Protozoen, Meereswürmer und andere wirbellose Tiere die Meere. Die Photosynthese hatte den Sauerstoffgehalt der Atmosphäre dem gegenwärtigen Wert angenähert. Ein Großteil dieser photochemischen Aktivität ging auf Cyanobakterien zurück, die auch heute nach wie vor auf der ganzen Welt eine bedeutende Rolle bei der Sauerstofferzeugung spielen.

Aus der Zeit vor etwa fünfhundert Millionen Jahren besitzen wir – die Epoche wird als Kambrium bezeichnet – eine Vielzahl fossiler Überreste zahlreicher Stämme von Lebewesen einschließlich der Vorläufer der meisten heute existierenden Gruppen. Nach dreieinhalb Milliarden Jahren des Experimentierens mit Form, Gestalt und Lebensweisen wimmelt es auf dem Planeten von einer kaum überschaubaren Anzahl von Arten, die zusammen die Biosphäre ausmachen. Während zu Beginn des Kambriums das Pflanzenleben auf die Meeresalgen beschränkt war, gab es bereits damals von fast jedem der heutigen Tierstämme Vertreter im Meer. Acht der neun großen Stämme wirbelloser Tiere sind schon vor Beginn des Kambriums oder unmittelbar danach im Meer entstanden.

Geologen unterteilen die letzte halbe Milliarde Jahre in drei Erdzeitalter: das Paläozoikum (wörtlich ›Zeitalter des ältesten Lebens‹), das etwa dreihundert Millionen Jahre dauerte, das Mesozoikum, auch ›Zeitalter der Reptilien‹ genannt, das sich über rund hundertdreißig Millionen Jahre erstreckte, sowie das Känozoikum oder ›Zeitalter der Säugetiere‹, das die letzten fünfundsiebzig Millionen Jahre beansprucht. Paläozoikum, Mesozoikum und Känozoikum sind die Zeiträume einer belegten evolutionären Entwicklung.

Während der ersten Hälfte des Paläozoikums war unser Planet warm, die hohen Berge waren noch nicht entstanden, und das Leben bestand hauptsächlich aus Algen, Fischen, Trilobiten und Korallen, die im Meer lebten. Dann erhob sich das Land aus dem Ozean, und vor etwa vierhundert Millionen Jahren erschienen Landpflanzen und Insekten auf der Bildfläche. Riesige Farn- und Nadelwälder entstanden und machten das Land für Säugetiere bewohnbar.

Zu irgendeinem Zeitpunkt im frühen Paläozoikum scheint sich eine einfache Linie wirbelloser Tiere in zwei Stämme aufgespalten zu haben: Stachelhäuter wie Seesterne und Seeigel und die ersten Chordaten (Chordatiere), denen als Stützorgan eine *chorda dorsalis* diente, die früheste Vorform einer Wirbelsäule. Wir nehmen an, daß die Evolutionslinie von diesen ersten Chordaten zu den *agnatha* verlief, frühe kieferlose Fische, für uns die ersten Fossilien von Wirbeltieren. Von ihnen strahlte eine evolutionäre Entwicklung aus, so daß am Ende des Paläozoikums Haie, Knochenfische, Lungenfische, Amphibien und Labyrinthodonten die Erde bewohnten. Letztere waren frühe Lurche, Vorfahren der Reptilien, die das Mesozoikum beherrschten.

Dies Mesozoikum ist eine Zeit großer geologischer Veränderungen. Auf dem ursprünglich eher ebenen Festland erhoben sich Anden, Alpen, Himalaja sowie das amerikanische Felsengebirge, und ganze Kontinente wanderten, wie inzwischen von der Plattentektonik beschrieben. Den Farnbewuchs verdrängten Nacktsamer, und am Ende jener Epoche gab es Eichen- und Ahornwälder. Aus den Labyrinthodonten, die man sich wie stumpfnasige Alligatoren vorstellen muß, entstanden gegen Ende des Paläozoikums Stammreptilien, auf die säugerähnliche Reptilien, Schildkröten, Echsen, Schlangen, Vögel, Krokodile und Dinosaurier zurückgehen. Die Dinosaurier begannen schließlich, das Leben auf der Erde zu beherrschen, bis sie gegen Ende des Mesozoikums auf geheimnisvolle Weise ausstarben. Alle heute existierenden Landwirbeltiere sind Abkömmlinge der Labyrinthodonten.

Im Känozoikum, dem letzten dieser drei Zeitalter, herrschten Bedingungen, die den uns bekannten sehr ähnlich sind. Laubwälder bedeckten weithin das Land und wurden schließlich in vielen Teilen der Welt von Grasland abgelöst. Durch die Kontinentaldrift bekam die Weltkarte ihr heutiges Aussehen. In einigen Weltteilen entwikkelten sich Pflanzen und Tiere von anderen isoliert wie auf dem Inselkontinent Australien oder in Südamerika, bevor die Landbrücke von Mittelamerika entstand.

Die Säuger, die sich gegen Ende des Mesozoikums herauszubilden begonnen hatten, wurden arten- und zahlreicher und machten sich daran, alle durch das Aussterben der Dinosaurier frei gewordenen Nischen zu füllen. Auf die Ursäuger folgten Beuteltiere und Insektenfresser. Letztere bildeten den Ausgangspunkt für die unüberschaubare Vielzahl von Plazentatieren: Fledermäuse, Raubtiere, Huftiere, Elefanten, Faultiere, Wale, Nagetiere, Hasenartige und Primaten. Vor etwa vierzig Millionen Jahren traten die ersten Anthropoiden auf, vor dreißig Millionen Jahren kam es zu einer raschen Entwicklung von Säugetierformen, und vor zehn Millionen Jahren existierte die Mehrzahl der heute bestehenden Säuger oder ihrer Vorfahren. Die letzte Jahrmillion, die großenteils dem Pleistozän zugerechnet werden muß, ist durch vier Eiszeiten und ein Massenaussterben von Säugetierarten gekennzeichnet.

Es gibt wenig Grund, an der hier in Umrissen dargestellten Gesamtgeschichte der Evolution zu zweifeln, obwohl wir uns einfach auf Organismen konzentriert haben, ohne ihre Beziehung zur Umwelt und ihren Einfluß auf sie zu beachten.

Der Gesamtbereich der Evolution steckt so voller Mannigfaltigkeit, und so viele Millionen Arten haben darin ihre Rolle gespielt, daß es angebracht sein dürfte, sich mit der allem zugrunde liegenden Einheitlichkeit der Stoffwechselwege und Zellmechanismen zu beschäftigen, die eine gemeinsame Vorbedingung für die große Vielfalt von Plfanzen- und Tierformen ist. Eine wichtige Frage aber bleibt: Steckt hinter dieser überwältigenden Fülle von Formen ein Sinn, oder bestimmt der Zufall Reichtum und Schönheit des Daseins? Das ist in der Tat die Frage.

16
Teilhards Vision

Nachdem ich meine kurze Geschichte des Universums dargelegt habe, kommen wir jetzt zu einem der Hauptgründe dafür, warum ich sie schreibe. Es ist an der Zeit, die Gedanken eines Mannes näher ins Auge zu fassen, der lange und gründlich über diese Geschichte nachgedacht hat und zu der Schlußfolgerung gekommen ist, daß sich, von wissenschaftlichen Tatsachen ausgehend, Schlüsse ziehen lassen, denen bei unserem Verständnis der Frage, wer und was wir sind, große Bedeutung zukommt.

Heute bin ich besonders froh, weit von meinen Kollegen an der Universität zu sein. Auf Lahaina wird es nicht viele Menschen kümmern, zu erfahren, daß in der öffentlichen Bibliothek jemand sitzt, der Pierre Teilhard de Chardins Vision zustimmt, die dieser in seinem Buch *Der Mensch im Kosmos* (eigentlich Das menschliche Phänomen) formuliert hat. Es ist in Amys Buchhandlung und Kaffeehaus erhältlich, aber nicht gerade ein Umsatzrenner. Dennoch ist sein Autor daheim in Amerika zahlreichen Naturwissenschaftlern ein Dorn im Auge und wohl unter den wichtigen zeitgenössischen Denkern, die über Naturwissenschaft schreiben, der am wenigsten beliebte. Stephen Jay Gould vermutet mit bei ihm ungewohnter Schärfe der Kritik in Teilhard den Hauptverschwörer im Zusammenhang mit dem Schwindel um den Piltdownmenschen. Um 1910 wurden in Südengland (eben bei

Piltdown) Unterkiefer und Schädelreste gefunden, die von einem bis dahin unbekannten Menschentyp stammen sollten, sich aber als Fälschung herausstellten. Jacques Monod schmäht die Philosophie Teilhards als intellektuell rückgratlos, und Peter Medawar bezeichnet dessen Schriften als mit einer Vielzahl metaphysischer Gebärden dekorierten Unsinn. Dabei handelt es sich nicht etwa um Sticheleien, wie sie unter Akademikern von Zeit zu Zeit vorkommen – es sind wahre Karateschläge, die den Gegner treffen sollen.

Warum also setze ich mich der Gefahr aus, den Zorn der wissenschaftlichen Welt auf mich zu ziehen, indem ich Teilhards Sehweise vorstelle? Dazu möchte ich ein wenig ausholen. Die Sache hat vor vielen Jahren damit angefangen, daß ich in einer Buchhandlung von New Yorks Grand-Central-Bahnhof ein Exemplar von Teilhards Hauptwerk *Der Mensch im Kosmos* erwarb. Die Einführung las ich während der nahezu zweistündigen holprigen Bahnfahrt nach New Haven. Daheim angekommen, brachte ich es kaum fertig, das Buch aus der Hand zu legen, bevor ich es zu Ende gelesen hatte. Zwar war es schwere Kost, doch schien es eine aufrichtige und leidenschaftliche Betrachtungsweise dessen zu enthalten, wie sich unsere Vorstellung von Gott und Mensch durch biologisches Wissen erhellen läßt. Ich stimme ihr in manchen Teilen zu, in anderen nicht, und manches ist mir unverständlich – aber das Buch hat mein Denken für immer verändert, denn wie Spinoza zeigt Teilhard auf einen Weg hin, der zur Aussöhnung zwischen religiösem und naturwissenschaftlichem Denken führen kann. Julian Huxley, ein hervorragender Evolutionsbiologe, schreibt über Teilhard:

Sein Einfluß auf das Denken der Welt muß zwangsläufig bedeutend sein. Dadurch, daß er ein weitgefächertes naturwissenschaftliches Wissen mit tiefem religiösem

Empfinden und einem strengen Sinn für Werte verbin-
det, hat er die Theologen gezwungen, ihre Gedanken in
der neuen Perspektive der Evolution zu sehen, und die
Naturwissenschaftler, die Auswirkungen zur Kenntnis
zu nehmen, die ihr Wissen auf das sprituelle Leben hat.
Er hat unsere Sehweise der Wirklichkeit nicht nur er-
hellt, sondern auch vereinheitlicht. Im Licht jenes neuen
Verständnisses ist es nicht mehr möglich, zu behaupten,
Naturwissenschaft und Religion müßten in gedanken-
dicht voneinander abgeschotteten Abteilungen tätig sein
oder sich um getrennte Bereiche des Lebens kümmern;
beide beziehen sich auf die Gesamtheit der menschli-
chen Existenz. Der religiös Gesinnte kann künftig den
Rücken nicht der natürlichen Welt zukehren oder Zu-
flucht aus ihren Unvollkommenheiten in einer Welt
des Übernatürlichen suchen; ebensowenig kann der ma-
terialistisch Gesinnte spirituellem Erleben und geisti-
gem Empfinden die Bedeutung absprechen.

Naturwissenschaftler wie Medawar, Monod und Gould
gehören wohl einer Generation an, der es darum zu tun
war, die Naturwissenschaft von allen Berührungen mit
der Religion fernzuhalten. Sie sind einem Denkmuster
verhaftet, das auf Darwins Parteigänger Thomas Huxley
zurückgeht, der den Begriff ›Agnostiker‹ geprägt hat, beäu-
gen mißtrauisch die Referenzen des Jesuiten Teilhard und
verschließen sich seiner Ansicht, man müsse das Ganze
verstehen, nicht nur Geist und Denken des Menschen,
sondern auch seinen Einfluß auf den Untersuchungsge-
genstand, wenn man das Phänomen Mensch selbst verstehen will. Doch können wir bei unserem Streben nach
Objektivität nicht leugnen, was offen zutage liegt, all jene
Aspekte des *homo sapiens*, die über die gewöhnlichen
Laborbeobachtungen hinausgehen.
    Teilhards Aussage lautet, daß »um uns herum, so weit
das Auge reicht, das Universum zusammenhält, und es

ist nur eine Art seiner Betrachtung wirklich möglich, d. h., man muß es als Ganzes, in einem Stück sehen«. Diese synthetische philosophische Aussage bereitet Naturwissenschaftlern Schwierigkeiten, die gewöhnlich Phänomene analysieren, indem sie sie in ihre einfachsten Bestandteile zerlegen und diese dann aufmerksam begutachten. Doch es braucht keinerlei Zwiespalt zwischen einer Wissenschaft zu geben, die alle Phänomene auf Grundprinzipien zurückführt, und einer Philosophie, die das ihnen zugrunde liegende Verständnis zu einem synthetischen Gesamtblick zusammenfaßt.

Bevor wir uns weiter mit Teilhards Gedanken beschäftigen, sei ein Wort über den Mann selbst gesagt. Er wurde 1881, ein Jahr vor Charles Darwins Tod, als Sohn eines Kleinbauern in der Auvergne geboren. Damit wuchs Teilhard in der Zeit unerbittlicher Zusammenstöße zwischen Biologen und Theologen auf. Er, der in einer Jesuitenschule ausgebildet wurde, wo er sich auf Geologie spezialisierte, litt wie nur wenige unter diesen Zusammenstößen. Mit achtzehn Jahren entschied er sich, Mönch und Naturwissenschaftler zu werden, und wurde 1912 zum Priester geweiht.

Stark beeinflußt hatte ihn bei seinen Studien Henri Bergsons Buch *Schöpferische Entwicklung* (eigentlich Schöpferische Evolution). Bei seinem Erscheinen hatte man diesem Buch wegen der darin enthaltenen Erkenntnisse und seines befreienden Einflusses zugejubelt; jetzt verstaubt es in Bibliotheken und ist in kaum einer Buchhandlung mehr zu finden. Mit unserem Rückgriff auf die Werke von Philosophen des neunzehnten Jahrhunderts brauchen wir nur einen einzigen Schritt über Bergson hinaus zu Darwins Zeitgenossen, dem Evolutionsphilosophen Herbert Spencer, zu tun. Seine Arbeiten lieferten die These, die Bergson abänderte und die Teilhard de Chardin gründlich ausführte.

Spencer war Ingenieur, Philosoph und Universalgelehrter, der alles Wissen auf diesen Gebieten als Autodidakt erworben hatte. Er sah die Philosophie als eine Synthese wissenschaftlicher Erkenntnis, die an die Stelle der Theologie des Mittelalters treten sollten. Schon vor Darwins Veröffentlichungen war er Verfechter einer Evolutionsvorstellung und betrachtete die gesamte Existenz als von einer nicht näher bezeichneten Kraft bewirkte Entwicklung vom Gleichartigen (bei ihm das Homogene) zum Verschiedenartigen (das Heterogene). Um aus der *Encyclopaedia Britannica* zu zitieren: »Das ›Gesetz von der Vervielfachung der Wirkungen‹, das auf eine unbekannte und unerkennbare absolute Kraft zurückgeht, ist Spencers Ansicht nach der Schlüssel zum Verständnis aller Entwicklungen sowohl auf kosmischer wie auf biologischer Ebene.«

Bei aller Offenheit des Denkens war Spencer wie Thomas Huxley und Ernst Haeckel Vorkämpfer seiner agnostischen Philosophie, die frei von einer Bindung ans Göttliche war. Obwohl diese frühen Verfechter der Evolution in ihre Argumentation metaphysische Vorstellungen wie beispielsweise den Lebenswillen einführten, erklärten sie sich als frei von Metaphysik. Sie gehörten jener Generation von Denkern an, die einen scharfen Bruch mit dem herkömmlichen Christentum herbeiführen mußten, um behaupten zu können, das Leben auf der Erde sei spontan aufgetreten und der Mensch stamme von nichtmenschlichen Primaten ab. Damit wurden sie die philosophischen Gegner jeglicher Suche nach einer Zweckgerichtetheit im Universum. Voll Leidenschaft wiesen sie mit der Theologie auch die aristotelische Vorstellung einer letztlichen Ursache und damit zugleich die Möglichkeit zurück, den kausalen Gesetzen der Naturwissenschaft selbst könne ein Zweck anhaften.

War auch die intellektuelle Stoßrichtung der naturwissenschaftlich orientierten Evolutionisten nicht unbedingt agnostisch, so merkten sie nicht, was wohl auf die Schärfe ihrer Formulierungen zurückging, daß sie eigentlich mit einer Welt der Sinngerichtetheit liebäugelten. Wäre es beispielsweise Spencer aufgefallen, daß es sich bei seiner »unerkennbaren absoluten Kraft« um nichts anderes handelte als den »unbewegten Beweger« des Aristoteles, hätte er sich in unbehaglich naher Nachbarschaft von Thomas von Aquins »Gott der Vernunft« befunden.

In Spencers Schriften scheint das Pendel vollständig hin zum Materialismus, zur Agnostik und zum Sozialdarwinismus ausgeschlagen zu sein. Die Reaktion auf diese Extremposition kam mit den Werken Henri Bergsons, Pierre Teilhard de Chardins und Lawrence Hendersons, über dessen Arbeit wir schon gesprochen haben. Es gibt eine Linie der Evolutionsphilosophie, die sich von Spencer über Bergson und Teilhard bis in die Gegenwart erstreckt. Bergson, der 1859 zur Welt gekommen war, dem Jahr, da *Über den Ursprung der Arten* erschien, ließ sich als Biologiestudent von der Erregung der im Entstehen befindlichen Evolutionstheorie mitreißen. Er war ein früher Schüler Herbert Spencers, lehnte sich aber gegen dessen Materialismus und die Starrheit der von ihm vertretenen Ansichten auf. Dieser Philosoph erklärte die Evolution nicht als eine Art mechanischer Aussonderung des Unangepaßten und Ungeeigneten, sondern sah sie in Abhängigkeit von etwas, das er schöpferische Lebenskraft, *élan vital*, nannte. Er begriff das Leben nicht wie die Fundamentalisten als etwas, das im Gegensatz zu den Naturgesetzen stand, sondern erkannte eher eine Zweckgerichtetheit innerhalb der Naturgesetze, die beständig auf dem Gebiet der Biologie wie auch dem des Geistes Neues schafft. In seinen Augen gingen die Naturgesetze über Demokrits Atome und Galileis Raumzeit hinaus und umfaßten Geist und Denken als Teil des großen Naturgesetzes mit. Am Schluß von *Die schöpferische Entwicklung* heißt es:

*Philosophie bedeutet nicht nur, daß man den Geist
heimwärts lenkt; sie bedeutet auch das Zusammenfal-
len des menschlichen Bewußtseins mit dem lebenden
Prinzip, aus dem es entsteht, eine Berührung mit der
schöpferischen Bemühung: Es ist die allgemeine Untersuchung des Werdens, es ist wahrer Evolutionismus und
folglich die wahre Fortsetzung der Wissenschaft – vorausgesetzt, wir verstehen unter diesem Wort eine Reihe
von Wahrheiten, die entweder erfahren oder nachgewiesen werden, und nicht eine gewisse neue scholasti-
sche Lehre, die während der zweiten Hälfte des neunzehnten Jahrhunderts um die Physik Galileos herum
gewachsen ist, wie einst die Scholastik um Aristoteles
herum entstanden war.*

Diese Gedanken Bergsons ließen Teilhard de Chardin
nicht ruhen, als er sich daranmachte, inzwischen Priester
eines im Geiste der alten Scholastik regierten Ordens in
einer unter der Ägide der neuen Scholastik stehenden
Gemeinschaft, Naturwissenschaftler zu werden. Er hatte
keinen leichten Stand.

Im Ersten Weltkrieg war er Sanitäter und wurde wegen
seines dabei bewiesenen Mutes und seiner Hingabe mit
der Tapferkeitsmedaille und der Ehrenlegion ausgezeich-
net. Die Zeit von 1918 bis zu seinem Tode im Jahre 1955
verbrachte er als Paläontologe und Priester, von seinem
Orden und seiner Kirche ständig der Ketzerei verdächtigt
und von der Naturwissenschaft wegen seiner teleologi-
schen Ansichten in Grund und Boden verdammt. Sich
selbst treu, schrieb er seine Vorstellungen ausführlich nie-
der, war aber nicht bereit, getreu seinem Gehorsams-
gelübde ohne kirchliche Druckerlaubnis – die er nie bekam – seine Arbeiten zu veröffentlichen. Nach seinem
Tode sorgten Freunde dafür, daß sie erschienen einschließlich *Le Phénomène Humain*, das 1959 unter dem Titel
›Der Mensch im Kosmos‹ auf deutsch herauskam.

Einige Monate vor meiner Abreise nach Lahaina hatte ich in Poughkeepsie im Staat New York Familienangelegenheiten zu erledigen. Um deren Druck ein wenig zu entgehen, beschloß ich, einige freie Stunden zu nutzen, um in Hyde Park auf dem Gelände des St.-Andrews-Seminars Teilhards Grab zu besuchen. Da mir niemand den Weg nach St. Andrews zeigen konnte, suchte ich ziellos herum, bis ich schließlich hinter der Theke einer Kneipe auf einen altgedienten Einwohner der Ortes stieß. »Nun«, sagte er, »in St. Andrews ist jetzt das Culinary Institute of America. Liegt an der Staatsstraße Nummer neun, immer geradeaus.« Zwar gab mir das Bewußtsein von der Kluft zwischen Teilhards intellektueller Not und den kulinarischen Wonnen für Genießer einen Stich, aber ich verfolgte meinen Weg weiter.

Im Sicherheitsbüro des Culinary Institute bekam ich von einem uniformierten Mitarbeiter einen Schlüssel zum Friedhofstor. Der Weg dorthin führte über eine hinter dem Grundstück verlaufende Straße zu einer ziemlich versteckten Ecke. Dort lagen tatsächlich die Gräber, in Reih und Glied angeordnet, alle mit den gleichen, chronologisch nach den Todesdaten angeordneten Grabsteinen. Ich fand Teilhards letzte Ruhestätte und blieb im sommerlichen Zwielicht eine Weile nachdenklich davor stehen.

Herbert Spencer, Henri Bergson und Pierre Teilhard de Chardin waren, wenn auch in mancherlei Hinsicht Welten zwischen ihnen liegen, die Philosophen der Evolution. Ihr Denken bildet einen durchgehenden Strang von Spencers Evolution der Materie über Bergsons Evolution des Lebens und Denkens bis hin zu Teilhards Evolution des Denkens und Geistes. Die Evolutionstheorie, zu Darwins Zeit Brennpunkt des Konfliktes zwischen Naturwissenschaft und Religion, wurde bei Teilhard ein Weg zum Verständnis Gottes. Da dieser Gott nicht der seiner jesuitischen Oberen und Mitbrüder war, gestaltete sich Teilhards Leben zu einer beständigen Entfremdung. Daß er gehorsam blieb, trug ihm jedoch eine Grabstätte auf dem Friedhof von St. Andrews ein, ganz in der Nähe einer Einrichtung, die Spitzenköche für Spitzenrestaurants ausbildet.

Teilhard de Chardin widmet den größten Teil von *Der Mensch im Kosmos* dem Bericht von der Geschichte des Universums. In diesem Sinne ähnelt sein Buch unseren drei voraufgegangenen Kapiteln, nur daß er aus der naturwissenschaftliche Perspektive der vierziger Jahre schreibt. Wir wollen uns die Punkte ansehen, an denen Übereinstimmung herrscht. Auch er beginnt mit dem Urknall.

Dann plötzlich ein Gewimmel von positiven und negativen Elementarkörperchen: Protonen, Elektronen, Neutronen, Photonen usw.; ihre Liste wird beständig größer. Dann die harmonische Reihe der Elemente, vom Wasserstoff bis zum Uran wie eine Tonleiter sich entfaltend. Und dann die unermeßliche Verschiedenheit der Verbindungen, in denen die molekularen Massen sich allmählich bis zu einem bestimmten kritischen Wert erheben, oberhalb dessen, wie wir sehen werden, der Übergang zum Leben anzusetzen ist. Nicht ein Glied in dieser langen Reihe, das man nicht aufgrund guter beweiskräftiger Experimente als eine Zusammensetzung von Atomkernen und Elektronen ansehen müßte. Diese grundlegende Entdeckung, daß alle Stoffe sich von der Ordnung eines einzigen Atomurtyps herleiten, ist der Blitz, der uns die Geschichte des Universums erleuchtet. Auf ihre Weise gehorcht die Materie von Anfang an dem großen biologischen Gesetz (auf das wir ständig werden zurückkommen müssen), dem Gesetz der »zunehmenden Verflechtung«.

Nach einer kurzen Beschreibung dessen, wie Sonnensystem und Erde entstanden sind, behandelt eine längere

Abhandlung »Beginn des Lebens« und eine noch längere die »Ausdehnung des Lebens«, ein Rückblick auf die Evolutionsgeschichte der vergangenen sechshundert Millionen Jahre. Bis zu dieser Stelle unterscheidet sich Teilhards Darstellung nicht von den üblichen naturwissenschaftlichen Erkenntnissen, sie enthält eine Reihe von Abläufen, die sich auf theoretisches Verständnis und die besten verfügbaren experimentellen Nachweise stützen. Zwei besondere Merkmale beleben seine Sehweise und unterscheiden sie von der anderer. Als erstes legt er großes Gewicht auf die Diskontinuitäten:

Der Ursprung des Universums
Die Entstehung des Sonnensystems
Der Beginn des Lebens
Die Geburt des Denkens
Ein bevorstehender Übergang zum Geist

Zweitens sieht er eine Gerichtetheit im evolutionären Sichentfalten des Universums. Dabei verläuft der Weg von der Materie über organisierte Materie zum Leben und von dort weiter zum Geist in seinen verschiedenen Ausprägungen. Mit Bezug auf die Übergänge sieht Teilhard das Ganze als langsamen, allmählich ablaufenden Prozeß, der dann zu einer plötzlichen Diskontinuität führt. Um das darzustellen, bedient er sich der Analogie des Erhitzens von Wasser. Während die Temperatur allmählich steigt, verändern sich die Eigenschaften des Wassers lediglich qualitativ. Am Siedepunkt jedoch tritt eine deutlich erkennbare Diskontinuität ein; da die Temperatur des Wassers nicht weiter ansteigen kann, wird jetzt Dampf der beherrschende Faktor.

Auf diese Weise erwärmt sich Teilhard zufolge eine unbekannte Sache im Urzustand bis hin zum Urknall, einem so verheerenden Ereignis, daß es alle Zeugnisse seiner Vorgeschichte zerstört. Der Übergang erfolgt in diskontinuierlicher Weise. Die sich verdichtende Materie erhitzt sich dann und führt zur Entstehung von Galaxien, Sternen und Planeten. Nach astrophysikalischen Zeitmaßstäben erfolgt der Übergang von einer aus Atomen bestehenden Wolke zur Galaxie rasch, und da das neue System starke Kernveränderungen erfahren hat, kommen ihm Hinweise auf seine Vorgeschichte abhanden. Nachdem die Erde entstanden ist, führt eine allmählich stattfindende Reihe chemischer Reaktionen zur Entstehung des Lebens. Auch hier ist der Übergang überwältigend. Alles, was an Kohlenstoff, Wasserstoff, Stickstoff, Sauerstoff, Phosphor und Schwefel zur Verfügung steht, wird verschlungen mit dem Ergebnis, daß nun eine Schicht lebender Materie den Planeten umgibt.

Sodann beschäftigt sich Teilhard mit dem nächsten Übergang, dem Auftreten des Bewußtseins. Nachdem er den Rahmen abgesteckt hat, spricht er von der Schritt für Schritt sich über drei Milliarden Jahre hin erstreckenden Evolution der Tiere. Das ganze spätere Evolutionsschema wird deutlich, sobald man sich mit der Entwicklung des Nervensystems beschäftigt. Er erklärt, daß bei einer Anordnung der Tierarten nach dem jeweiligen Bau ihres zentralen Nervensystems das gleiche Ergebnis erzielt werde wie bei der Klassifikation gemäß der biologischen Systematik. Daraus leitet er eine Zielrichtung der Evolution her und schreibt: »Unter den zahllosen Abwandlungen, in die sich das komplexer werdende Leben zerteilt, hebt sich die Differenzierung der Nervensubstanz als eine bezeichnende Umformung ab – wie die Theorie es voraussehen ließ. *Sie gibt eine Richtung – und beweist dadurch, daß die Evolution eine Richtung hat.*«

Kernpunkt von *Der Mensch im Kosmos* ist »Die Ausdehnung des Lebens« oder die Auffächerung des Stammbaums der Arten. Teilhard sagt, auf die biologischen Erkenntnisse seiner Zeit gestützt, die Evolution bewege sich vom Leben hin zum Denken. Während ich seine Sehweise vorstelle, will ich sie entsprechend der heutigen biologischen Erkenntnisse und Terminologie umformulieren. Das ist nicht ungefährlich, denn die Gedanken eines eingestandenermaßen schwierigen philosophischen Werks umzuschreiben, birgt die Gefahr in sich, daß man die Gedanken des Verfassers ummodelt. Daher will ich das Nachstehende nicht Teilhard de Chardin zuschreiben, sondern lediglich sagen, daß es eine parallele Vorstellung des Übergangs vom Leben zum Denken ist, und hoffen, daß es dem Geist der Vorlage entspricht.

In der Zeit, die dem Ursprung des Lebens folgt, muß die frühe Evolution zuerst zur Entstehung der Prokaryonten geführt haben. Die frühen Zellen waren entweder photosynthetisch aktiv, fingen Sonnenenergie ein oder lebten von den Produkten photosynthetisch aktiver Zellen. Während der ersten Jahrmilliarde dürften in den Meeren wohl vorwiegend Bakterien und Cyanobakterien gelebt haben.

Den Prokaryonten folgten die Eukaryonten, weit komplexer gebaute Zellen, die über wesentlich bessere Möglichkeiten verfügten, die in der DNS enthaltene genetische Information zu nutzen. Da bei ihnen Chromosomen paarweise (homolog zueinander) vorliegen, kommt jedes genetische Element, jedes Gen in der Zelle zweimal vor, lassen sich Mutationen speichern, die nicht sofort nutzbar sind, während das auf dem homologen Chromosom lokalisierte Gen die Arbeit der Zelle fortführt. Mit dem Auftreten der Eukaryonten war eine weit wirkungsvollere Evolution möglich, denn in den mit Bezug auf den Informationsgehalt redundanten Zellen von Eukaryonten ist genetisch Neues leichter unterzubringen.

Während der Zeit, da die Eukaryonten auftraten, müssen sich drei wichtige Mechanismen entwickelt haben: die Fähigkeit zur Ortsveränderung, das Verzehren anderer Organismen (Episitismus) und Vielzelligkeit. Letztere mag so begonnen haben, daß einfaches Aneinanderhaften von Zellflächen es Anhäufungen genetisch ähnlicher Zellen ermöglichte, nahe aneinander zu leben. Der große Vorteil der Vielzelligkeit besteht in der durch sie erzielbaren Spezialisierung, denn nun können sich Zellen mit unterschiedlichen Funktionen verbreiten. Mit anderen Worten gesagt, bietet Vielzelligkeit den Organismen die Möglichkeit zur Komplexität.

Alle Eukaryonten pflanzen sich im Zyklus der geschlechtlichen Vermehrung fort, der durch Meiose und Befruchtung gekennzeichnet ist. Bei der Meiose teilen sich Chromosomenpaare in zwei Gruppen, und bei der Befruchtung werden Chromosomen aus verschiedenen Zellen rekombiniert. Folglich muß jeder Eukaryontenorganismus sein Leben als Einzelzelle mit zwei Chromosomensätzen beginnen, und ein vielzelliger Organismus mit unterschiedlichen Zelltypen hat einen Entwicklungsprozeß hinter sich, in dessen Verlauf eine einzelne Zelle über aufeinanderfolgende Teilungen zu einem vollständigen Organismus wird. Auch die Fähigkeit zu diesem Prozeß läßt ein neues biologisches Potential erkennen, das irgendwann während des Archäozoikums entstanden sein muß.

Die Fähigkeit zu einer auf mechanischem Wege bewirkten freien Ortsbewegung entwickelte sich unter anderem bei Geißelbakterien, Wimperntierchen (Ciliaten) und spezialisierten Bewegungszellen in einfachen vielzelligen Organismen. Ein zu freier Ortsbewegung fähiger Organismus verfügt über einen unschätzbaren Vorteil, denn er kann nunmehr Nahrung *und* eine jeweils günstige Umwelt aufsuchen und eine ungünstige meiden. Darüber hinaus vermag er, seine Umwelt durch das Bewegen von Gegenständen zu verändern.

Die gängige Endosymbiontenhypothese sagt, daß die Mehrzahl der Zellorganellen von Eukaryonten zuerst als Prokaryonten entstanden seien, die begonnen hätten, in einer symbiotischen Beziehung innerhalb der Eukaryontenzelle zu leben. Nach und nach hätten die Prokaryonten die Fähigkeit zu unabhängiger Existenz verloren und seien zu Organellen geworden. Auf diese Weise sollen sich Mitochondrien aus aeroben Bakterien, Chloroplasten aus Cyanobakterien und bewimperte Basalkörper aus zur freien Ortsbewegung fähigen Bakterien entwickelt haben. Sofern sich diese Theorie als richtig erweist, wird sie den evolutionären Hintergrund von Prokaryonten und Eukaryonten noch enger miteinander verknüpfen.

Die Fähigkeit zur freien Ortsbewegung schuf die Voraussetzungen für den Epistismus, die Beschaffung von lebender Nahrung, denn der Räuber war imstande, seine Beute zu suchen und zu verzehren. Sowohl für ihn wie für seine Beute ist die Fähigkeit zur freien Ortsbewegung wichtig. Der Epistismus entwickelte sich unter den einzelligen Protozoen, die es lernten, Bakterien, Pilze und andere Protozoen zu verzehren. Unter den Metazoen oder vielzelligen Formen trat der Epistismus bei primitiven Organismen auf, die den heutigen Hydren ähneln, Lebewesen, die man mit Hilfe einer Lupe häufig in Wasserproben aus Teichen beobachten kann.

Hydren gehören zum Stamm der Coelenteraten (Hohltiere), die einfachste Gruppe von Organismen mit einer Art von Gewebestruktur. Dazu zählen Quallen, Korallen und eine Vielzahl radialsymmetrischer Meerestiere. Für uns ist hier von besonderem Interesse, daß die Hohltiere die niedrigsten Tiere mit einem Nervensystem sind.

Irgendwann in der fernen Vergangenheit ist bei der Differenzierung der Zellen die Nervenzelle entstanden. Sie ist im allgemeinen länglich und hat mindestens zwei Berührungsstellen mit anderen Nerven-, Muskel- oder Sinneszellen. Nerven nehmen Signale an Stellen auf, die als Rezeptoren bezeichnet werden, leiten sie elektrisch durch die kabelähnlichen länglichen Abschnitte und geben die Information über Effektoren an Nachbarzellen weiter. Von dort leiten Nerven die Informationen an Erfolgsorgane wie beispielsweise Muskelzellen und veranlassen diese, sich zusammenzuziehen, oder hemmen deren Zusammenziehung. Über das Nervensystem stehen alle Stellen eines Tieres mit allen anderen in überaus rascher Verbindung, was eine neue Stufe der Aktivität möglich macht. Die Entwicklung der Nervenzelle war für das Auftreten von höheren Lebensformen unerläßlich. Es scheint zwischen einer und zwei Milliarden Jahren der Evolution gedauert zu haben, bis eine funktionsfähige Nervenzelle entstanden war. Nach seiner Entstehung scheint sich die Art der Signalübermittlung in allen Stämmen ähnlich entwickelt zu haben. Das Auftreten von Nervenzellen gehört zu den Ereignissen, die die Welt tiefgreifend verändert haben.

Radialsymmetrische Hohltiere wie Hydra und Qualle, die sich im Meer entwickelt hatten, verfügen über ein diffuses Nervensystem, ein Netz von Zellen im gesamten Körper des Tieres, das ohne Nervenbündel und ohne Zentrale auskommt. Die Sinneszellen dieser Tiere finden sich weithin verteilt.

Der nächste größere Schritt bei der Entwicklung der Tiere war das Auftreten der zweiseitigen Symmetrie, wobei zwischen der rechten und der linken Körperhälfte eine Ähnlichkeit bestehen mußte. Das einfachste Beispiel dafür bilden die Plattwürmer. Statt des diffusen Nervensystems finden sich bei ihnen zentrale Schaltstellen, die man als Ganglien bezeichnet. Häufig haben sie am vorderen Ende ein ›Gehirn‹ (Zerebralganglion). Bei der Entwicklung der Tiere geht die Tendenz erkennbar ganz allgemein dahin, Sinnesfunktionen wie Gesichtssinn und chemische Sinne im Kopfbereich zusammenzufassen und auch den Mund dabei mit einzubeziehen. Diese Verlagerung von Nervenfunktionen zum Kopf nennt Teilhard Kephalisation.

Nach der Entwicklung der zweiseitigen Symmetrie teilen sich die Tiere in zwei Hauptäste auf, die Chordaten, die zu den Wirbeltieren hinführen, sowie die Wirbello-

sen einschließlich der Ringelwürmer und der Glieder-
füßler (Krebse, Insekten, Spinnen, Tausendfüßler usw.).
Die Chordatiere entwickeln sich hin zu Innenskeletten,
knochenartigen Strukturen, und die wirbellosen Tiere zu
Schalen- und Außengerüsten. Beide Bauformen haben es
ermöglicht, daß Fossilien auf uns gekommen sind. Bereits
vor fünfhundert Millionen Jahren gab es Vertreter der
meisten Hauptstämme, und die Paläontologen beschäftigen sich mit der Radiation (Evolution in viele Richtungen)
dieser Stämme.

In diesem Abschnitt konzentrieren wir uns deshalb eher
auf Tiere als auf Pflanzen, weil die Hauptrichtung von
Teilhards Argumentation hin zum Auftreten des Bewußtseins und des Menschen geht, beides Erscheinungsformen, die innerhalb der Tierwelt angesiedelt sind. Er faßt
das Ganze mit einer poetischen Darstellung des Stammbaums der Arten zusammen.

»Und schließlich die gesamte Tier- und Pflanzenwelt,
die durch Vergesellschaftung nur einen einzigen riesigen
Biot bildet und vielleicht wie ein einfacher Strahl in irgendeinem auf dem Grund der makromolekularen Welt
versunkenen Büschel verwurzelt ist.«

Da Teilhard das Leben der gesamten Tierwelt im Auge
hat, erkennt er hinter dem Streben zur Kephalisierung
das zur Zerebralisierung, zum Herausbilden eines Gehirns. Zu diesem Hang, den er bei allen höheren Tieren
sieht, sagt er: »Bei den Lebewesen (dies war unser Ausgangspunkt) ist das Gehirn Zeichen und Maß des Bewußtseins. Bei den Lebewesen, fügten wir eben hinzu,
erweist sich, daß das Gehirn mit der Zeit ständig vollkommener wird, ...«

In *Der Mensch im Kosmos* werden Neuroanatomie und
Physiologie recht ausführlich behandelt. Natürlich hat es
auf diesem Teilgebiet der Biologie gewaltige Fortschritte
gegeben, seit Teilhard 1940 seine Abhandlung verfaßte,
doch ist die Feststellung nach wie vor gültig, daß die Evo-

lution von einem diffusen Nervennetz (bei der Hydra) über als Ganglien bezeichnete Bündel von Schaltzentren (bei den Plattwürmern) zu einem im Kopf lokalisierten Nervenzentrum (bei allen höheren Stämmen) geführt hat. Von den Reptilien bis zu den Säugern zeigt sich das fortwährende Wachstum an Größe und Komplexität des Gehirns. Am weitesten geht diese Tendenz bei den Primaten.

Als nächstes werden in *Der Mensch im Kosmos* »Der Aufstieg des Bewußtseins« und »Die Geburt des Denkens« behandelt. Im wesentlichen geht es bei diesen Kapiteln um den Dreischritt, daß die Evolution des Tieres einhergeht mit der Zerebralisierung oder Herausbildung des Gehirns; die Gehirnfunktion wird in Beziehung zum Bewußtsein gesetzt; dieses wieder führt zum Denken. Mithin sind für Teilhard Gehirn, Bewußtsein und Denken unser biologisches Erbe, das auf die Gesetze der Physik und das organische Leben zurückgeht und vorausweist auf die Welt der Geistigkeit. Auf die eine oder andere Weise hängt das alles mit dem Urknall zusammen, ist Teil eines sich entfaltenden kosmischen Plans, zwar in Einzelheiten nicht deterministisch, aber im großen und ganzen doch so angelegt, daß es einem vorgezeichneten Weg folgen muß.

Teilhard akzeptiert das Bewußtsein als notwendiges Merkmal für die Existenz höherer Tiere. Ihm ist klar, daß sich Tiere ihrer Umwelt bewußt sind und daß dies Bewußtsein sowohl mit der Gehirnfunktion zusammenhängt wie auch mit der Gehirngröße zunimmt. Seinen höchsten Grad erreicht dies Bewußtsein bei den Säugetieren. »Im Gehaben einer Katze, eines Hundes, eines Delphins, welche Geschmeidigkeit! Was für Überraschungen! Welche große Rolle spielen Lebenslust und Neugier!«

Für Teilhard ist Bewußtsein etwas, das dem Organismus innewohnt, Physiologie, Biochemie und reduktionistische Vorgehensweisen haben für ihn mit dessen Äußerem zu tun. Er erklärt, man könne den Menschen wie die Welt des

Lebenden nicht verstehen, ohne das Innere von Dingen ebenso zu sehen wie ihr Äußeres. Er schreibt als Naturwissenschaftler, der erklärt, warum diese umfassendere Sehweise erforderlich ist. Nachdem Teilhard seine Gedanken zum Bewußtsein im Überblick formuliert, äußert er sich »Über die Geburt des Denkens«.

Das Bewußtsein, für Teilhard etwas, das alle Tiere mit Nervenzellen besitzen, entwickelt sich bei den Säugern parallel zum Wachstum und zur »zunehmenden Verflechtung« von deren Gehirn. Am deutlichsten erkennt man das an der Linie der Primaten, bei denen die Herausbildung der Greifhände und die Fähigkeit zum beidäugigen räumlichen Sehen mit der Entwicklung des Gehirns einhergehen.

Irgendwann, recht spät in der Evolution der Primaten, kommt es zu einem einschneidenden Wandel: Aus dem Bewußtsein geht die Fähigkeit zur Reflexion hervor. Um zu sehen, als wie tiefgreifend Teilhard dies Ereignis einschätzt, wollen wir es ihn mit seinen eigenen Worten beschreiben lassen:

Vom Standpunkt der Erfahrung – dem unseren – ist das Ichbewußtsein, seinem Wortsinn entsprechend, die von einem Bewußtsein erworbene Fähigkeit, sich auf sich selbst zurückzuziehen und von sich selbst Besitz zu nehmen, wie von einem Objekt, das eigenen Bestand und Wert hat: nicht mehr nur kennen, sondern sich kennen; nicht mehr nur wissen, sondern wissen, daß man weiß. Durch diese Individualisierung seiner selbst auf dem Grund von sich selbst findet sich das lebende Element, das sich bisher in einem weitläufigen Kreis von Wahrnehmungen und Tätigkeiten zerstreute und verteilte, zum erstenmal als punktförmiges Zentrum, in dem sich alle Vorstellungen und Erfahrungen verknoten und in einer bewußten Gesamtorganisation festigen.

Was sind nun die Folgen einer solchen Umbildung? – Sie sind unermeßlich, und wir lesen sie in der Natur ebenso deutlich wie jede beliebige von der Physik oder Astronomie registrierte Tatsache. Das reflektierende Wesen, eben weil es sich auf sich selbst zurückziehen kann, wird plötzlich fähig, sich in einer neuen Sphäre zu entwickeln. In Wirklichkeit vollzieht sich die Geburt einer anderen Welt. Abstraktion, Logik, überlegte Wahl und Erfindung, Mathematik, Kunst, berechnete Wahrnehmung des Raumes und der Dauer, Liebeszweifel und Liebestraum ... alle diese Tätigkeiten des Innenlebens *sind nichts anderes als Gärungen des neugeformten Zentrums, das aus sich explodiert.*

Hier haben wir einen der Schlüssel zum Denken Pierre Teilhard de Chardins in Händen. Es geht darum, daß sich die Menschen – und in gewissem Maße auch andere höhere Primaten – von allen anderen Tieren durch ihre Fähigkeit zur Reflexion grundlegend unterscheiden. Wir wissen nicht, auf welche Weise und wann genau diese Fähigkeit entstanden ist, wohl aber, daß tiefgreifende Veränderungen bevorstehen, sobald sie sich zeigt. Sie bedeutet eine so umwälzende Neuerung wie das Leben selbst, und ihr Auftreten wird den Planeten ebenso gründlich verändern, wie das Leben den unbelebten Planeten verändert hat. Um es mit Begriffen aus der Welt der Computer zu sagen: Der Unterschied zwischen uns und den Tieren läßt sich nicht mit Kriterien auf der Hardwareebene beschreiben. Wir haben es hier eher mit einer Revolution auf dem Gebiet der Software zu tun, die die Spezies wie den Planeten gründlich umgekrempelt hat.

So, wie sich das Leben ausbreitete, um zur Biosphäre zu werden, so nimmt das sich ausbreitende Denken die Gestalt der Noosphäre an. Sie ist das Reich des Denkens mit all seinen Wechselwirkungen, zu denen Gesellschaft, Kultur und Menschlichkeit gehören.

Es wirkt befremdlich, daß als radikal gilt oder je gegolten hat, was Teilhard hier formuliert: Die Menschen unterscheiden sich so sehr von anderen Tieren, daß sie die Welt auf eine Weise verändern, die, von einer Kenntnis der Biologie ausgehend, gänzlich unvorhersehbar war. Den Vordarwinianern war eine solche Folgerung so selbstverständlich, daß sie keiner Diskussion bedurfte, und die Biologen nach Darwin übersahen in ihrem Bemühen, ihre Theorie vom Ursprung des Menschen nachzuweisen, wie sehr sich dieser von allen anderen Lebensformen unterscheidet. Geschichte läßt sich aus der Biologie in keiner Weise vorhersagen; bei ihr geht es um eine Art, deren reflektierendes Denken alle Regeln verändert. Die meisten Anhänger der Evolutionslehre haben gegenüber den offen am Tage liegenden Eigenschaften des *homo sapiens* die Augen verschlossen und Soziobiologen sich ganz bewußt bemüht, sie zu übersehen. Das Radikalste an Teilhards Denken liegt in Wirklichkeit darin, daß er etwas völlig Offensichtliches formuliert.

Wir befinden uns jetzt im Zeitalter, da sich die Noosphäre ausbreitet, im Zeitalter der radikalen Veränderung des Planeten durch die Einwirkung des denkenden Menschen.

Nunmehr wollen wir uns von der Vision Teilhards abwenden, der darauf wartet, daß nach der Noosphäre der wahre Geist auftritt. Hier verläßt er das Reich der Naturwissenschaft und wendet sich dem eines noch spekulativeren Denkens zu. Es war für ihn von persönlicher Bedeutung, den Weg von der Evolution zum Gott des Glaubens abzuschreiten, ganz gleich, welche intellektuellen Schwierigkeiten das für ihn mit sich brachte. Wenn sich unsere Wege hier trennen, sei doch diesem Weisen Dank dafür gesagt, daß er uns darüber aufgeklärt hat, wer wir sind und woher wir kommen.

312

17
Geist und Materie

Die Biologie des Menschen führt uns, was die Beziehung von Geist und Materie, Geist und Leib sowie Geist und Gehirn angeht, zu einigen schwierigen philosophischen Fragen. Der Begriff Bewußtsein läßt sich aus dem Bereich der Philosophie herauslösen, wenn wir Teilhard folgen und es so definieren, daß man mit Hilfe des Bewußtseins die Umwelt wahrnimmt und auf die von ihr empfangenen Wahrnehmungen reagiert. Wir würden uns zuerst auf das Bewußtsein von Tieren mit Sinnes- und Nervenzellen konzentrieren und wären dann versucht, diese Eigenschaft den phylogenetischen Stammbaum hinab bis hin zu den zur freien Ortsbewegung fähigen Bakterien zu verfolgen, die nicht nur zur Wahrnehmung über die chemischen Sinne imstande sind, sondern auch in ihrer Umwelt Nahrungsquellen aufzusuchen und schädliche Stoffe zu meiden. Daß auch Pflanzen ihre Umwelt wahrzunehmen und auf sie zu reagieren vermögen, zeigt sich an ihren verschiedenen Tropismen, den allmählich stattfindenden Wachstumsreaktionen auf Reize aus der Umwelt hin. Bewußtsein in diesem Sinne scheint nahezu ein Begleitumstand des Lebens zu sein, doch hat es mit der Evolution der Nervenzellen einen Quantensprung nach vorn getan.

Mit dem reflektierenden Denken verhält es sich anders; es setzt voraus, daß sich ein Bewußtsein seiner selbst bewußt ist; es ist ein Wissen, das von sich selbst weiß. Mit der Fähigkeit zu reflektierendem Denken wird der *Geist* im philosophischen Sinne definiert; sie ist mit den höheren Primaten in die Welt gekommen und hat ihren Höhepunkt auf der Entwicklungslinie der Hominiden gefunden. Im siebzehnten Jahrhundert konzentrierte man sich vorwiegend auf den Geist, wenn es um Fragen der Naturwissenschaft ging, davon rückte man im achtzehnten und neunzehnten Jahrhundert ab und näherte sich dieser Betrachtungsweise im zwanzigsten in bemerkenswerter Weise wieder an. Es wird erforderlich sein, diesen geschichtlichen Hintergrund ein wenig aufzuhellen, um gegenwärtig vorherrschende Ansichten besser zu verstehen.

René Descartes, einer der Begründer der neuzeitlichen Philosophie, zog eine scharfe Trennungslinie zwischen Geist und Leib. Er stellte sich einen Menschen als Zusammenschluß aus einem ausschließlich mechanischen Leib und einer außerhalb der physikalischen Gesetze existierenden Seele (Geist) vor. Auch wenn Descartes nie die Frage gelöst hat, wie der nichtmaterielle Geist und der materielle Körper, die sich so tiefgreifend unterscheiden, miteinander in Beziehung treten können, gehörte für ihn reflektierendes Denken eindeutig in den Bereich des Geistes. Descartes sah in der Erschaffung des Menschen durch Gott die Verbindung des Geistes mit einem Tierleib. Diese Ansicht hielt sich unter Wissenschaftlern lange und ermöglichte die Beschäftigung mit der Physik, ohne daß mentalistische Vorstellungen einbezogen werden mußten. Da Descartes Tieren den Besitz von Geist absprach, begünstigten seine Ansichten eine ausschließlich materialistisch orientierte Biologie.

Benedikt Spinoza war ein scharfer Kritiker dieser von Descartes vorgetragenen dualistischen Sehweise, und er stellte die Frage, wie ein unkörperlicher Geist mit einem Leib und ein transzendenter Gott mit der Welt in eine Wechselbeziehung treten könne. In deutlichem Gegensatz zu Descartes betrachtete Spinoza Leib und Geist als

316

komplementäre Aspekte derselben beiden zugrunde liegenden Substanz. Da Descartes Geist und Materie voneinander geschieden hatte, konnte Isaac Newton 1690 die Physik in Begriffen vom Beobachter unabhängiger absoluter Zeit und absoluten Raumes formulieren, ohne auf den Geist einzugehen.

Sowohl Descartes' wie Spinozas Ansichten stehen im Widerspruch zu denen der Materialisten, die behaupten, alles Existierende sei Materie und Geist lediglich ein Epiphänomen, eine sonderbare, bei äußerst komplexen materiellen Systemen auftretende Art der Täuschung. So sagte schon in der Antike der griechische Vertreter der Atomlehre, Demokrit, alle Wirklichkeit bestehe aus Atomen und leerem Raum. Diesen Standpunkt haben sich zahlreiche Biologen des neunzehnten und zwanzigsten Jahrhunderts zu eigen gemacht und wollten, als sie sahen, wie erfolgreich die klassische Physik auf ausschließlich materiellen Konstrukten gegründet worden war, die Biologie auf dieselbe Grundlage stellen. Diese Sehweise, die heute zahlreiche Anhänger hat, wurde in überaus radikaler Weise von Emile DuBois-Reymond, einem Physiologen des neunzehnten Jahrhunderts, formuliert. Er sagte: »Sofern die ausschließliche Verwendung unserer Methoden genügte, wäre eine analytische Mechanik des allgemeinen Lebensprozesses möglich. Diese Überzeugung beruht auf der Erkenntnis, daß sich alle Veränderungen in der materiellen Welt auf Bewegungen zurückführen lassen. Daher kann auch der Lebensprozeß nichts anderes sein als Bewegungen ... Eine solche Zurückführung würde in der Tat eine analytische Mechanik dieser Prozesse bewirken. Daher sieht man, daß die analytische Mechanik bis hin zur Frage der Willensfreiheit reichen würde, überstiege nicht die Schwierigkeit der Analyse unsere Fähigkeit.«

Eine der materialistischen Lehre entgegengesetzte Position nimmt der Idealismus ein, was sich in den Arbeiten

George Berkeleys (1685–1753) ausdrückt. Er erklärt, daß lediglich der Geist existiert; für ihn sind alle gemeinsamen Erfahrungen wie auch wahrgenommenen physikalischen Objekte das Ergebnis dessen, daß solche Gedanken in Gottes Geist existieren.

Da gegen Ende des neunzehnten Jahrhunderts die meisten Biologen Materialisten in der Überlieferung Demokrits waren, konnten sie ihre Forschungsarbeit auf dem Gebiet der Evolutionstheorie aus einer geschützten agnostischen Position heraus betreiben. Die meisten Physiker hingegen waren Materialisten in der Überlieferung des Astrophysikers Pierre-Simon de LaPlace (1749–1827). Dieser sagte, als er Napoleon sein Buch über Himmelsmechanik übergab und der Herrscher erklärte, er finde darin keinen Hinweis auf Gott: »Sire, ich komme ohne diese Hypothese aus.«

Um die Wende zum zwanzigsten Jahrhundert wurde Wien zum Zentrum des Positivismus. Dabei handelt es sich um ein philosophisches Denksystem, das sich ausschließlich auf die positiven Daten der Sinneswahrnehmung stützt. Seine Anhänger weisen Spekulationen über letztliche Ursachen oder eine den Dingen und Ereignissen zugrunde liegende Wirklichkeit zurück. Auch wenn die positivistische Philosophie gegenwärtig aus der Mode ist, übte sie doch seinerzeit mit Ernst Mach an der Spitze einen beträchtlichen Einfluß aus.

Mit den Ansichten der Physiker und Biologen im zwanzigsten Jahrhundert ist etwas Merkwürdiges geschehen. Während sich die Biologen, die einst als hinter der Fahne des Vitalismus marschierende treue Gefolgsleute in der Hierarchie der Natur eine bevorrechtigte Sonderrolle für Leben und Geist des Menschen forderten, stetig auf den Materialismus zubewegt haben, der so kennzeichnend für die Physik des neunzehnten Jahrhunderts war, haben gleichzeitig die Physiker des zwanzigsten Jahrhunderts angesichts zwingender experimenteller Beweise mechanische Modelle des Universums aufgegeben und nähern sich einer Sehweise an, bei der dem Geist in allen beobachteten physikalischen Ereignissen eine unablösbare Rolle zugebilligt wird.

Die Untersuchung des Lebens auf allen Stufen vom sozialen bis hin zum molekularen Verhalten war in neuerer Zeit zur Erklärung hauptsächlich auf die reduktionistische Theorie angewiesen. Bei dieser Methode wird versucht, auf einer bestimmten Stufe auftretende naturwissenschaftliche Phänomene mit Hilfe von Begriffen einer niedrigeren und angeblich grundlegenderen Stufe zu erfassen. So wie man in der Chemie das Verhalten von Molekülen untersucht, um in großem Rahmen auftretende Reaktionen begründen zu können, untersuchen Physiologen die Tätigkeit lebender Zellen in Abhängigkeit von Prozessen, die in Organellen und anderen subzellulären Einheiten stattfinden, und in der Geologie werden Formationen und Eigenschaften von Mineralien mit Hilfe der Merkmale der Kristalle beschrieben, aus denen sie bestehen. Entscheidend an diesen Verfahren ist, daß man Erklärungen in jeweils dem Ganzen zugrunde liegenden Strukturen und Aktivitäten sucht.

Ein Beispiel für den Reduktionismus auf der geistigen Ebene liefert Carl Sagans Buch *The Dragons of Eden* (Die Drachen im Garten Eden). Er schreibt: »Meine Grundprämisse über das Gehirn heißt, daß sein Funktionieren – was wir bisweilen als ›Geist‹ bezeichnen – Ergebnis seiner Anatomie und Physiologie ist und sonst nichts.« Als weiteren Hinweis auf diese Art des Denkens nehmen wir zur Kenntnis, daß bei ihm die Begriffe »Geist«, »Bewußtsein« oder »Denken« nicht vorkommen, wohl aber »Synapse«, »Lobotomie«, »Proteine« und »Elektroden«.

Versuche, das Verhalten des Menschen auf seine biologische Grundlage zurückzuführen, haben eine lange Tradition. Sie beginnt mit den frühen Vertretern des Darwinismus und ihren auf dem Gebiet der physiologischen

Psychologie tätigen Zeitgenossen. Vor dem neunzehnten Jahrhundert hatte der Geist-Leib-Dualismus, der in der Philosophie des Descartes eine zentrale Rolle spielte, dafür gesorgt, daß der menschliche Geist aus dem Bereich der Biologie herausgehalten wurde. Dann untersuchte man uns mit Methoden, die auf nichtmenschliche Primaten und entsprechend andere Tiere anwendbar waren, weil die Vertreter der Evolution unsere ›Affenartigkeit‹ betonten. Verstärkt hat das die gemäß Pawlows Vorstellungen vorgehende Psychologie, die Reiz und Reaktion in den Vordergrund stellte und geradezu zum Eckstein zahlreicher Verhaltenstheorien wurde. Zwar herrscht unter den Psychologen noch keineswegs allgemeine Einigkeit darüber, wie weit man den Reduktionismus führen darf, doch sind sicherlich alle bereit einzugestehen, daß unser Handeln durch hormonelle, neurologische und physiologische Prozesse mitbedingt wird. Obwohl Sagans Prämisse innerhalb einer allgemeinen Tradition der Psychologie liegt, ist sie insoweit radikal, als sie eine *vollständige* Erklärung in Abhängigkeit von der dem Ganzen zugrunde liegenden Stufe sucht. Dies Ziel scheint mir durch die von ihm verwendete Formulierung »und sonst nichts« deutlich erklärt zu sein.

Während einige Psychologen den Versuch unternahmen, ihre Wissenschaft auf die Biologie zu reduzieren, hielten andere Biowissenschaftler Ausschau nach grundlegenderen Erklärungsstufen. Ihre Betrachtungsweise läßt sich in den Schriften eines recht bekannten Vertreters der Molekularbiologie, Francis Crick, erkennen. In seinem Buch *Von Molekülen und Menschen*, ein zeitgenössischer Angriff gegen den Vitalismus – also die Lehre, derzufolge die Biologie in Abhängigkeit von Lebenskräften erklärt werden müsse, die außerhalb des Bereichs der Physik liegen –, sagt er: »Letztlich ist es das Ziel der neueren Bewegung in der Biologie, die *gesamte* Biologie mit Hilfe der Physik und der Chemie zu erklären.« Mit ›Physik‹ und

›Chemie‹ bezieht er sich auf die atomare Stufe, wo unser Wissen gesichert ist. Das hervorgehobene Wort ›gesamte‹ drückt die Position des radikalen Reduktionismus aus, die in einer ganzen Generation von Biochemikern und Molekularbiologen die vorherrschende Ansicht war.

Wenn wir jetzt den psychologischen mit dem biologischen Reduktionismus verknüpfen und annehmen, daß sie sich überschneiden, gelangen wir zu einer Reihe von Erläuterungen, bei denen Übergänge vom Geist zur Anatomie und Physiologie sowie anschließend zur Zellphysiologie, Molekularbiologie und schließlich zur Atomphysik erfolgen. Von allem Wissen wird angenommen, daß es auf einem festen Fels des Verstehens beruht: den Gesetzen der Quantenmechanik. Innerhalb des Gesamtzusammenhangs wird die Psychologie zu einem Zweig der Physik, was bei Physikern wie Psychologen Unbehagen hervorzurufen vermag.

Dieser Versuch, alles, was den Menschen betrifft, entsprechend den Grundsätzen der Physik zu erläutern, ist nicht neu; diese Position war von den europäischen Physiologen des neunzehnten Jahrhunderts bereits nachdrücklich vertreten worden, und ihr haftet eine gewisse Überheblichkeit an. Thomas Huxley und seine Kollegen hatten sie sich bei ihrem Versuch, den Darwinismus zu verteidigen, zu eigen gemacht, und sie findet ihren Widerhall noch heute in den Theorien von Vertretern des Reduktionismus, die gern vom Geist auf die Grundzüge der Atomphysik übergehen wollen. Erkennbar wird diese Position heute am deutlichsten in den Schriften der Soziobiologen, deren Auseinandersetzungen die gegenwärtige intellektuelle Szene beleben. Auf jeden Fall stimmen die oben angeführten frühesten Ansichten DuBois-Reymonds mit denen der modernen radikalen Reduktionisten überein, nur daß als Grunddisziplin jetzt an die Stelle von Newtons Mechanik die Quantenmechanik getreten ist.

Während der Zeit, da Psychologen und Biologen stetig zu einer Reduktion ihrer Disziplin auf die exakten Naturwissenschaften hinstrebten, waren ihnen aus der Physik hervorgegangene Perspektiven weitgehend nicht bewußt, die ein gänzlich neues Licht auf das Verständnis dieser Wissenschaft werfen. Gegen Ende des vorigen Jahrhunderts bot die Physik ein durchaus geordnetes Bild der Welt, bei dem sich Ereignisse auf charakteristische und geregelte Weise gemäß Newtons Gleichungen der Mechanik und Maxwells Gleichungen der Elektrizität entfalteten. Letztere ermöglichen es, alle beobachteten Phänomene der Elektrizität und des Magnetismus einschließlich der elektromagnetischen Wellen aus einer kleinen Zahl von Grundgleichungen herzuleiten. Diese Abläufe erfolgten unausweichlich und unabhängig vom Wissenschaftler, der bloßer Zuschauer war. Zahlreiche Physiker betrachteten ihr Fach als im wesentlichen vollständig.

Als dann Einstein 1905 seine spezielle Relativitätstheorie vorstellte, wurde dies hübsche Bild mit einemmal ohne Umschweife erschüttert. Die neue Theorie postulierte, daß Beobachter in verschiedenen, sich im Verhältnis zueinander bewegenden Systemen die Welt unterschiedlich wahrnehmen würden. Damit war der Beobachter in die physikalische Wirklichkeit mit einbezogen. Der Wissenschaftler war der Zuschauerrolle verlustig gegangen und wurde erneut aktiv am untersuchten System Beteiligter.

Mit der Entwicklung der Quantenmechanik wurde die Rolle des Beobachters noch zentraler. Sie nahm den Charakter eines wesentlichen Merkmals bei der Definition eines Ereignisses an, und der Geist des Beobachters schälte sich als notwendiger Bestandteil der Struktur der Theorie heraus. Die sich daraus ergebenden Folgerungen überraschten frühe Quantenphysiker aufs höchste und veranlaßten sie dazu, sich mit Wissenschaftstheorie und Wissenschaftsphilosophie zu beschäftigen. Wie nie zuvor in der Geschichte der Naturwissenschaft verfaßten alle führenden Beiträger Bücher und Referate, die die philosophische und geisteswissenschaftliche Bedeutung ihrer Ergebnisse hervorhoben.

Werner Heisenberg, einer der Begründer der neuen Physik, beschäftigte sich gründlich mit Fragen der Philosophie und der Geisteswissenschaft. In *Philosophische Probleme der Quantenphysik* schrieb er, daß Physiker die Vorstellung einer für alle Beobachter gemeinsamen Zeitskala und von Ereignissen in Raum und Zeit aufgeben müssen, die von unserer Fähigkeit, sie zu beobachten, unabhängig sind. Er hob hervor, daß sich die Naturgesetze nicht mehr mit Elementarteilchen beschäftigten, sondern mit unserem Wissen von diesen Teilchen – das heißt *mit dem Inhalt unseres Geistes.* Erwin Schrödinger, der Mann, der die Grundgleichung der Quantenmechanik formuliert hat, verfaßte 1958 ein ungewöhnliches Büchlein mit dem Titel *Geist und Materie.* In dieser Aufsatzreihe kam er von den Ergebnissen der neuen Physik zu einer eher mystischen Sehweise des Universums, die er mit Aldous Huxleys ›ewiger Philosophie‹ gleichsetzte. Schrödinger war der erste der Quantentheoretiker, der sich für die Upanischaden und östliche Denksysteme aussprach. Eine immer umfangreichere Literatur hat sich inzwischen diese Perspektive zu eigen gemacht.

Eine der Schwierigkeiten, denen sich Quantentheoretiker gegenübersehen, läßt sich am deutlichsten in Schrödingers berühmtem Katzenparadox erkennen, das in verschiedenen Fassungen formuliert ist. In einem Gedankenexperiment wird eine lebende Katze zusammen mit einem Röhrchen Gift und einem Fallhammer, der so angebracht ist, daß er das Glas des Röhrchens zerschmettern kann, in einen absolut dichten Kasten eingeschlossen. Den Hammer löst eine von willkürlich auftretenden Ereignissen wie beispielsweise radioaktivem Zerfall von Teilchen aktivierte Zählvorrichtung aus. Das Experiment dauert gerade so lange, daß der Hammer mit fünfzigprozentiger Wahrscheinlichkeit ausgelöst wird. In der Quantentechnik stellt sich das System mathematisch als Gleichung dar, bei der die Wahrscheinlichkeit, daß die Katze am Leben bleibt oder umkommt, jeweils den Wert 0,5 hat. Die Frage ist, ob der Akt des Hinsehens (beim Messen) sie tötet oder rettet, denn bis der Experimentator in den Kasten schaut, sind beide Lösungen gleich wahrscheinlich.

Dies einigermaßen seltsame Beispiel spiegelt eine tiefe begriffliche Schwierigkeit. Formaler gesagt läßt sich ein komplexes System lediglich mit Hilfe einer Wahrscheinlichkeitsverteilung beschreiben, welche die möglichen Ergebnisse eines Experiments in Beziehung zueinander setzt. Um unter den verschiedenen Möglichkeiten zu entscheiden, ist eine Messung erforderlich. Sie bedeutet im Unterschied zu der Wahrscheinlichkeit, die als mathematische Abstraktion anzusehen ist, ein Ereignis. Doch die einzige einfache und zusammenhängende Beschreibung, die Physiker einer Messung zuzuweisen imstande waren, setzte voraus, daß ein Beobachter sich des Ergebnisses bewußt wurde. Auf diese Weise wurden das physikalische Ereignis und der Inhalt des menschlichen Geistes untrennbar voneinander. Diese Verbindung hat zahlreiche Forscher veranlaßt, ernsthaft das Bewußtsein oder das Denken des Menschen als unablösbaren Bestandteil der Struktur der Physik anzusehen. Solche Auslegungen drängten die Wissenschaft in die Richtung der *idealistischen* – im Gegensatz zur *realistischen* – philosophischen Auffassung.

Die Ansichten einer großen Zahl zeitgenössischer theoretischer Physiker finden sich in dem Aufsatz *Remarks on the Mind-Body Question* (Anmerkungen zum Problem Geist-Körper) des Nobelpreisträgers Eugene Wigner zusammengefaßt. Er beginnt mit dem Hinweis, die Mehrzahl der theoretischen Physiker erkenne wieder an, daß das Denken – damit ist der Geist gemeint – als primär anzusehen ist. Er führt weiterhin aus: »Es war nicht möglich, die Gesetze der Quantenmechanik in vollständig schlüssiger Weise zu formulieren, ohne das Bewußtsein einzubeziehen«, und er schließt mit dem Hinweis, wie bemerkenswert es sei, daß die naturwissenschaftliche Untersuchung der Welt zum Inhalt des Bewußtseins als letzter Wirklichkeit geführt hat.

Eine neuere Entwicklung auf einem weiteren Teilgebiet der Physik bekräftigt Wigners Standpunkt. Die Einführung der Informationstheorie und ihre Anwendung auf die Thermodynamik haben zu dem Schluß geführt, daß die Entropie, eine Grundvorstellung dieser Wissenschaft, ein Maß für die Unwissenheit des Beobachters von den atomaren Einzelheiten eines Systems ist. Wenn wir Druck, Volumen und Temperatur eines Objekts messen, fehlt uns ein Restwissen von der genauen Lage und Geschwindigkeit der Atome und Moleküle, aus denen das Objekt besteht. Der numerische Wert der Menge an Information, die uns fehlt, verhält sich proportional zur Entropie. Bei der früheren Thermodynamik war die Entropie in einem rein technischen Sinne als die Energie des Systems angesehen worden, die zur Ausführung von äußerer Arbeit nicht zur Verfügung stand. In der modernen Sehweise tritt der menschliche Geist wieder hinzu, und die Entropie bezieht sich nicht einfach auf den Zustand des Systems, sondern auch auf die Kenntnis dieses Zustandes.

Die Begründer der modernen Atomtheorie wollten der Welt kein ›mentalistisches‹ Bild überstülpen, sondern haben eher vom Gegenstandpunkt aus begonnen und wurden in die heutige Position gedrängt, um experimentell gewonnene Ergebnisse erklären zu können.

Wir sind jetzt in der Lage, Perspektiven der Psychologie, Biologie und Physik zusammenfassend zu integrieren. Es wird erstens behauptet, daß sich der menschliche Geist, das Bewußtsein und das reflektierende Denken eingeschlossen, durch Tätigkeiten des Zentralnervensystems erklären läßt, die wiederum auf die biologische Struktur und Funktion jenes physiologischen Systems zurückführbar sind. Zweitens kann man biologische Erscheinungen auf allen Stufen unter Zuhilfenahme der Atomphysik vollständig verstehen, das heißt durch das Wirken und die Wechselbeziehung der beteiligten Kohlenstoff-, Stickstoff-, Wasserstoffatome usw. Drittens und letztens ist die Atomphysik, die gegenwärtig am vollständigsten mit Hilfe der Quantenmechanik verstanden wird, so zu formulieren, daß dabei der Geist als Grundbestandteil des Systems angesehen wird.

Wir haben also in mehreren Schritten einen wissenschaftstheoretischen Kreis abgeschritten – vom Geist zum Geist. Obwohl vermutlich die Ergebnisse dieser Argumentationskette östlichen Mystikern mehr Trost und Hilfe liefern als Neurophysiologen und Molekularbiologen, ergibt sich die geschlossene Schleife aus einer einfachen Kombination der Erklärungsprozesse anerkannter Fachleute auf den drei verschiedenen Wissenschaftsgebieten. Da einzelne selten mit mehr als einem dieser Paradigmata arbeiten, wurde dem allgemeinen Problem nur wenig Aufmerksamkeit zuteil.

Wenn wir diesen erkenntnistheoretischen Kreis ablehnen, bleiben uns zwei im Widerstreit miteinander stehende Lager: eine Physik, die den Anspruch auf Vollständigkeit erhebt, weil sie die gesamte Natur beschreibt, und eine Psychologie, die alles umfaßt, weil sie sich mit dem Geist beschäftigt, der einzigen Quelle, aus der wir etwas über die Welt erfahren können. Angesichts der diesen beiden Sehweisen anhaftenden Schwierigkeiten sollte man sich vielleicht erneut dem oben dargestellten Kreis zuwenden und ihn wohlwollender in Erwägung ziehen. Auch wenn er uns endgültiger absoluter Werte beraubt, bezieht er doch zumindest das Problem von Geist und Leib mit ein und stellt einen Rahmen zur Verfügung, innerhalb dessen Einzeldisziplinen in Beziehung zueinander treten können.

Die für die Soziobiologie so kennzeichnende streng

reduktionistische Betrachtung menschlichen Verhaltens führt auch auf vorwiegend biologischem Gebiet zu Schwierigkeiten, denn sie geht vom Postulat einer kontinuierlichen Evolution von frühen Säugern hin zum Menschen aus. Das aber besagt, daß es sich beim Geist oder reflektierenden Denken nicht um eine radikale Abweichung vom üblichen Verhalten handelt. Eine solche Voraussetzung ist fragwürdig, wenn man die tiefgreifenden Auswirkungen auf den Planeten einbezieht, die sich aus der Anwesenheit des *homo sapiens* ergeben haben. Die Kodierung von Information in Form von Erbmaterial brachte die Möglichkeit tiefgreifender Veränderungen an den deterministischen Gesetzen mit sich, die bis dahin das Universum regierten. Bevor sich Erbmaterial stabilisieren konnte, mußten sich die Temperaturen und andere Störeinflüsse auf ein bestimmtes Maß reduzieren, was dann zu exakten Gesetzen der Entwicklung auf dem Planeten führte. Anschließend jedoch konnte ein einziges molekulares Ereignis auf der Ebene der Temperatur zu Folgerungen im makroskopischen Maßstab führen. War nämlich das Ereignis eine Mutation in einem sich selbst erneuernden System, konnte sich die gesamte Richtung der biologischen Entwicklung ändern. Ein einziges molekulares Ereignis war imstande, einen Wal dadurch zu töten, daß es in ihm eine Krebswucherung auslöste, oder ein Ökosystem zu zerstören, indem es darin ein krankheitserregendes Virus erzeugte, das eine für die Existenz dieses Systems wichtige Art angriff. Das Auftreten der Kodierung schafft zwar die dem Ganzen zugrunde liegenden Gesetze der Physik nicht ab, fügt ihnen aber ein neues Merkmal hinzu: weitreichende Folgen aus Ereignissen, die sich im Molekül abspielen. Diese Veränderung der Regeln sorgt dafür, daß die Evolutionsgeschichte unvollständig determiniert ist, und bedeutet damit eine einwandfreie Diskontinuität.

Die nicht vollständige Determiniertheit der Evolution

ist aber keineswegs gleichbedeutend damit, daß sie ganz und gar zufällig wäre. Hinter den Gesetzen der Molekularphysik stehen Informationen, Strategiebeziehungen sowie Erwägungen einer Populationsbiologie und einer unter dem Gesichtswinkel des Energiehaushalts betrachteten Ökologie. Diese Beziehungen höherer Ordnung strukturieren die Entfaltung der Biologiegeschichte zwar, schränken sie aber nicht vollständig ein.

Eine Anzahl zeitgenössischer Biologen und Psychologen hält das Auftreten des reflektierenden Denkens, zu dem es im Verlauf der Evolution der Primaten gekommen ist, für eine Diskontinuität, die die Regeln geändert hat. Auch hier wieder macht die neue Situation die dem Ganzen zugrunde liegenden biologischen Gesetze nicht ungültig, wohl aber fügt sie ein Merkmal hinzu, das eine neue Art und Weise bedingt, die Frage zu überdenken. Der Evolutionsbiologe Lawrence B. Slobodkin hat das neue Merkmal als introspektives Selbstbild bezeichnet, etwas, das Teilhards reflektierendem Denken zu entsprechen scheint. Er behauptet, es ändere die Reaktion auf Probleme der Evolution und mache es unmöglich, größere historische Ereignisse auf den biologischen Evolutionsgesetzen innewohnende Ursachen zurückzuführen. Er erklärt vom Standpunkt des Biologen, daß sich die Regeln geändert haben und man den Menschen nicht nach auf andere Säuger anwendbaren Gesetzen verstehen könne, auch wenn deren Gehirne physiologisch sehr ähnlich sind. Zweimal, so Slobodkin, haben sich die Regeln geändert: zuerst mit der Kodierung der genetischen Information in Makromolekülen und dann mit dem Auftreten des Denkens.

Über die sich daraus ergebenden Eigenschaften und Merkmale des Menschen haben sich zahlreiche Anthropologen, Psychologen und Biologen auf die eine oder andere Weise geäußert. Sie gehören zu den empirischen Daten, die man nicht einfach beiseite lassen kann, nur um die Reinheit der reduktionistischen Lehre zu bewahren. Die Diskontinuität muß gründlich untersucht und bewertet, aber zuallererst muß sie anerkannt werden. Primaten unterscheiden sich von anderen Tieren, und der Mensch unterscheidet sich deutlich von anderen Primaten.

Wir verstehen heute das, was einem nachdrücklichen Eintreten für den unkritischen Reduktionismus im Wege steht, als Lösung der Frage, was es mit dem Geist auf sich hat, und wir haben die Schwächen dieser Position herausgestellt. Nicht nur ist sie schwach, sondern auch gefährlich, da die Art, wie wir auf unsere Mitmenschen reagieren, davon abhängt, wie wir sie in unseren theoretischen Voraussetzungen darstellen. Sehen wir unsere Mitmenschen ausschließlich als Tiere oder Maschinen an, entkleiden wir das Wechselspiel zwischen unseresgleichen der Fülle des Menschlichen. Sofern wir unsere Verhaltensnormen in der Untersuchung von Tiergesellschaften suchen, übergehen wir die in einzigartiger Weise menschlichen Merkmale, die unser Leben so sehr bereichern. Ein radikaler Reduktionismus hat mit Bezug auf moralische Imperative äußerst wenig zu bieten und stellt darüber hinaus das falsche Vokabular für eine Behandlung des Menschen als Mensch zur Verfügung.

Die Naturwissenschaft hat insgesamt, was das Verstehen des Gehirns angeht, beachtliche Fortschritte gemacht, und mit großer Spannung wird die Entwicklung der Neurobiologie beobachtet. Dennoch sollten wir zurückhaltend sein und uns hüten, daß wir uns von diesem Schwung zu Erklärungen hinreißen lassen, mit denen wir uns auf philosophische Positionen festlegen und die unsere Menschlichkeit dadurch vermindern, daß sie den faszinierendsten Aspekt unserer Spezies leugnen. Die Bedeutung zu unterschätzen, die das Auftreten und die Besonderheit des reflektierenden Denkens mit sich bringen, wäre ein hoher Preis für die vor einigen Generationen durch unsere reduktionistischen Vorläufer erfolgte Befreiung der Natur wissenschaft von der Theologie. Die menschliche Psyche ist Teil der beobachteten Wissenschaftsdaten. Auch wenn wir sie mit einbeziehen, können wir dennoch gute empirische Biologen und Psychologen sein.

Aus alldem ergibt sich die Rückkehr des ›Geistes‹ auf alle Gebiete wissenschaftlichen Denkens. Vom Standpunkt aller möglichen Spielarten der Naturtheologie aus ist das eine gute Nachricht, denn ein Universum, in dem der Geist ein grundlegender Teil der Wirklichkeit ist, tritt weit leichter in Beziehung mit dem Geist Gottes als eine Welt ohne Geist.

18
Ein Hort des Lebens

Wie Sie sich inzwischen wahrscheinlich denken, gehört zu den in Kisten unter der Backbordkoje verstauten Büchern auch ein Exemplar von Henry David Thoreaus Essayzyklus *Walden oder Leben in den Wäldern*. Den Band habe ich mir heute nachmittag vorgenommen, um Thoreaus Spekulationen über Wesen in fernen Teilen des Universums noch einmal nachzulesen. Er träumte davon, daß auf den Plejaden oder hinter Cassiopeia Leben existiert, und machte sich Gedanken über die »anderen Wesen in den verschiedenen Häusern des Universums«, die denselben Stern betrachten, auf den er sein Auge richtete. Er stellte sich ein kosmisches Dreieck vor, das aus einem fernen Stern an einer Ecke, ihm selbst an der zweiten und einem weit entrückten denkenden Wesen an der dritten bestand. Am Ufer des Teichs von Walden war die Vorstellung von intelligentem Leben im Weltall nichts Ungewöhnliches.

Mit Thoreaus Worten als Nahrung für den Geist und einer Tüte vom Schnellimbiß voll Nahrung für den Leib sind wir von Lahaina aus die Küste von Launiupoko entlanggezogen, haben uns am Strand niedergelassen und den Sonnenuntergang beobachtet. Auf die Gefahr hin, daß das wie Werbelyrik vom hiesigen Verkehrsverein klingt, sei bestätigt, Sonnenuntergänge von den Westufern der Hawaii-Inseln aus bieten tatsächlich einen hinreißenden Anblick. Davon macht der heutige Abend keine Ausnahme. Einige Minuten, nachdem die Sonne hinter der Kimm verschwunden ist, erhellt ein rosagestreiftes Nachglühen den Himmel und geht ganz allmählich in die Dunkelheit über. Noch nach dem vollständigen Einbruch der Dunkelheit, als die Myriaden von Sternen und Galaxien sichtbar werden, bleiben wir und hängen den Gedanken des Weisen von Walden nach. In der Dunkelheit und der klaren Luft von Launiupoko scheint der Nachthimmel mit winzigen Lichtern auf einem Hintergrund von vollkommener Schwärze belebt zu sein.

Die Frage heißt im Augenblick, wo sonst im Universum reflektierendes Denken zu finden sein mag. Ich erinnere mich, bei Loren Eiseley etwas über die entsetzliche Einsamkeit gelesen zu haben, die einen Menschen überkommt, der zum Himmel emporschaut und denkt, daß es vielleicht niemanden sonst gibt, und welche entsetzliche Verantwortung in dem Gedanken liegt, daß das Universum ganz allein uns gehört und wir versagen könnten. Doch hat sich das Denken in diesem Zusammenhang gewandelt, und man ist gegenwärtig wohl übereinstimmend der Ansicht, daß unser Himmelskörper nur einer unter vielen, vielleicht sogar unter sehr vielen ist. Auf jeden Fall ist jetzt genug bekannt, daß wir die Frage genauer stellen können.

Zuerst einmal läßt eine Betrachtung des Energiehaushalts und des chemischen Aufbaus annehmen, daß ein Himmelskörper, der dem Leben eine Heimstatt bieten will, wohl auf jeden Fall ein Planet sein müßte, der um einen aus Trümmern früherer Gestirnsexplosionen entstandenen Stern kreist. Es muß sich unbedingt um solche Trümmer handeln, damit es in dem sich verdichtenden Sonnensystem außer Wasserstoff- und Heliumatomen noch genug Atome anderer Art gibt. Auch ein Planet muß es unbedingt sein, weil es sich um ein Zwischensystem zwischen einer Energiequelle und einer ›Energiekippe‹ handeln muß.

Gegenwärtig haben wir keine Möglichkeit, mit Sicherheit etwas über andere Planetensysteme als unser eigenes zu erfahren, doch legt die Untersuchung des Drehimpulses sich verdichtender Sternensysteme den Schluß nahe, daß es wahrscheinlich um viele, wenn nicht die meisten Sterne herum Planetensysteme gibt. Die Bedingung, daß ein Sonnensystem aus den Trümmern einer früheren Gestirnsexplosion entstehen muß, scheint in einem fünfzehn Milliarden Jahre alten Universum leicht erfüllbar, da es zahlreiche Sternentypen mit einer im Verhältnis zum Alter des Universums recht kurzen Lebensdauer gibt.

Ein Himmelskörper, auf dem Leben möglich ist, muß nicht nur ein Planet sein, sondern darüber hinaus die Bedingung erfüllen, daß er in der richtigen Entfernung von der richtigen Art Stern liegt. Die Sterne werden ihrer Temperatur nach mit O, B, A, F, G, K, M (Merksatz: Oh, Berta, am Freitag geht Klaus mit!) klassifiziert. Die O-Sterne haben eine Temperatur von 30 000 K, D-Sterne liegen zwischen 11 000 und 30 000 K, A-Sterne zwischen 7200 und 11 000, F-Sterne zwischen 6000 und 7200, G-Sterne zwischen 5200 und 6000, K-Sterne zwischen 3500 und 5200 K, und die Temperatur von M-Sternen schließlich liegt unter 3500 K.

Ein auf einer Umlaufbahn um einen O-Stern befindlicher Planet würde von einer so intensiven UV- und Röntgenstrahlung bombardiert, daß sich keine stabilen chemischen Verbindungen bilden und erhalten könnten. Außerdem strahlen diese Himmelskörper die Energie sechshundertmal so schnell ab wie die Sonne. Daher brennen sie rasch aus und würden einem planetarischen Leben gar nicht genug Zeit zur Entwicklung bieten. M-Sterne hingegen strahlen nahezu ausschließlich im infraroten Bereich und verfügen nicht über genug sichtbares Licht, um die für das Leben erforderlichen photochemischen Prozesse in Gang zu setzen.

Unsere Sonne ist ein Stern vom Typ G, wobei der größte Teil der Energie in Form des photochemisch aktiven sichtbaren Lichts abgestrahlt wird, das sich für jegliche Art von Photosynthese bestens eignet. Der Strahlungsart nach könnte es um Sterne vom Typ F, G und K herum belebte Planeten geben, und eine gewisse Möglichkeit bestünde auch noch bei denen vom Typ A, wohingegen die Typen O, B und M für Sonnensysteme, in denen Leben existieren kann, mit Sicherheit ausscheiden dürften.

Außerdem muß ein Planet eine bestimmte Entfernung zum richtigen Stern haben. Auf Merkur, der sich sechzig Prozent näher an der Sonne befindet als die Erde, ist es für das Entstehen stabiler organischer Verbindungen zu heiß, und auf dem Saturn, der sich zehnmal so weit von ihr entfernt befindet wie die Erde, liegt die Temperatur in der Nähe der von flüssigem Stickstoff. Bei so großer Kälte laufen die Reaktionen viel zu langsam ab, als daß Leben entstehen könnte.

Ein Ort, an dem Leben entstehen soll, muß noch weitere Merkmale und Eigenschaften aufweisen: So muß zum Beispiel eine gewisse mathematische Beziehung zwischen Radius, Masse und dem Energiefluß von der Sonne bestehen, damit um einen Planeten herum eine Atmosphäre auftreten und festgehalten werden kann. Mir will es vorkommen, daß hier am Strand, wo ich beim Licht einer Laterne schreibe, nicht der richtige Ort ist, die Einzelheiten dieser mathematischen Beziehung zu entwickeln, aber Sie dürfen mir glauben, es geht. Wir haben uns bereits über die Voraussetzungen für die Entstehung und Bewahrung einer Atmosphäre unterhalten. Die Schwerkraft muß gerade groß genug sein, um dem Hang der Abstrahlung von Wärme entgegenzuwirken. Allmählich schält sich eine in komplexer Weise miteinander vernetzte Gruppe von Anforderungen heraus, zu denen die Art des Sterns, die Entfernung des Planeten von ihm und dessen Größe und Dichte gehören. Die Bedingungen schränken zwar die Entstehung von Leben kräftig ein, lassen aber die Erde keinesfalls als etwas Einzigartiges erscheinen.

Zwei weitere Vorbedingungen müssen, wie es scheint, erfüllt sein, damit Leben entstehen kann, wie wir es kennen oder uns gegenwärtig vorzustellen vermögen. Der Planet muß Feuchtigkeit besitzen – nicht unbedingt soviel wie die Erde, aber es muß auf ihm eine gewisse Menge an freiem Wasser verfügbar sein. Mit ›freiem Wasser‹ ist im Gegensatz zu Kristallwasser, wie es sich beispielsweise im Gips oder Portlandzement findet, nichtgebundenes Wasser gemeint.

Die andere unerläßliche Bedingung für ein sich kontinuierlich entwickelndes Leben ist ein in dynamischer Weise geologisch aktiver Planet mit einem Kreislauf der Gesteine, damit sich die für das Leben erforderlichen Elemente regenerieren können. Auf der Erde ist diese Fähigkeit zur Erneuerung durch die Konvektion des Materials im Erdmantel, der unteren Lithosphäre, gewährleistet. Die Energie für diese Konvektion stammt aus radioaktivem Zerfall im Erdkern und aus der schwerkraftbedingten Verdichtung unseres Planeten. Die Aktivität eines Planeten hinge von seiner atomaren Zusammensetzung ab. Es ist eine hinreichende Menge radioaktiven Materials erforderlich, und das bedeutet, es müssen schwere Atomkerne vorhanden sein. Vielleicht ist es auch nötig, daß es sich um den Planeten eines Sterns in dritter Generation handelt, damit genug gespeicherte Kernenergie für eine tektonische Aktivität zur Verfügung steht.

An dieser Stelle lösche ich die Laterne und gebe meinen Augen Gelegenheit, sich eine Weile an die Finsternis zu gewöhnen. Der Mond ist noch nicht aufgegangen, der Himmel ist wolkenlos, und die Sterne heben sich deutlich vom Nachthimmel ab. Ich glaube nicht, daß wir allein sind. Es steht zu vermuten, daß eine ganze Anzahl der A-, F-, G- und K-Sterne der zweiten und dritten Generation dort draußen in den riesigen kugelförmigen Schalen um die Mitte jener Sonnensysteme über Planeten von der richtigen Größe und mit den passenden Bedingungen verfügt.

Auf vielen von ihnen muß es Wasser geben, denn Wasserstoff und Sauerstoff sind weitverbreitete Elemente im Kernhaushalt der Gestirne, und ebenso gibt es sicherlich auf vielen Planeten von Sternen der zweiten und dritten Generation reichlich auf stellare Kernfusionsreaktionen zurückgehende Radioaktivität.

Es dürfte äußerst unwahrscheinlich sein, daß Leben lediglich bei uns existiert; wahrscheinlicher findet es sich im ganzen Universum und entfaltet sich in den Nischen, in denen die Bedingungen günstig sind. Der vierte Hauptsatz der Thermodynamik gewährleistet die Organisation von Planetenoberflächen, und die Strahlung von Sternen der Typen A, F, G und K stellt sicher, daß photochemische Prozesse möglich sind, die zu chemischer Organisation führen. Die Temperatur von Planeten wird entsprechend dem Strahlungsgesetz von der vierten Potenz stabilisiert, stellare Kernfusionsreaktionen erzeugen die richtige Auswahl von Elementen. Wenn der Rahmen stimmt, wirken die Naturgesetze unbeirrbar, und auf den Planeten entsteht Leben, wird biotisch, dann noetisch (eine Noosphäre erzeugend) und strebt immer weiter.

Es gibt aber auch einen anderen Sinn, in dem wir nicht allein sind. Die achtunggebietende kosmische Intelligenz, die uns umgibt, findet sich auch in uns. Die Universalität der Naturgesetze bedeutet zumindest *eine* Art, in der wir Teil des Weltgeistes sind. Selbst wenn die Transzendenz unser Verständnis übersteigt, ist die Immanenz Gottes schon in sich von ehrfurchtgebietender Eindrücklichkeit. Am Strand von Launiupoko liegend, spürt man beim Blick hinauf zu den Sternen die Empfindungen, die zu religiösen Erfahrungen führen.

338

19
Pantheismus und planvoller Entwurf

Auf dem römischen Platz Campo dei Fiori, wo Drogenhändler Heroin und andere verbotene Substanzen verkaufen, erhebt sich ein Standbild Giordano Brunos. Am 17. Februar 1600 erleuchtete diesen Platz heller Feuerschein. Er stammte von einem Scheiterhaufen, auf dem man ebendiesen Giordano Bruno verbrannte, der wegen Ketzerei zum Tode verurteilt worden war. Seither spiegelt sich dieser Feuerschein in verschiedenen Facetten der Geistesgeschichte Europas und des gesamten übrigen Westens.

Aus der heutigen Perspektive läßt sich schwer ausmachen, für welche Ketzerei Bruno büßen mußte. Er war ein komplexer Mensch, und in ihm verband sich mittelalterlicher Aberglaube mit neuzeitlichem Vernunftdenken. Er war ein Magus, ein Magier in dem Sinne, daß er nach Möglichkeiten suchte, den Lauf der Welt zu beeinflussen oder kommende Ereignisse vorherzusagen. Er glaubte auch an die Immanenz Gottes, das heißt daran, daß Gott eher innerhalb der Natur als in irgendeiner transzendenten Weise über ihr steht. Schon das hätte im Jahre 1600 genügt, ihn wegen Ketzerei zu verurteilen.

Brunos Zeitgenosse, René Descartes, erkannte gleichfalls, welch mächtigen Einfluß die Naturgesetze auf die Art haben, in der sich Ereignisse entfalten, doch da er es unterließ, die Transzendenz zu leugnen, lebte er in einem ständig bedrohten Frieden mit der etablierten Macht. In-

341

dem er Leib und Geist scharf trennte, konnte er unabhängig von der Theologie physikalische Studien treiben und die anderen Fragen dem Reich des Geistes überlassen.

Um die Mitte bis gegen Ende des siebzehnten Jahrhunderts begründete Spinoza eine Philosophie, die inzwischen als Pantheismus bekannt wurde. Das Wort hat zwei Bedeutungen und bezieht sich im Zusammenhang mit Spinozas Denken auf den Glauben, daß Gott nicht ein persönlicher Gott ist, sondern alle Gesetze, Kräfte, Substanzen und Manifestationen des Universums; es ist ein immanenter Gott. An einem so definierten Pantheismus gibt es nichts Ungewöhnliches oder Extremes. Er ist die funktionierende Alltagsreligion zahlreicher Natur- und Geisteswissenschaftler. Manche geben das vielleicht nicht gern zu oder finden es peinlich, darüber zu sprechen, aber es handelt sich beim Pantheismus um eine der häufigsten religiösen Lehrmeinungen unserer Zeit.

Für Spinoza lag der Hauptzweck der Philosophie auf dem Gebiet der Ethik: Ihm ging es um die Frage, wie ein Mensch recht leben sollte. Zu ihrer Beantwortung waren eine Physik und eine Metaphysik erforderlich, die eine Antwort auf die Frage ›Wie sieht das Universum aus?‹ lieferten, denn wer wissen will, wie er sich verhalten soll, muß zuerst einmal wissen, in was für einer Welt er lebt. So wurde für Spinoza Glück die Anerkennung dessen, was in der Existenz von Dingen an wesentlichem mitbedingt ist. Wir wollen versuchen, diesen Satz weniger philosophisch zu formulieren. Die Ethik besteht im Versuch, entsprechend dem göttlichen Plan zu leben. Diese erhabene Vorschrift findet sich in der Natur vorgegeben, weil göttliches Handeln und alltägliches Tun der Welt ein und dasselbe sind. Die Untersuchung der Natur ist der Anfang der Ethik, denn da Gott und Natur identisch sind, ist das Streben nach Wissen ein Streben nach dem Verständnis Gottes. Mithin ist Naturwissenschaft, Gelehrsamkeit, jede wahrhafte Suche ein religiöser Akt, bedeutet die Suche nach dem kosmischen Plan. Der Altar für die Religion eines Menschen kann ein Labortisch sein, eine Bibliothek oder ein Computer, solange der Suche ein ethischer Zweck innewohnt. Das ewige Licht kann ein Bunsenbrenner sein. Diesen Aspekt von Spinozas Denken hat der Gelehrte Richard McKeon so zusammengefaßt: »Gutes Handeln und kluges Tun sind unmöglich ohne ein hinreichendes Verständnis von Gott, von Körpern und des Geistes, das uns klarmacht, worum es bei der Existenz wessen auch immer und der Fortdauer wessen auch immer durch den Wechsel hindurch geht, ob Idee oder Wesenheit.«

Etwas weniger leidenschaftslos, als es Spinoza wohl für richtig gehalten hätte, formulieren wir, daß die höchsten göttlichen Gaben Denken, Vernunft und Verstehen sind. Die pantheistische Ethik verlangt von uns, diese Gaben zu nutzen, um das Universum zu verstehen, in dem wir sie bekamen, damit wir uns besser verhalten. Die pantheistische Religion fordert uns auf, dies Universum zu lieben. Benedikt Spinoza stand am Rande eines tiefen neuen Verstehens von der Welt, der Physik des Isaac Newton, dessen *Principia* nur wenige Jahre vor Spinozas Tod gedruckt erschienen. Die neue Mechanik hatte eine ungeheuere Macht, weil sie Wissenschaftler in den Stand setzte, ausgehend von einer geringen Zahl von Postulaten die Bewegungen im Sonnensystem äußerst genau vorherzusagen.

Die Einsichten Brunos und Spinozas sowie die Macht der Newtonschen Mechanik führten zu einer weitreichenden Annäherung an die Theologie, deren Blütezeit in die Jahre von 1690 bis 1800 fiel. Diese als Physikotheologie bezeichnete philosophische Betrachtungsweise leitete aus der Vollkommenheit der Naturgesetze Existenz, Wohlwollen und Allmacht des Schöpfers her. Die allgemeine Betrachtungsweise geht zurück auf Aristoteles und den unbewegten Beweger, aber in der auf Newton folgenden Explosion naturwissenschaftlichen Erkennens gewann diese Betrachtungsweise einen neuen poetischen Schimmer der Gewißheit. Alexander Pope ist möglicherweise der bekannteste von Newton in dieser Hinsicht beeinflußte Autor.

Eine Schule englischer Lyriker beschäftigte sich mit der Frage des Fortschreitens von den physikalischen Gesetzen hin zu Gott, und so schrieb 1718 Matthew Prior:

Im offensten Wirken der Natur
Findet die Seele der Geheimnisse Spur
Kann doch kein Ding ohne Ursache sein,
Alles geht in den Kreis des Ganzen mit ein.
Wo ist die Quelle, die uns das gegeben,
Die den Anfang bildet für alles Leben?
Im Angesicht der Schöpfung bleibt nur der Schluß,
Daß ein Schöpfer stets war und immer sein muß.

Richard Gambol begann 1732 sein langes Gedicht *The Beauties of the Universe* (Die Schönheiten des Alls) mit den Zeilen:

Wer je das Weltall offenen Augs betrachtet,
Von Sorge frei, die unsren Blick umnachtet,
Bewundert rasch den Geist, der unsrer Erde,
Dem All, dem Raum, der Zeit zurief: nun werde!

Hier herrscht Vollkommenheit, ein kluger Plan
Weist Dingen, Tieren, Menschen ihre Bahn.
So lobe, Seele nun, des Schöpfers Pracht,
Der all das aus dem Nichts heraus vollbracht.

In dem Maße, in dem man auf dem Gebiet der Biologie neues Wissen erwarb, weitete sich die Physikotheologie zur Naturtheologie aus. William Paley, Erzdiakon von Carlisle, verfaßte 1802 ein Buch über diesen Gegenstand. Die amerikanische Ausgabe von 1829, die ich in der Hand hatte, liefert auf dem Titelblatt die vollständige Erklärung:

NATURTHEOLOGIE *oder Nachweis für die Existenz und Attribute der* GOTTHEIT *aus Erscheinungen in der Natur zusammengetragen.*

Paley beginnt mit dem Gedanken »Nehmen wir an, ich fände auf dem Erdboden eine Taschenuhr.« Er führt aus, daß jemand die Uhr, da sie so bewundernswert für einen Zweck bestimmt ist, angefertigt haben muß. In seinen Worten heißt es:

Wir halten die Annahme für unvermeidlich, daß die Uhr von jemandem hergestellt wurde; daß irgendwann und irgendwo ein kunstfertiger Hersteller oder eine kunstfertige Herstellerin existiert haben muß und die Uhr für den Zweck anfertigte, den wir gegenwärtig von ihr erfüllt sehen, deren Aufbau verstand und sie für ihren Verwendungszweck planvoll entwarf.

Es kann keinen Plan ohne einen Planenden geben.

Diese Argumentationsweise wurde mit Bezug auf Paleys Sprachgebrauch als das Argument des planvollen Entwurfs bezeichnet. Nachdem Paley es in erschöpfenden Einzelheiten abgehandelt hat, fährt er fort, den Plan der mechanischen Teile von Organismen zu belegen, den Knochenbau des Menschen, seine Muskeln, Blutgefäße, besondere Strukturen, die Beziehung von Organismen zu ihrer Umwelt, Insekten, Pflanzen, die physikalische Welt und das Sonnensystem.

Zwar geht das Argument des planvollen Entwurfs zurück auf Aristoteles' unbewegten Beweger, doch bedurfte es zu seiner vollständigen Entwicklung der wissenschaftlichen Fortschritte des siebzehnten und achtzehnten Jahrhunderts. Die Vorherrschaft der Naturtheologie währte nicht lange – und der Grund dafür läßt sich unschwer erkennen. Die Gelehrten, die die ausgeklügelten Nachweise für den planvollen Entwurf lieferten, waren nahezu ausschließlich Geistliche der anglikanischen Kirchen, und sie zogen es vor, sich allzu intensiv mit den ungeheuren Unterschieden zwischen dem Gott der Naturtheologie und dem geoffenbarten Gott der westlichen Religion zu beschäftigen.

Zwischen 1820 und 1860 traten die neue Geologie und die neue Biologie auf den Plan. Die Erde war unermeßlich viel älter als bloße sechstausend Jahre, Pflanzen und Tiere waren nicht auf geheimnisvolle Weise in wenigen Tagen erschaffen worden, sondern hatten sich über Jahrmillionen hinweg entwickelt. Belege für diese dem Schöpfungsbericht widersprechenden Behauptungen lieferten harte, im Experiment gewonnene Tatsachen – sozusagen steinharte.

Mit der Veröffentlichung von Darwins *Über den Ursprung der Arten* brachen die schweren Konflikte zwischen Naturwissenschaft und organisierter Religion aus. Die Geistlichen gaben das Argument des planvollen Entwurfs auf, da es demselben Gedankengebäude angehörte, das im Begriff stand, ihren Glauben in Frage zu stellen, und Naturwissenschaftler gaben es auf, weil es eben dem theologischen System entstammte, das sich jetzt bemühte, der Naturwissenschaft Steine in den Weg zu legen, während diese versuchte, die Welt im Licht experimenteller Ergebnisse zu interpretieren. Fünfzig Jahre lang lag das Argument des planvollen Entwurfs ungenutzt. Mit Bezug auf das Alte Testament könnte man sagen, es habe auf sein Jubeljahr gewartet.

Zu Beginn des zwanzigsten Jahrhunderts belebte Lawrence J. Henderson dies Argument erneut im Rahmen seines scharfsichtigen Buchs *Die Umwelt des Lebens*, auch wenn er darin nicht ausdrücklich von einem planvollen Entwurf sprach. Es heißt dort:

Doch gibt es eine wissenschaftliche Schlußfolgerung, die ich als positives und, so denke ich, fruchtbares Ergebnis

346

der gegenwärtigen Forschung bezeichnen möchte. Die Eigenschaften der Materie und der Verlauf der Evolution im kosmischen Maßstab werden inzwischen als innig mit dem Aufbau der Lebewesen und ihren Tätigkeiten verknüpft angesehen; sie werden mithin in der Biologie weit wichtiger, als man früher vermutete. Der gesamte Evolutionsprozeß ist auf kosmischer wie auf organischer Stufe ein Ganzes, und so können die Biologen jetzt mit Recht das Universum seinem Wesen nach als biozentrisch betrachten.

Diese Aussage hinterließ bei der Naturwissenschaft keinen sonderlich starken Eindruck. Daß man überhaupt noch an Henderson denkt, geht, Ironie des Schicksals, auf die Henderson-Hasselbach-Gleichung zurück, die den pH-Wert einer Pufferlösung in Beziehung zur in ihr enthaltenen Menge an Säuren und Salzen setzt.

Auf jeden Fall feierte das Argument des planvollen Entwurfs Auferstehung, und er tauchte auch hin und wieder in den Schriften emeritierter Forscher auf, die, vom Druck des Kampfes um das akademische Dasein befreit, ihre philosophischen Ansichten formulieren konnten, ohne befürchten zu müssen, von ihresgleichen unter Druck gesetzt zu werden.

Im Jahre 1979 griff Freeman Dyson frontal einen Versuch an, das Argument des planvollen Entwurfs im Licht der Wissenschaft unserer Zeit neu zu bewerten. Sein kurzer Aufsatz zur Theologie erschien in einem Buch, das den passenden Titel trug *Disturbing the Universe* (Störung des Universums). Da Dyson ein prominenter Physiker und Astrophysiker ist, dürfte es die Wissenschaft insgesamt überrascht haben, daß sein Buch ein Kapitel mit dem Titel ›Das Argument des planvollen Entwurfs‹ enthielt.

Er weist darauf hin, daß sich ein Großteil der vor Darwin geführten Diskussionen über den planvollen Entwurf auf die biologische Welt und die funktionale Vollkommenheit lebender Strukturen konzentriert hatte. Doch gerade hier vermögen Angepaßtheit und Überleben die Welt am besten zu erklären, so daß Thomas Huxley, als er auszog, sich mit den Naturtheologen anzulegen, ein leicht zu treffendes Ziel vorfand. Dieser Weg führte schließlich zu den bereits behandelten philosophischen Auswüchsen in Jacques Monods *Zufall und Notwendigkeit*. Dyson nimmt sich Monod ähnlich vor wie ich in einem früheren Kapitel. Einen Absatz seiner Gedanken dazu möchte ich gern zitieren:

Jacques Monod hat ein Wort für Menschen, die so denken wie ich, und ihnen gilt seine tiefste Verachtung. Er bezeichnet uns als ›Animisten‹, was soviel heißt, daß wir seiner Meinung nach an Geister glauben. »Der Animismus«, sagt er, »stellte zwischen der Natur und dem Menschen eine innere Verbindung her, neben der sich nur eine erschreckende Einsamkeit auszubreiten schien. Muß man dieses Band zerreißen, weil das Objektivitätspostulat es fordert?« Monod beantwortet die Frage mit Ja: »Dieser Alte Bund ist jetzt zerbrochen; endlich weiß der Mensch, daß er allein in der gefühllosen Weite des Universums ist, aus der er lediglich durch einen Zufall auftauchte.« Ich aber sage nein; ich glaube an den Bund. Gewiß sind wir durch Zufall in diesem Universum aufgetaucht, aber der Begriff Zufall selbst ist nichts als ein Deckmäntelchen für unsere Unwissenheit. Ich komme mir in diesem Universum nicht wie ein Fremdling vor, und je mehr ich es untersuche und die Einzelheiten seines Baus studiere, desto mehr Belege finde ich dafür, daß das Universum in irgendeinem Sinn von unserem Auftreten gewußt haben muß.

Dyson verweist auf die Rolle des Geistes im Reich der Physik und merkt an, daß die Anziehung der atomaren

Kräfte und die Abstoßung von Kernteilchen gleicher Ladung genau im Gleichgewicht ist. Wären die abstoßenden Kräfte größer, könnten keine Kerne existieren; wären die Anziehungskräfte größer, hätte das eine Bindung aller Protonen des Universums in Diprotonen zur Folge, und keine der Wasserstoffreaktionen, welche die Energie für die Entstehung von Elementen im Universum liefern, hätte stattfinden können.

Die Kernfusionsreaktionen des Wasserstoffs in der Sonne hängen, so, wie sie vor sich gehen, von etwas ab, was die Physiker die schwache Wechselwirkung nennen. Sie steuert die Geschwindigkeit, mit der die Verschmelzung erfolgt: Wäre diese wesentlich höher, würden die Sterne zu rasch ausbrennen, wäre sie wesentlich geringer, würden sie zu kalt.

Dyson führt weiterhin aus, daß die organische Chemie (und dazu zählt er auch die Biochemie) von einem empfindlichen Gleichgewicht zwischen elektrischen und quantenmechanischen Kräften abhängt, die, durch das Paulische Ausschließungsprinzip bedingt, auftreten. Er zielt im großen und ganzen in dieselbe Richtung wie Henderson, nimmt jedoch als weiteres Merkmal des planvollen Entwurfs den Geist hinzu, die dem Universum anhaftende Geistigkeit.

Als wir uns in den voraufgehenden Kapiteln mit den Abläufen der biologischen und geologischen Universen beschäftigten, konnten wir beeindruckt sehen, wie gut die mikroskopischen und makroskopischen Phänomene darin zueinander passen. Wie Dyson, Henderson und Teilhard fällt es mir schwer, in einem so gut funktionierenden Universum keinen planvollen Entwurf zu sehen. Jede neue wissenschaftliche Entdeckung scheint das Vorhandensein eines solchen Entwurfes zu bestätigen. Wie ich gern im Bekanntenkreis sage, das Universum funktioniert viel besser, als wir erwarten dürfen.

20
Credo eines mystischen Naturwissenschaftlers

Meine Gedankenreise durch das Universum nähert sich ebenso wie mein Sabbatjahr dem Ende. Die Zeit ist gekommen, diese Darstellung, die zum größten Teil in der Kajüte der Yacht *The Good Guys* entstanden ist, abzuschließen. An den Anfang dieses letzten Eintrags in mein ›Logbuch‹ sei ein Landausflug und mit ihm eine letzte Geschichte gestellt.

Vor einer Weile unternahm ich auf der Hauptinsel von Hawaii im Nationalpark der Vulkane eine Wanderung. An den unteren Hängen des Mauna Loa liegt ein Kipuka, eine ökologische Insel, auf der das Leben weitergeht, wenn sich ein glühender Lavastrom in zwei Arme teilt und dahinter wieder zusammenfließt. Ein solcher Kipuka bietet ein recht interessantes auf natürliche Weise entstandenes ökologisches Labor zur Untersuchung eines biologischen Systems, das abgeschlossen von seiner Umwelt auf der Erde existiert.

Im großen Kipuka des Parks gibt es einen Naturlehrpfad, an dem eine Vielzahl recht ungewöhnlicher Exemplare von Flora und Fauna liegt, die zahlreiche Grundsätze der Mikroökologie illustrieren und erhellen. Ich wollte damals den ganzen Tag mit einer Wanderung durch den Naturpark zubringen und auf Thoreausche Weise mit der Natur Zwiesprache halten. Es war früh am Morgen, und der leere Parkplatz zeigte mir, daß ich für eine kurze Weile das ganze Gebiet für mich allein haben würde.

Mit einem gedruckten Führer für den Pfad in der Hand durchwanderte ich den Kipuka. Kein Wölkchen zeigte sich am Himmel, die Temperatur war äußerst angenehm, und die Vögel sangen. Es war ein kurzer Augenblick des Erkennens, idyllischen Einsseins mit der Natur, und dann – durchstach eine Biene mit ihrem Stachel mein gelbes T-Shirt, das meine Zugehörigkeit zum Yachtclub von Lahaina bezeugte, auf der linken Seite kurz über dem Hosenbund und senkte ihn ins weiche Fleisch. In äußerst unbuddhistischer Weise metzelte ich den Hautflügler, tat zwei Schritte voran, stolperte über einen Stein und stürzte zu Boden, wobei mein linkes Knie schmerzhaft auf einen Stein schlug.

Als ich mit Schmerzen in der Seite und im Knie auf dem Boden lag, erlebte ich einen zweiten Augenblick der Erkenntnis. Die kosmische Großartigkeit des Universums erspart uns keineswegs kleine Schmerzen, die hie und da auftreten. Auf denselben planvollen Entwurf, der zur Entstehung dieses hinreißenden Kipuka geführt hatte, ging auch die Biene zurück, die das Gesetz eines immanenten Gottes befolgte. Dieselbe Schwerkraft, die das Universum zusammenhält, hatte auch mit meinem Sturz in der Mitte des Kipuka zu tun. Das Universum ist ein sonderbares Gemisch aus kosmischer Freude und örtlichen Schmerzen. Innerhalb von fünf Sekunden hatte ich beides erlebt.

Ich blieb nicht lange meditierend auf dem Boden liegen. Da ich den Stichen verschiedener Hymenoptera gegenüber auf eine nicht näher geklärte Weise allergisch bin, überlegte ich, daß es noch Kollegen des von mir erschlagenen Angreifers geben konnte, die es gleichfalls nach Menschenfleisch gelüstete, und so humpelte ich zum Wagen zurück, entnahm dem Erste-Hilfe-Kasten ein Antihistamin und setzte mich nachdenklich hin.

Dies Erlebnis faßt für mich durchaus einige wesentliche Tatsachen über das Universum zusammen. Wir leben in einer Welt der kosmischen Freude. Beim Gedanken an die

Geosphären habe ich auf diesen Seiten verzeichnet, was im Zusammenhang mit dem Entwurf des Universums und dem Wechselspiel all seiner Teile wunderbar ist. Das Wirken einer Geosphäre läßt sich unmöglich von dem der drei anderen trennen. Nur die Naturwissenschaft verhilft uns zu der nachdrücklichen Erkenntnis, daß das Leben nicht ein isoliertes Merkmal irgendeines Bestandteils unseres Planeten ist, sondern ein integrierter Aspekt des gesamten Erdballs. Nichts lebt, außer weil es für eine Weile Mittelpunkt der Aktivität auf einem fortlaufend belebten Gestirnssatelliten ist. Jeder von uns ist ein kleines Teilchen eines lebenden Ganzen und lebt in einem ungeheuer großen Universum, dessen planvoller Entwurf in wunderbarer Weise auf Sterne, Planeten, Leben, Denken und vielleicht auch noch etwas darüber hinaus gerichtet ist.

So erkennt man innerhalb des Wirkens des Universums, wie die Naturwissenschaft es uns enthüllt hat, einen Plan oder eine kosmische Intelligenz, die uns irgendwie im Sinn hatte – vermutlich nicht als Individuen, sondern als Teil der sich entwickelnden Welt des Denkens, der Noosphäre. Wer mehr von Gottes Geist kennenlernen will, muß sich erneut mit der Naturwissenschaft beschäftigen, mit dem kreativen Denken und die Gesetze des Universums tiefer erforschen.

Die göttlichen Gaben sind Leben und Denken. Unsere vorrangige Aufgabe ist es, sie zum Verständnis des Gebers oder des Universums zu nutzen, innerhalb dessen uns diese Gaben zuteil wurden. Das ist gleichbedeutend mit Religion. Was aber hat es mit dem örtlichen Schmerz auf sich?

Schmerz und Leiden sind allgegenwärtig. Ich akzeptiere die Beobachtung des Gautama Buddha, daß Schmerz, Leiden und Tod Teile eines jeden Lebens sind. Nicht hingegen akzeptiere ich seine Schlußfolgerung, daß wir uns diesen Widrigkeiten im Dasein des Menschen passiv stellen und lediglich eine Atempause in einem Leben suchen sollen, das dazu gedacht ist, die Begierden zu beseitigen, aus denen die Schmerzen entstehen. Schmerz und Leiden sind Teil des Plans, doch mit dem Auftreten des reflektierenden Denkens, des menschlichen Geistes, sind wir ihnen nicht mehr vollständig versklavt, sondern können an ihrer Linderung mitwirken. Als der Geist im reflektierenden Denken sich selbst zuwandte, wurden wir Gottes Teilhaber beim Verfertigen der Zukunft. Statt unablösbar an Schmerz und Leiden gebunden zu sein, steht es uns jetzt frei, uns ihrer Linderung und in einigen Fällen auch ihrer Überwindung zu widmen.

Das wichtige am Auftreten des Geistes und an der Entwicklung der Noosphäre ist, daß wir jetzt einbezogen sind, die Macht in uns haben, die Verantwortung dafür tragen, in der örtlichen Welt für eine kosmischere Freude und weniger örtlichen Schmerz zu sorgen. Sofern die Religion die Erkundung von Gottes kosmische Freude vermittelndem Universum ist, besteht die Ethik aus guten Werken, die zum Ziel haben, örtlich auftretende Schmerzen zu lindern.

Und woran sollen wir gute Werke erkennen? Gerade die Gaben des Lebens und des Geistes, die uns in den Stand versetzen, das Wesen der Welt zu erforschen, ermöglichen es uns auch, einen vernunftbestimmten Verhaltenskodex anzustreben. So wie durch folgerichtiges Denken die Naturwissenschaft begründet werden kann, ist es uns möglich, auf dem Weg der Erfahrung und der Vernunft nach Verhaltensnormen zu suchen. Daß die ethischen Vorschriften aller Religionssysteme der Welt soviel miteinander gemeinsam haben, legt mit Nachdruck die Möglichkeit einer universalen Ethik in dem Sinne nahe, wie wir über eine universale Naturwissenschaft verfügen. Und ebenso wie unsere Naturphilosophie nur vorläufig ist und Muster sich mit neuem Wissen und neuen technischen Möglichkeiten ändern, sollten wir einbeziehen, daß unsere Moralkodizes denselben dynamischen Charakter haben.

Ich bin nicht mit denen einverstanden, die sich ausschließlich auf Schmerz und Leiden konzentrieren. Wer das tut, verweigert sich der kosmischen Freude und dem Wunder der Existenz, und das schmeckt nach Blasphemie.

Ich stelle mich auch denen entgegen, die ihr Leben in Ausbrüchen kosmischer Begeisterung zubringen und die Wirklichkeit von Schmerz und Leiden nicht zur Kenntnis nehmen. Das schmeckt nach Teilnahmslosigkeit und Selbstsucht. Individuen können sich nicht selbst retten, das Heil ist ein Akt planetarischen Zusammenseins.

Zwischen dem Erleben der kosmischen Freude und der Linderung örtlich auftretenden Schmerzes liegt ein Mittelweg, dem jeder folgen kann. Auch wenn es nur ein schmaler Pfad ist, so bietet er doch genug Platz; man kann auf ihm ebenso gut gehen wie auf dem Bootssteg, der mich jetzt der Heimkehr näher bringt – fort von Fragen des Kosmos und hin zu den vor mir liegenden Aufgaben.

Personen- und Sachregister

Peter Somerville-Large

Zum Dach der Welt

Auf dem Rücken der Yaks durch Nepal und Tibet

ECON

272 Seiten, 16 Seiten Bildteil, gebunden

ECON Verlag · Postfach 30 03 21 · 4000 Düsseldorf 30